U0300808

北京大学现代数学丛书

PEKING UNIVERSITY SERIES IN CONTEMPORARY MATHEMATICS

黎曼曲面导引

梅加强 著

图书在版编目(CIP)数据

黎曼曲面导引/梅加强著. —北京: 北京大学出版社, 2013. 10
(北京大学现代数学丛书)
ISBN 978-7-301-20053-7

Ⅰ. ①黎…　Ⅱ. ①梅…　Ⅲ. ①黎曼面-高等学校-教学参考资料
Ⅳ. ①O174.51

中国版本图书馆 CIP 数据核字(2012)第 006875 号

书　　名: 黎曼曲面导引
著作责任者: 梅加强　著
责 任 编 辑: 曾琬婷
标 准 书 号: ISBN 978-7-301-20053-7/O・0862
出 版 发 行: 北京大学出版社
地　　址: 北京市海淀区成府路 205 号　100871
网　　址: http://www.pup.cn
电 子 信 箱: zpup@pup.cn　新浪官方微博: @北京大学出版社
电　　话: 邮购部 62752015　发行部 62750672　编辑部 62767347
出版部 62754962
印 刷 者: 北京大学印刷厂
经 销 者: 新华书店
965mm×1300mm　16 开本　15.5 印张　221 千字
2013 年 10 月第 1 版　2017 年 1 月第 2 次印刷
定　　价: 65.00 元

内 容 简 介

本书介绍黎曼曲面的基本理论. 对于一般黎曼曲面主要讨论单值化定理, 对于紧致黎曼曲面则主要围绕 Riemann-Roch 公式的证明和应用展开讨论. 全书共分五章. 第一章介绍复分析中的一些预备知识并证明 Riemann 映照定理. 第二章利用 Perron 方法给出单连通黎曼曲面的分类, 即单值化定理. 第三章给出 Riemann-Roch 公式的经典证明, 并讨论这个公式的大量应用. 第四章引入全纯线丛, 层和层的上同调的概念, 并利用这些概念重新将 Riemann-Roch 公式解释为一个指标公式. 第五章讨论黎曼曲面以及全纯线丛上 Hermite 度量的几何性质, 并介绍 Hodge 定理, 对偶定理和消没定理. 这些定理都可以推广到高维的复流形上.

本书结合了几何和分析的观点, 语言简洁, 内容丰富, 适合自学. 在引进抽象的概念时, 往往辅以许多具体的实例来说明问题. 掌握了黎曼曲面上的这些抽象概念以后读者可以自然地过渡到一般复流形的学习. 同时, 本书可以作为研究复几何和代数几何相关领域的入门读物.

序

经过近 20 年的发展, 中国数学取得了长足的进步。中国在数学后备人才培养和学术交流等方面做出了不少突出的成绩, 成为国际数学界不可忽视的力量。每年, 全国各大高校、科研院所举办的各类数学暑期学校、讲座、讨论班, 既有基础数学知识的讲授, 也有最新国际前沿研究的介绍, 受到师生、学者的热烈欢迎。这些学术活动不仅帮助广大师生、科研人员进一步夯实数学基础, 也为他们提供了一个扩展视野、接触数学前沿的绝佳机会, 对中国现代数学的发展起到了重要的推动作用。

在中央政府和北京大学的支持下, 北京国际数学研究中心于 2005 年成立。北京国际数学研究中心借助自身的独特优势, 每年邀请众多国际一流数学家前来参加或主持学术活动, 在国内外产生了广泛影响。北京国际数学研究中心与北京大学数学科学学院密切合作, 每年通过"特别数学讲座"、教育部"拔尖人才"计划等形式, 邀请国际著名数学家前来做系列报告, 讲授基础课程, 与师生互动交流, 反响热烈。2009 年, 北京国际数学研究中心启动"研究生数学基础强化班", 在全国各大高校挑选优秀研究生和高年级本科生到北京大学进行一个学期的集中学习, 这亦是我们人才培养的一个新的尝试。目前, 已有不少"强化班"的学生取得了前往世界著名院校学习的机会。毋庸置疑, 北京大学数学学科在学术交流和人才培养方面取得了很多卓有成效的经验, 做出了令人瞩目的成绩。

"北京大学现代数学丛书"主要面向数学及相关应用领域的高年级本科生、研究生以及科研人员, 以北京大学优秀数学讲座、暑期学校、"研究生数学基础强化班"等广受师生好评的项目活动的相应讲义为基础内容, 同时也吸收了其他高校的优秀素材。我们希望 “北京大学现代数学丛书” 能帮助青年学生和科研人员更好地打实数学基础, 更深刻地理解数学前沿问题, 进而更有效地提高研究能力。

田 刚

2012 年 10 月 10 日

北京大学镜春园

前　　言

黎曼曲面的理论可以回溯到 Riemann (黎曼), Jacobi, Abel, Weierstrass, Hurwitz 等人所做的基础性贡献. 自从 H. Weyl 在 1913 年给出抽象黎曼曲面的近代定义以来, 微分流形以及基于微分流形的几何学和拓扑学取得了蓬勃的发展, 许多经典的结果以新的面目出现并得到了极大的推广, 近代的分析工具, 代数工具, 几何和拓扑工具在这个过程逐渐发展和融合. 通过学习黎曼曲面, 可以初步体会近代数学的思想和方法, 为进一步的专门化学习和研究提供有益的帮助.

本书是近若干年来作者在南京大学等地为数学系高年级本科生和研究生讲授黎曼曲面理论而逐渐积累起来的一份讲义. 黎曼曲面可以从好几个方面来学习和研究, 我们在本书中主要采用几何分析的观点, 同时也兼顾较初步的代数方法. 本书主要的结果是单值化定理, Riemann-Roch 公式及其应用. 围绕着这两个主要结果, 我们引入了近代几何与拓扑的若干概念. 这些概念以及我们所采用的证明方法大多数可以推广到高维的情形, 我们的想法是读者可以把本书作为通往复几何甚至代数几何的一个小小阶梯.

本书主要内容如下：第一章基本上是关于复变函数的简单复习, 其中给出了单值化定理的简单情形, 即 Riemann 映照定理的证明. 这一章也得到了调和函数的梯度估计和 Harnack 原理. 我们所采用的方法可以推广到一般的黎曼流形上. 第二章引入了抽象黎曼曲面的定义, 并给出了单连通黎曼曲面的分类 (单值化定理), 其中也对一类重要的紧致黎曼曲面 —— 黎曼环面加以了分类. 证明单值化定理的方法是通过调和函数 (可能带有奇点) 来构造特殊的全纯映射. 而调和函数的存在性是通过经典的 Perron 方法获得的. 第三章是本书的核心内容之一. 在这一章中, 我们给出了 Riemann-Roch 公式的证明, 并选择了若干有意思的应用加以介绍. 我们选择的 Riemann-Roch 公式的这个证明也是经典的, 它涉及某些给定奇性的亚纯微分的存在性. 这种亚纯微分的存在性是通过 Hodge 定理获得的. 为了尽快地介绍 Riemann-Roch 公式的应用, 我们把重要的 Hodge 定理的证明放在本书的附录 B 中. 通过 Riemann-Roch 公式, 我们知道了紧致黎曼曲面上亚纯函数的丰富性, 也证明了亚纯函数域是一个一元代数函数域, 并且它唯一地决定了黎曼曲面本身. 作为例子, 我们简单介绍了黎曼环面上的亚纯函数, 它们就是经典的椭圆函数. 通过适当地挑选亚纯函数, 我们把黎曼曲面全纯地嵌入到复投影空间中, 因此可以从代数曲线的角度来研究它们. 我们还介绍了计算总分歧数的 Riemann-Hurwitz 公式, 并利用它简单研究了超椭圆型的黎曼曲面. 接下来我们介绍了曲面上的 Weierstrass 点, 得到了 Weierstrass 点的个数估计. 这些结果又被应用于曲面的全纯自同构群. 特别地, 我们证明了亏格大于 1 的紧致黎曼曲面全纯自同构群的阶的估计. 作为第三章的结束, 我们还介绍了重要的双线性关系和 Jacobi 簇, 证明了关于主要因子的 Abel 定理和 Jacobi 逆定理. 第四章和第五章可以看成是一维复几何的一些入门介绍, 主要的目的是将 Riemann-Roch 公式重新解释为一个指标公式. 围绕着这一目的, 我们引入了一维复几何的一些基本概念. 例如, 在第四章中, 我们介绍了曲面上的全纯线丛, 讨论了因子和全纯线丛之间的关系; 然后介绍了层的概念, 引出了层的上同调群, 分析了几种不同的上同调群之间的关系. 层的概念是在研究黎曼曲面和更一般的代数几何中自然出现的, 我们这里只做了简要介绍. 第五章研究全纯线丛的复几何, 介绍了重要的 Hodge 定理, Serre 对偶定理及消没定理. 对线丛的第一陈类也做了具体介绍, 并证明了重要的 Gauss-Bonnet 公式.

毫无疑问, 这样一本小册子无法囊括关于黎曼曲面的所有重要结果. 例如, 关于非紧的黎曼曲面只研究了单连通的情形. 从代数曲线的角度来理解黎曼曲面也只包含了零星的几个结果. 最重要的也许是没有介绍黎曼曲面上的双曲结构和复结构的模空间理论, 因此也没有引入 Teichmüller 空间. 我们希望今后能继续补充编写这些重要的结果.

阅读本书前如果具有微分流形和代数拓扑的基础可能会对读者更有帮助. 当然, 复分析是读者必备的预备知识. 作者在每一小节后均提供了一定数量的习题, 个别习题的结论甚至在后面的正文中会用到, 因此习题是本书不可或缺的重要补充.

本书的部分内容曾在扬州大学的讨论班上讲过, 在此感谢王宏玉教授的大力支持. 作者也感谢南京大学数学系的历届同学们在教学过程中所提供的宝贵意见和建议. 本书在写作过程中得到了国家自然科学基金和南京大学的资助, 特致谢忱.

梅加强

2011 年 5 月于南京

目　录

第一章　Riemann 映照定理 ······ 1
§1.1　Schwarz 引理 ······ 1
§1.2　调和函数 ······ 5
§1.3　Riemann 映照定理 ······ 17
第二章　单值化定理 ······ 20
§2.1　黎曼曲面的定义 ······ 20
§2.2　Poincaré 引理 ······ 28
§2.3　亚纯函数与亚纯微分 ······ 42
§2.4　Perron 方法 ······ 49
§2.5　单值化定理 ······ 59
第三章　Riemann-Roch 公式 ······ 67
§3.1　因子 ······ 67
§3.2　Hodge 定理 ······ 72
§3.3　Riemann-Roch 公式 ······ 77
§3.4　若干应用 ······ 85
§3.5　Abel-Jacobi 定理 ······ 129
第四章　曲面与上同调 ······ 144
§4.1　全纯线丛的定义 ······ 144
§4.2　因子与线丛 ······ 151
§4.3　层和预层 ······ 155
§4.4　层的上同调 ······ 163
§4.5　上同调群的计算 ······ 170
§4.6　Euler 数 ······ 179
第五章　曲面的复几何 ······ 185
§5.1　Hermite 度量 ······ 185
§5.2　线丛的几何 ······ 196

§5.3 线丛的 Hodge 定理 ··· 201
§5.4 对偶定理 ··· 206
§5.5 消没定理 ··· 210
§5.6 线丛的陈类 ··· 214
附录 A 三角剖分和 Euler 数 ··· 220
附录 B Hodge 定理的证明 ··· 222
参考文献 ··· 234
名词索引 ··· 235

第一章　Riemann 映照定理

在本章里, 我们将简单复习单复变函数的若干知识. 从 Schwarz 引理开始, 然后介绍调和函数的基本性质, 最后给出 Riemann 映照定理的证明.

§1.1　Schwarz 引 理

设 $D \subset \mathbb{C}$ 为开集. 如果 D 连通, 则称 D 为 $\mathbb{C}$ 中的**区域**. 这时 D 也是道路连通的.

设 $D \subset \mathbb{C}$ 为开集, $f: D \to \mathbb{C}$ 为连续复函数, $z_0 \in D$. 若极限

$$\lim_{z \to z_0} \frac{f(z) - f(z_0)}{z - z_0}$$

存在 (且有限), 则称 f 在 z_0 **处可导**, 并称此极限值为 f 在 z_0 处的导数, 记做 $f'(z_0)$.

如果 $f: D \to \mathbb{C}$ 在 D 中任何一点处均可导, 则称 f 为 D 中的**全纯函数**, 或称 f 在 D 内**全纯**. 记 f 的实部和虚部分别为 u, v, 则 f 为全纯函数的充分必要条件是 u, v 满足如下的 Cauchy-Riemann 方程:

$$\begin{cases} u_x = v_y, \\ u_y = -v_x. \end{cases}$$

全纯函数的定义还有许多其他的等价形式.

平均值公式　若函数 f 在圆盘 $\{z \in \mathbb{C} \mid |z - a| < R\}$ 内全纯并连续到边界, 则

$$f(a) = \frac{1}{2\pi} \int_0^{2\pi} f(a + re^{i\theta}) d\theta, \quad 0 < r \leqslant R,$$

即 f 在圆心处的值等于它在圆盘边界上的积分的平均值.

由此立即得到重要的最大模原理:

最大模原理 若函数 $f(z)$ 在区域 D 内全纯, 则 $|f(z)|$ 在 D 内取不到最大值, 除非 f 为常值函数.

关于单复变函数的一个特别简单而优美的结果是如下的 Schwarz 引理:

定理 1.1.1 (Schwarz 引理) 设 f 是从单位圆盘 $\mathbb{D}=\{z\in\mathbb{C}\mid |z|<1\}$ 到自身的全纯函数, 且 $f(0)=0$, 则

(i) $|f'(0)|\leqslant 1$;

(ii) $|f(z)|\leqslant|z|,\quad\forall\, z\in\mathbb{D}$,

且等号成立时, 存在某个实数 θ, 使得

$$f(z)=e^{i\theta}z,\quad \forall\, z\in\mathbb{D}.$$

证明 在 $\mathbb{D}$ 上定义新的函数 g 如下:

$$g(z)=\begin{cases} f(z)/z, & z\neq 0,\\ f'(0), & z=0,\end{cases}$$

则 g 也是 $\mathbb{D}$ 中的全纯函数, 且对 $\rho<1$, 有

$$|g(z)|=\frac{|f(z)|}{|z|}\leqslant\frac{1}{\rho},\quad \forall\, z\in\{z\in D\mid |z|=\rho\}.$$

由最大模原理得

$$|g(z)|\leqslant\frac{1}{\rho},\quad \forall\, z\in\{z\in\mathbb{D}\mid |z|\leqslant\rho\}.$$

令 $\rho\to 1$ 就知 $|g(z)|\leqslant 1, \forall\, z\in\mathbb{D}$.

如果 $|f'(0)|=1$ 或 $|f(z)|=|z|$ (对某个 $z\neq 0$), 则 g 在 $\mathbb{D}$ 的内部达到最大模, 从而由最大模原理可知 $g(z)\equiv c$, 即

$$f(z)=cz.$$

显然, $|c|=1$. 因此, $c=e^{i\theta}$, $\theta\in\mathbb{R}$. □

从 Schwarz 引理可以得到如下推论, 其证明留作练习.

推论 1.1.2 (i) 设 $f: B_R(0)\to B_r(0)$ 是从半径为 R 的圆盘到半径为 r 的圆盘的全纯函数. 如果 $f(0)=0$, 则 $|f'(0)|\leqslant r/R$.

(ii) 设 $f: B_R(0) \to \mathbb{C}$ 为有界全纯函数, 则

$$|f'(0)| \leqslant \frac{2}{R} \sup |f|.$$

(iii) **(Liouville 定理)** 设 $f: \mathbb{C} \to \mathbb{C}$ 为有界全纯函数, 则 f 为常值函数.

作为 Schwarz 引理的进一步应用, 下面我们来找出单位圆盘 $\mathbb{D}$ 到自身的所有全纯的一一映射 (即全纯自同构).

任取 $z_0 \in \mathbb{D}$, $\theta \in \mathbb{R}$, 定义

$$\begin{aligned} f_{z_0}: \mathbb{D} &\to \mathbb{D}, \\ z &\mapsto e^{i\theta} \frac{z - z_0}{\bar{z}_0 z - 1}, \end{aligned}$$

则 f_{z_0} 是一一的全纯映射, 且 $f_{z_0}(z_0) = 0$. 这样的映射称为 **Möbius 变换**.

定理 1.1.3 如果 $f: \mathbb{D} \to \mathbb{D}$ 是一一的全纯映射, 则 f 必为某个 Möbius 变换.

证明 设 $f: \mathbb{D} \to \mathbb{D}$ 是一一的全纯映射. 记 $z_0 = f(0)$, 令 $g(z) = f_{z_0}(f(z))$, 则 $g: \mathbb{D} \to \mathbb{D}$ 也是一一的全纯映射, 且 $g(0) = 0$. 由 Schwarz 引理, 有 $|g'(0)| \leqslant 1$. 另外, g 的逆映射 $h: \mathbb{D} \to \mathbb{D}$ 也是全纯函数, 且 $h(0) = 0$, 从而同理有 $|h'(0)| \leqslant 1$. 由于 $h(g(z)) \equiv z$, 对 z 求导数, 有

$$h'(0) \cdot g'(0) = 1.$$

这说明必有

$$|g'(0)| = |h'(0)| = 1.$$

由 Schwarz 引理, 有 $g(z) = e^{i\theta} z$, $\theta \in \mathbb{R}$, 即

$$\begin{aligned} f_{z_0}(f(z)) &= e^{i\theta} z, \\ f(z) &= e^{i\theta} \frac{z - e^{-i\theta} z_0}{\bar{z}_0 e^{i\theta} z - 1}. \end{aligned}$$

这就证明了定理. □

类似地, 我们也可以决定 $\mathbb{C}$ 到 $\mathbb{C}$ 的全纯自同构.

定理 1.1.4 如果 $f:\mathbb{C}\to\mathbb{C}$ 是全纯自同构, 则 f 必为形如 $az+b$ 的线性映射, 其中 $a\in\mathbb{C}^*=\mathbb{C}-\{0\}, b\in\mathbb{C}$.

证明 记 $f(0)=b$. 显然, $f-b$ 也是 $\mathbb{C}$ 的全纯自同构. 我们要证明 $f-b$ 是形如 az 的线性映射. 因此, 为了方便起见, 下设 $f(0)=0$. 令 $g:\mathbb{C}\to\mathbb{C}$ 定义为

$$g(z)=\begin{cases} f(z)/z, & z\in\mathbb{C}^*, \\ f'(0), & z=0, \end{cases}$$

则 g 为 $\mathbb{C}$ 上全纯且处处非零的函数. 下面只需证明 g 必为常值函数. 这关键是证明 $\dfrac{1}{g}$ 为 $\mathbb{C}$ 上的有界全纯函数. 我们观察到:

(1) 存在 $c>0$, 使得 $|f(z)|\geqslant c, \forall\, z\in\mathbb{C}-\mathbb{D}$;

(2) $\lim\limits_{|z|\to\infty}|f(z)|=+\infty$.

(1) 的证明: 用反证法. 假设不然, 则存在一列 $z_i\in\mathbb{C}-\mathbb{D}$, 使得 $f(z_i)\to 0$. 注意到 f 在 0 处是一一可逆全纯的, 因此有

$$z_i=f^{-1}(f(z_i))\to f^{-1}(0)=0.$$

这和 $z_i\in\mathbb{C}-\mathbb{D}$ 相矛盾!

(2) 的证明: 用反证法. 假设存在 $A>0$, 以及一列 $z_i\to\infty$, 使得 $|f(z_i)|\leqslant A\ (i=1,2,\cdots)$. 通过取子列, 不妨设 $f(z_i)\to w\in\mathbb{C}$. 类似 (1) 知 $z_i=f^{-1}(f(z_i))\to f^{-1}(w)$. 这和 $z_i\to\infty$ 相矛盾!

下面我们定义映射

$$\tilde{g}:\mathbb{D}\to\mathbb{D},$$

$$z\mapsto\begin{cases} \left[f\left(\dfrac{1}{z}\right)\right]^{-1}\cdot c, & z\neq 0, \\ 0, & z=0. \end{cases}$$

由 (2) 知 $\tilde{g}$ 是 $\mathbb{D}$ 上的连续函数, 且在 $\mathbb{D}^*=\mathbb{D}-\{0\}$ 上全纯. 因此, $\tilde{g}$ 是 $\mathbb{D}$ 上的全纯函数, 从而满足 Schwarz 引理的条件. 特别地, 有

$$|\tilde{g}(z)|\leqslant|z|,\quad \forall\, z\in\mathbb{D},$$

即有

$$|f(z)|\geqslant c|z|,\quad \forall\, z\in\mathbb{C}-\mathbb{D}.$$

这说明 $\dfrac{1}{g}$ 这个非零全纯函数在 $\mathbb{C}$ 上整体有界, 从而必为常值函数, 于是 g 为常值函数. □

从上面两个定理我们就得到了 $\mathbb{D}$ 和 $\mathbb{C}$ 的全纯自同构群的完全刻画.

习 题 1.1

1. 设 $f:\mathbb{C}\to\mathbb{C}$ 为全纯函数且 $|f(z)|\leqslant|z|^{3/2}, \forall\, z\in\mathbb{C}$. 证明: f 恒为 0.

2. 设 $f:\mathbb{C}\to\mathbb{C}$ 全纯, 且存在自然数 n, 使得 $|z|$ 充分大时, $|f(z)|\leqslant c|z|^n$. 证明: f 必为某个次数不超过 n 的多项式.

3. 设 $f:\Omega\to\mathbb{C}$ 为非常值全纯函数, 其中 Ω 为 $\mathbb{C}$ 中的区域. 证明: f 为开映射, 即把开集映为开集.

4. 设 $f:\Omega\to\mathbb{C}$ 为单的全纯映射. 证明: $f:\Omega\to f(\Omega)$ 为全纯同构.

5. 试刻画 $\mathbb{C}^*$ 的全纯自同构.

6. 证明: $\mathbb{C}$ 到 $\mathbb{C}$ 的全纯单射必为满射, 从而是线性映射.

§1.2 调 和 函 数

设 Ω 为 $\mathbb{C}$ 中的区域, $h\in C^2(\Omega)$ 为实值函数. 如果 $\Delta h=0$, 则称 h 为**调和函数**, 这里 $\Delta=\dfrac{\partial^2}{\partial x^2}+\dfrac{\partial^2}{\partial y^2}$ 是 Laplace 算子.

记 u, v 分别为全纯函数 $f:\Omega\to\mathbb{C}$ 的实部与虚部, 则 u,v 满足 Cauchy-Riemann 方程:

$$\begin{cases} u_x=v_y, \\ u_y=-v_x. \end{cases}$$

由此立知

$$\Delta u=u_{xx}+u_{yy}=v_{yx}-v_{xy}=0,$$
$$\Delta v=v_{xx}+v_{yy}=-u_{yx}+u_{xy}=0,$$

即全纯函数的实部和虚部均为调和函数.

现在我们考虑反过来的问题, 即: 一个实值调和函数在什么条件下成为一个全纯函数的实部? 为此, 我们假设 $u:\Omega\to\mathbb{R}$ 为区域 Ω 上的调和函数, 在 Ω 中解如下一阶偏微分方程组:

$$\begin{cases} v_x = -u_y, \\ v_y = u_x. \end{cases}$$

这个方程组局部有解的可积条件为

$$(-u_y)_y = (u_x)_x \Longleftrightarrow \Delta u = 0.$$

这就说明了解的局部存在性. 因此, 复变函数 $f = u + \sqrt{-1}v$ 为 Ω 上的全纯函数. 特别地, 调和函数必为实解析函数.

一般地, 上述方程组在 Ω 上的整体解未必存在. 在一个特殊的情形下, 即区域 Ω 单连通的情形下, 整体解是存在的. 回忆一下, 一个区域单连通是指其基本群为平凡群 (即区域中的闭连续曲线可在该区域内连续地缩成一点). 例如, $\mathbb{D}$ 和 $\mathbb{C}$ 都是单连通的区域. 因为上述方程组的两个解只相差一个常数, 所以, 如果 Ω 单连通, 则通过解析延拓, 一个局部的解总能延拓为整体解. 这就得到了如下结果:

定理 1.2.1 设 $u:\Omega\to\mathbb{C}$ 为区域 Ω 上的调和函数, 则

(i) 对任意 $z_0\in\Omega$, 均存在 z_0 的开邻域 $B_{z_0}\subset\Omega$ 及 B_{z_0} 上的调和函数 v, 使得 $f = u+\sqrt{-1}v$ 为 B_{z_0} 上的全纯函数;

(ii) 如果 Ω 为单连通区域, 那么存在 Ω 上的整体调和函数 v, 使得 $f = u+\sqrt{-1}v$ 为 Ω 上的全纯函数.

注 上面定理中解的局部存在性和整体存在性与区域 Ω 及函数 u 代表的拓扑性质有关, 读者可参考第二章 §2.2 中的 Poincaré 引理.

利用上述结论, 我们就可以从全纯函数的性质得到调和函数的一些好的性质.

调和函数的平均值公式 设 $u:\Omega\to\mathbb{R}$ 为调和函数,

$$B_r(z_0) = \{z\in\mathbb{C} \mid |z-z_0|<r\}$$

是以 z_0 为中心的圆盘. 如果 $B_r(z_0)\Subset\Omega$ (即闭包含于 Ω 内), 则

$$u(z_0) = \frac{1}{2\pi}\int_0^{2\pi} u(z_0+re^{i\theta})d\theta.$$

事实上，由上述定理知，调和函数 u 在 $B_r(z_0)$ 内是全纯函数的实部. 再根据全纯函数的平均值公式就立即得到了 u 的平均值公式.

作为平均值公式的推论，我们马上得到调和函数的最大值原理，其证明留作习题.

最大值原理 设 $u:\Omega\to\mathbb{R}$ 为调和函数，则

(i) $|u|$ 在 Ω 的内部达不到局部最大值，除非 u 为常值函数；

(ii) u 在 Ω 的内部达不到局部最大值 (或最小值)，除非 u 为常值函数.

另外，从平均值公式我们看到，圆盘上的调和函数在圆心的值由它在边界上的值确定. 为了简单起见，我们考虑中心在原点 0 处的圆盘

$$B_r=\{z\in\mathbb{C}\mid |z|<r\}.$$

设 $z_0\in B_r$, $\gamma:B_r\to B_r$ 是把 0 映为 z_0 的分式线性变换. 对调和函数 $u\circ\gamma$ 在 B_r 上用平均值公式就得到如下的 Poisson 积分公式：

Poisson 积分公式 设 u, B_r 如上，则对任意 $z_0\in B_r$, 有

$$u(z_0)=\frac{1}{2\pi}\int_0^{2\pi}u(re^{i\theta})\frac{r^2-|z_0|^2}{|re^{i\theta}-z_0|^2}d\theta.$$

Poisson 积分公式表明，圆盘上的调和函数是由它在边界上的值唯一决定的. 反之，如果圆盘的边界上给定一个连续函数，则通过积分在圆盘内部就可以定义一个调和函数.

定理 1.2.2 (圆盘上 Dirichlet 边值问题解的存在唯一性)

设 $f(re^{i\theta})$ 是圆周 $|z|=r$ 上的实值连续函数，则在圆盘 $|z|<r$ 内存在唯一的调和函数 $u(z)$, 满足

$$\lim_{z\to re^{i\theta}}u(z)=f(re^{i\theta}).$$

证明 在圆盘 $|z|<r$ 内定义

$$u(z)=\frac{1}{2\pi}\int_0^{2\pi}f(re^{i\theta})\frac{r^2-|z|^2}{|re^{i\theta}-z|^2}d\theta.$$

不难验证 u 是满足要求的在圆盘上 $|z|<r$ 连续到边界的调和函数. u

的唯一性由最大值原理给出. □

结合最大值原理和 Dirichlet 边值问题解的存在唯一性, 我们就得到调和函数的如下刻画:

推论 1.2.3　设 $u:\Omega\to\mathbb{R}$ 为区域 Ω 上的连续函数, 且任给 Ω 中一点 p, 均存在 p 的邻域 V_p, 使得在 V_p 内 u 都满足平均值公式, 则 u 为 Ω 上的调和函数.

证明　任取 $p\in\Omega$, 只要证明 u 在 p 附近调和即可. 为此, 取含有 p 的圆盘 $B_p\subset V_p$, 在 B_p 上考虑 Dirichlet 边值问题

$$\begin{cases}\Delta v(z)=0, & z\in B_p,\\ v(z)=u(z), & z\in\partial B_p.\end{cases}$$

记此边值问题的解为 u_p, 则函数 $u-u_p$ 在 B_p 内满足平均值公式, 从而也满足最大值原理. 由于在圆盘的边界 ∂B_p 上 $u-u_p$ 为 0, 因此在 B_p 内 $u\equiv u_p$. 这就说明 u 在 B_p 内调和. □

下面来给出调和函数的重要梯度估计. 我们注意到, 如果 u 为 Ω 上的调和函数, 则其偏导数 u_x, u_y 也是调和函数, 因此也满足 Poisson 积分公式. 由此就可以通过 $|u|$ 来估计 $|u_x|$ 和 $|u_y|$. 不过, 下面我们采用另一个办法来对一阶导数作估计. 这个办法的好处是可以推广到黎曼流形上. 为此, 我们不妨一般些, 在 $\mathbb{R}^n$ 上考虑问题. $\mathbb{R}^n$ 上调和函数的定义和 $\mathbb{C}$ 上调和函数的定义完全类似, 只是 $\mathbb{R}^n$ 上的 Laplace 算子定义为

$$\Delta=\frac{\partial}{\partial x_1^2}+\frac{\partial}{\partial x_2^2}+\cdots+\frac{\partial}{\partial x_n^2},$$

这里 $x_1,x_2,\cdots,x_n$ 为 $\mathbb{R}^n$ 上的标准直角坐标.

设 u 为 $\mathbb{R}^n$ 上的调和函数, 即 u 满足 $\Delta u=0$. 下面我们要估计 $|\nabla u|$, 这里 $\nabla u=(u_{x_1},u_{x_2},\cdots,u_{x_n})$ 是 u 的梯度. 我们采用的办法是, 先用一个函数将 $|\nabla u|^2$ 截断, 然后考虑截断以后的函数的极值. 为此, 我们需要一个截断函数. 它就是下面引理中的函数 ϕ.

引理 1.2.4　存在常数 C_1,C_2 及光滑函数 $\phi:\mathbb{R}\to\mathbb{R}$, 使得 ϕ 满足如下条件:

$$\begin{cases} \phi(x) = 0, \quad \forall\ |x| \geqslant 1; \\ 0 < \phi(x) \leqslant 1, \quad \forall\ x \in (-1,1); \\ [\phi'(x)]^2 \leqslant C_1\phi(x), \quad \forall\ x \in \mathbb{R}; \\ |\phi''(x)| \leqslant C_2, \quad \forall\ x \in \mathbb{R}. \end{cases}$$

证明 先定义如下函数 $\varphi_1 : \mathbb{R} \to \mathbb{R}$ (见图 1.1):

$$\varphi_1(x) = \begin{cases} e^{\frac{1}{x-1}}, & x < 1, \\ 0, & x \geqslant 1. \end{cases}$$

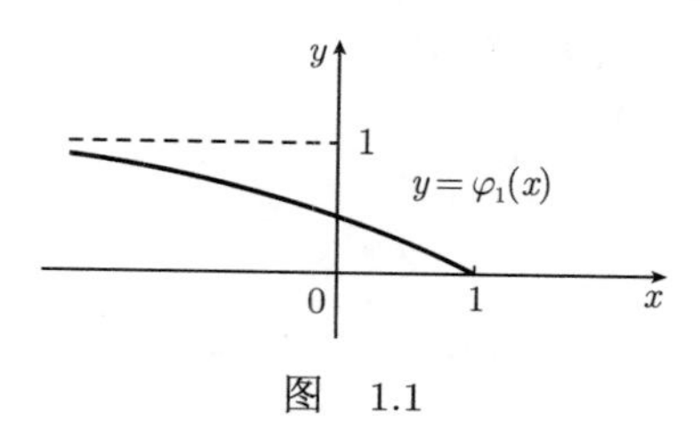

图 1.1

不难验证 φ_1 是 $\mathbb{R}$ 上的光滑函数, 且

$$\lim_{x\to 1^-} \frac{[\varphi_1'(x)]^2}{\varphi_1(x)} = \lim_{x\to 1^-} e^{\frac{1}{x-1}}(x-1)^{-4} = 0,$$

$$\lim_{x\to -\infty} \frac{[\varphi_1'(x)]^2}{\varphi_1(x)} = \lim_{x\to -\infty} e^{\frac{1}{x-1}}(x-1)^{-4} = 0.$$

结合 $\varphi_1(x) = 0, \forall\ x \geqslant 1$, 就知道存在常数 C_1', 使得

$$[\varphi_1'(x)]^2 \leqslant C_1'\varphi_1(x), \quad \forall\ x \in \mathbb{R}. \tag{1.1}$$

类似地, 由

$$\lim_{x\to -\infty} \varphi_1''(x) = \lim_{x\to -\infty} e^{\frac{1}{x-1}}[(x-1)^{-4} + 2(x-1)^{-3}] = 0$$

以及 $\varphi_1''(x) = 0, \forall\ x \geqslant 1$, 就知道存在常数 C_2', 使得

$$|\varphi_1''(x)| \leqslant C_2', \quad \forall\ x \in \mathbb{R}. \tag{1.2}$$

其次, 考虑光滑函数 $\varphi_2 : \mathbb{R} \to \mathbb{R}$:

$$\varphi_2(x) = \frac{\varphi_1(x)}{\varphi_1(x) + \varphi_1(1-x)}, \quad x \in \mathbb{R}.$$

由 φ_1 的定义知 $\varphi_2(x) = 1, \forall\, x \leqslant 0$; $\varphi_2(x) = 0, \forall\, x \geqslant 1$. 因此, 如果按如下方式定义函数 $\phi: \mathbb{R} \to \mathbb{R}$:

$$\phi(x) = \varphi_2(|x|) = \begin{cases} \varphi_2(x), & x \geqslant 0, \\ \varphi_2(-x), & x \leqslant 0, \end{cases}$$

则 ϕ 为 $\mathbb{R}$ 上的光滑函数, 并且利用 (1.1), (1.2) 两式易验证, 存在常数 C_1, C_2, 使得 ϕ 就是满足引理要求的函数. □

注 ϕ 在 $[-1,0]$ 上单调递增, 在 $[0,1]$ 上单调递减 (见图 1.2).

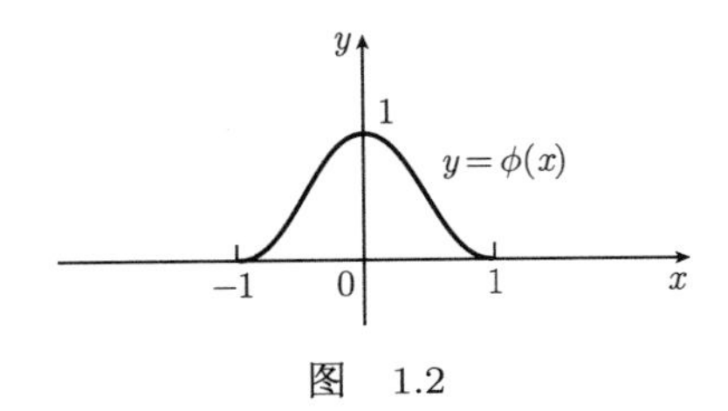

图 1.2

引理 1.2.4 中的函数 ϕ 称为一个**截断函数**. 由此也可以得到 $\mathbb{R}^n$ 中的截断函数.

推论 1.2.5 存在光滑函数 $\phi: \mathbb{R}^n \to \mathbb{R}$, 使得 ϕ 满足如下条件:

$$\begin{cases} 0 < \phi(x) \leqslant 1,\ \forall\, x \in B_1(0) = \left\{ (x_1, x_2, \cdots, x_n) \,\middle|\, \sum\limits_{i=1}^{n} x_i^2 < 1 \right\}; \\ \phi(x) = 0,\ \forall\, x \in \mathbb{R}^n - B_1(0); \\ |\nabla\phi(x)|^2 \leqslant C_1\phi(x),\ \forall\, x \in \mathbb{R}^n; \\ |\Delta\phi(x)| \leqslant nC_2,\ \forall\, x \in \mathbb{R}^n. \end{cases}$$

证明 如下定义函数 ϕ:

$$\phi(x) = \phi(x_1, x_2, \cdots, x_n) = \phi(r) = \phi\left(\left(\sum_{i=1}^{n} x_i^2 \right)^{\frac{1}{2}} \right), \quad x \in \mathbb{R}^n,$$

这里在后面两个等号后我们用了同一个 ϕ 表示上面引理 1.2.4 中的一元截断函数 ($n = 1$ 时二者一致). 显然, ϕ 在 $\mathbb{R}^n - \{0\}$ 上是光滑的. 不

难验证 ϕ 在 0 处也是光滑的, 且

$$|\nabla\phi|^2 = |\phi'(r)\nabla r|^2 = |\phi'(r)|^2 \leqslant C_1\phi(r) = C_1\phi(x),$$
$$|\Delta\phi(x)| = |\phi''(r) + \phi'(r)r^{-1}(n-1)| \leqslant nC_2.$$

因此 ϕ 为满足要求的光滑函数. □

下面考虑梯度估计. 设 $u:\Omega\to\mathbb{R}$ 为调和函数, Ω 为 $\mathbb{R}^n$ 中的区域. 为了方便起见, 先假设 u 为正函数. 由于下面涉及许多偏导数的计算, 我们采用一些简化的记号, 即如果一个函数带有下标 i, 就表示是对第 i 个变量 x_i 求偏导数; 另外, 在一个表达式中, 如果相同的指标出现两次, 就表示要对该指标从 1 到 n 求和, 从而省略求和符号 (这称为 Einstein 求和约定). 例如, 令 $v = \ln u$, 则有

$$\begin{aligned}\Delta v &= (\ln u)_{ii} = (u^{-1}u_i)_i \\ &= -u^{-2}u_iu_i + u^{-1}\Delta u \\ &= -|\nabla v|^2. \end{aligned}\tag{1.3}$$

在 Ω 中任取一点 p, 设 $B_\rho(p)\Subset\Omega$. 不失一般性, 可设 $p=0$. 设 ϕ 为引理 1.2.5 中的截断函数. 令 $\phi_\rho(x) = \phi\left(\dfrac{1}{\rho}x\right)$, $x\in\mathbb{R}^n$, 则 ϕ_ρ 也是一个截断函数, 它在 $B_\rho(0)$ 之外为 0. 考虑 $\overline{B_\rho(0)}$ 上的函数 $Q = \phi_\rho|\nabla v|^2$. 因为 $Q\big|_{\partial B_\rho} = 0$, 故存在 $x^0\in B_\rho(0)$, 使得 $Q(x^0) = \max\limits_{\overline{B_\rho(0)}} Q$. 不妨设 $Q(x^0)>0$. 在 x^0 处, 有

$$\nabla Q(x^0) = 0,\quad \Delta Q(x^0)\leqslant 0.$$

下面我们在 x^0 处做一些计算, 为了方便起见, 仍以 ϕ 来表示 ϕ_ρ 且计算过程中省略了 x^0:

$$\begin{aligned}0 \geqslant \Delta Q(x^0) &= \Delta(\phi|\nabla v|^2) \\ &= \Delta\phi|\nabla v|^2 + 2\nabla\phi\cdot\nabla|\nabla v|^2 + \phi\Delta|\nabla v|^2 \\ &= \phi^{-1}\Delta\phi\, Q + 2\nabla\phi\cdot\nabla(\phi^{-1}Q) + \phi\Delta|\nabla v|^2 \\ &= \phi^{-1}\Delta\phi\, Q - 2\phi^{-2}|\nabla\phi|^2 Q + \phi\Delta|\nabla v|^2. \end{aligned}\tag{1.4}$$

我们有

$$\begin{aligned}\Delta|\nabla v|^2 &= (v_i\cdot v_i)_{jj} = (2v_i\cdot v_{ij})_j\\ &= 2v_{ij}\cdot v_{ij} + 2v_i\cdot v_{ijj}\\ &= 2v_{ij}\cdot v_{ij} + 2v_i\cdot(\Delta v)_i\\ &\geqslant \frac{2}{n}(v_{ii})^2 + 2v_i\cdot(\Delta v)_i\\ &= \frac{2}{n}(\Delta v)^2 - 2\nabla v\cdot\nabla|\nabla v|^2\\ &= \frac{2}{n}|\nabla v|^4 - 2\nabla v\cdot\nabla|\nabla v|^2. \end{aligned}\tag{1.5}$$

上面的计算过程中用到了 (1.3) 式. 将 (1.5) 式代入 (1.4) 式, 我们有

$$\begin{aligned}0 &\geqslant \Delta Q(x^0)\\ &\geqslant \phi^{-1}\Delta\phi\, Q - 2\phi^{-2}|\nabla\phi|^2 Q + \frac{2}{n}\phi^{-1}Q^2 - 2\phi\nabla v\cdot\nabla(\phi^{-1}Q)\\ &\geqslant \phi^{-1}\Delta\phi\, Q - 2\phi^{-2}|\nabla\phi|^2 Q + \frac{2}{n}\phi^{-1}Q^2 + 2\phi^{-1}\nabla v\cdot\nabla\phi\cdot Q.\end{aligned}$$

上式两边约去 $\phi^{-1}Q(x^0)$, 并利用

$$\begin{aligned}2\nabla v\cdot\nabla\phi &\geqslant -\frac{1}{n}\phi|\nabla v|^2 - n\phi^{-1}|\nabla\phi|^2\\ &= -\frac{1}{n}Q - n\phi^{-1}|\nabla\phi|^2,\end{aligned}$$

得到如下估计:

$$0 \geqslant \Delta\phi - 2\phi^{-1}|\nabla\phi|^2 + \frac{2}{n}Q - \frac{1}{n}Q - n\phi^{-1}|\nabla\phi|^2,$$

即

$$\begin{aligned}Q(x^0) &\leqslant n[(n+2)\phi^{-1}|\nabla\phi|^2 - \Delta\phi]\\ &\leqslant n[(n+2)C_1\rho^{-2} + nC_2\rho^{-2}]\\ &= C(n)\rho^{-2}.\end{aligned}$$

特别地, 任给 $0\leqslant c<1$, 有

$$\begin{aligned}\sup_{B_{c\rho}(0)}|\nabla v|^2 &\leqslant \frac{1}{\phi_\rho(c\rho)}\sup_{B_{c\rho}(0)}\phi_\rho|\nabla v|^2\\ &\leqslant \frac{1}{\phi_\rho(c\rho)}\sup_{B_{\rho}(0)}\phi_\rho|\nabla v|^2\end{aligned}$$

$$= \frac{1}{\phi(c)} Q(x_0) \leqslant \frac{C(n)}{\phi(c)} \rho^{-2}.$$

总结一下, 我们就得到如下定理:

定理 1.2.6 (调和函数的梯度估计) 设 $u: \Omega \to \mathbb{R}$ 为正的调和函数, 则对任意 $c \in [0,1)$, 存在只依赖于 n 的常数 $C(n)$, 使得

$$\sup_{B_{c\rho}(p)} |\nabla \ln u|^2 \leqslant \frac{C(n)}{\phi(c)} \rho^{-2}, \quad \forall\, B_\rho(p) \Subset \Omega.$$

注 梯度估计的其他形式如下:

(1) 上面定理中条件 $B_\rho(p) \Subset \Omega$ 可以用 $B_\rho(p) \subset \Omega$ 来代替. 这只要适当缩小球的半径再让半径逼近 ρ 即可.

(2) 上面定理中取 $c = 0$, 就得到球心处的梯度估计:

$$|\nabla \ln u(p)|^2 \leqslant C(n) \rho^{-2}, \quad \forall\, B_\rho(p) \subset \Omega.$$

进而, 如果 $q \in B_{c\rho}(p)$, 则 $B_{(1-c)\rho}(q) \subset B_\rho(p) \subset \Omega$. 这说明

$$|\nabla \ln u(q)|^2 \leqslant C(n)[(1-c)\rho]^{-2}, \quad \forall\, q \in B_{c\rho}(p),$$

从而定理的结论也可改写为

$$\sup_{B_{c\rho}(p)} |\nabla \ln u|^2 \leqslant \frac{C(n)}{(1-c)^2} \rho^{-2}, \quad \forall\, B_\rho(p) \subset \Omega.$$

(3) 截断函数的选取有很多方法, 例如也可令 $\phi(r) = (1-r^2)^2$, 从而可以简化一些运算.

由梯度估计立得 $\mathbb{R}^n$ 上的 Liouville 定理:

推论 1.2.7 (Liouville 定理) $\mathbb{R}^n$ 上的正调和函数必为常数. 特别地, $\mathbb{R}^n$ 上的有界调和函数必为常数.

证明 设 $u: \mathbb{R}^n \to \mathbb{R}$ 为正调和函数, 由梯度估计可得

$$\sup_{B_\rho(0)} |\nabla \ln u|^2 \leqslant c(n) \rho^{-2}, \quad \forall\, \rho > 0.$$

令 $\rho \to +\infty$, 就有

$$\sup_{\mathbb{R}^n} |\nabla \ln u|^2 = 0,$$

从而 u 为常数. 如果 u 为有界调和函数, 则通过加上一个正的常数, 该调和函数就成为正的调和函数, 从而也为常数. □

对于一般的调和函数, 有

推论 1.2.8 (调和函数的梯度估计)　设 $u:\Omega\to\mathbb{R}$ 为调和函数, 则对任意 $c\in[0,1)$, 存在只依赖于 n 的常数 $C(n)$, 使得

$$\sup_{B_{c\rho}(p)}|\nabla u|^2\leqslant\frac{C(n)}{\phi(c)}\rho^{-2}\sup_{B_\rho(p)}|u|^2,\quad\forall\ B_\rho(p)\Subset\Omega.$$

证明　取 $\varepsilon>0$, 在 $B_\rho(p)$ 上考虑正的调和函数 $u+\sup\limits_{B_\rho(p)}|u|+\varepsilon$ 的梯度估计, 然后令 $\varepsilon\to0^+$ 即可. □

从梯度估计就得到有用的 Harnack 不等式.

定理 1.2.9 (Harnack 不等式)　设 Ω 为 $\mathbb{R}^n$ 中的区域, 则对任给 $c\in[0,1)$, 存在依赖于 c,n 的常数 $D(c,n)$, 使得对任意的正调和函数 $u:\Omega\to\mathbb{R}$ 均有

$$\sup_{B_{c\rho}(p)}u\leqslant D(c,n)\inf_{B_{c\rho}(p)}u,\quad\forall\ B_\rho(p)\subset\Omega.$$

一般地, 如果集合 $K\Subset\Omega$, 则存在常数 $D_K(\Omega)$, 使得对任意的正调和函数 $u:\Omega\to\mathbb{R}$ 均有

$$D_K(\Omega)^{-1}\leqslant u(z_1)/u(z_2)\leqslant D_K(\Omega),\quad\forall z_1,z_2\in K.$$

证明　设 $u:\Omega\to\mathbb{R}$ 为正调和函数, $B_\rho(p)\subset\Omega$, 并设

$$u(w_1)=\sup_{B_{c\rho}(p)}u,\quad u(w_2)=\inf_{B_{c\rho}(p)}u,$$

则 $w_1,w_2\in\overline{B_{c\rho}(p)}$. 以直线段 γ 连接 w_1, w_2, 显然 $\gamma\subset\overline{B_{c\rho}(p)}$. 由梯度估计, 有

$$\begin{aligned}\ln u(w_1)-\ln u(w_2)&=\int_\gamma(\ln u\circ\gamma)'\\&\leqslant\int_\gamma|\nabla\ln u|\cdot|\gamma'|\\&\leqslant c(n)[(1-c)\rho]^{-1}L(\gamma)\\&\leqslant c(n)[(1-c)\rho]^{-1}2c\rho\end{aligned}$$

$$= 2c(n)\frac{c}{1-c}, \tag{1.6}$$

即

$$u(w_1) \leqslant D(c,n)u(w_2), \quad D(c,n) = e^{2c(n)\frac{c}{1-c}}.$$

一般地, 如果 $K \Subset \Omega$, 则 $d(K, \Omega^c) > 0$. 记 $\delta_1 = \frac{1}{2}d(K, \Omega^c)$. K 可被 Ω 中半径为 δ_1 的有限个开球覆盖, 将这些开球的中心记为 p_i. 给定两个这样的中心 p_i, p_j, 取定 Ω 中连接 p_i, p_j 的分段光滑曲线, 记为 γ_{ij}. 令 $L = \max\{L(\gamma_{ij})\}$, $\delta_2 = \min\{d(\gamma_{ij}, \Omega^c)\}$ 以及 $\delta = \min\{\delta_1, \delta_2\}$. 与 (1.6) 式的证明一样, 有

$$\ln u(p_i) - \ln u(p_j) \leqslant c(n)\delta^{-1}L(\gamma_{ij}) \leqslant c(n)\delta^{-1}L.$$

设 $z_1, z_2 \in K$, 不妨设 z_1 落在中心为 p_i 的球中, z_2 落在中心为 p_j 的球中. 与 (1.6) 式的证明一样, 有

$$\ln u(z_1) - \ln u(p_i) \leqslant c(n)\delta_1^{-1}d(z_1, p_i) \leqslant \frac{1}{2}c(n),$$

$$\ln u(p_j) - \ln u(z_2) \leqslant c(n)\delta_1^{-1}d(z_2, p_j) \leqslant \frac{1}{2}c(n).$$

结合上面三式就有

$$\ln u(z_1) - \ln u(z_2) \leqslant c(n)(1 + L/\delta).$$

因为 z_1 和 z_2 是任取的, 交换 z_1 和 z_2 上式仍成立. 因此, 令 $D_K(\Omega) = e^{c(n)(1+L/\delta)}$, 最后就得到

$$D_K(\Omega)^{-1} \leqslant u(z_1)/u(z_2) \leqslant D_K(\Omega), \quad \forall\, z_1, z_2 \in K.$$

这就证明了 Harnack 不等式. □

Harnack 不等式的一个重要应用是用来判断一列调和函数的收敛性. 我们先叙述一个简单的情形.

定理 1.2.10 (Harnack 原理) 设 $\{u_i\}$ 是区域 Ω 上的一列单调递增的调和函数, 则只有下列两种情形出现:

(i) $\{u_i\}$ 内闭一致地发散到 $+\infty$;

(ii) $\{u_i\}$ 内闭一致地收敛到 Ω 上的一个调和函数.

证明 通过考虑 $\{u_i - u_1 + 1\}$, 不妨设调和函数列 $\{u_i\}$ 都是正的. 以下分两种情况讨论.

如果存在 $z_1 \in \Omega$, 使得 $\lim\limits_{i\to\infty} u_i(z_1) = +\infty$, 则由 Harnack 不等式, 对于 z_1 附近的点 z_2 也有 $\lim\limits_{i\to\infty} u_i(z_2) = +\infty$. 更一般地, 对于任意一个子集 $K \Subset \Omega$, u_i 必在 K 上一致地发散到 $+\infty$.

如果存在 $z_1 \in \Omega$, 使得 $\lim\limits_{i\to\infty} u_i(z_1) = u < +\infty$, 则由 Harnack 不等式知, u_i 在 Ω 上内闭一致有界. 又由梯度估计, u_i 在 Ω 上也是内闭一致等度连续的, 因此必然内闭一致地收敛到一个连续函数. 这个连续函数满足平均值公式, 因而为 Ω 上的调和函数 (见习题 1.2). □

这个定理也可以稍作推广得到如下结论, 其证明是类似的.

Harnack 原理 设 $U = \{u_\alpha\}$ 为 Ω 上的一族调和函数, 且满足如下条件:

$$\forall\, u_\alpha, u_\beta \in U,\ 存在 u \in U,\ 使得\ u \geqslant \max\{u_\alpha, u_\beta\}.$$

定义 Ω 中的函数

$$\Phi(p) = \sup_{u_\alpha\in U}\{u_\alpha(p)\}, \quad \forall\, p \in \Omega,$$

则 Φ 要么恒为 $+\infty$, 要么为 Ω 中的调和函数.

习 题 1.2

1. 设 $f: D \to \mathbb{C}$ 为全纯函数, $u: \Omega \to \mathbb{R}$ 为调和函数, 且 $f(D) \subset \Omega$. 证明: 复合函数 $u \circ f$ 仍为调和函数.

2. 通过计算确定引理 1.2.4 中的常数.

3. 证明: $\mathbb{R}^n$ 上的调和函数满足平均值公式 (请先写出平均值公式); 反之, 满足平均值公式的连续函数必为调和函数.

4. 设 $u: \mathbb{C} \to \mathbb{R}$ 为调和函数, 且 $|u(x)| \leqslant C_1|x| + C_2$, $\forall x \in \mathbb{C}$. 证明: u 为线性函数.

5. 设 $u: \mathbb{C} \to \mathbb{R}$ 为调和函数, 且 $|u(x)| = o(|x|)$. 证明: u 必为常数.

6. 验证推论 1.2.5 中的截断函数在原点处的光滑性.

§1.3 Riemann 映照定理

本节我们讨论复平面单连通区域在双全纯同构下的分类.

定理 1.3.1 (Riemann 映照定理) 设 Ω 为 $\mathbb{C}$ 中的单连通区域. 如果 $\Omega \neq \mathbb{C}$, 则存在 Ω 到单位圆盘 $\mathbb{D}$ 的双全纯同构.

这个定理的证明要用到关键的 Schwarz 引理. 首先我们可以把任何不是 $\mathbb{C}$ 的单连通区域全纯地变为一个有界域.

引理 1.3.2 设 Ω 为 $\mathbb{C}$ 中的单连通区域, 且 $\Omega \neq \mathbb{C}$, 则存在单的全纯映照 $\varphi: \Omega \to \mathbb{D}$.

证明 如果存在 $z_0 \in \Omega^c$ 及 $r_0 > 0$, 使得

$$B_{r_0}(z_0) \subset \mathbb{C} - \Omega,$$

则令 $\varphi(z) = \dfrac{r_0}{z - z_0}$ 即可.

一般地, 由于 $\Omega \neq \mathbb{C}$, 不妨设 $0 \notin \Omega$. 因为 Ω 单连通, 故在 Ω 上存在 $\sqrt{z}$ 的一个单值化分支, 即存在全纯函数 $g: \Omega \to \mathbb{C}$, 使得

$$g^2(z) = z, \quad \forall\, z \in \Omega.$$

易见, 如果 $\beta \in g(\Omega)$, 则 $-\beta \notin g(\Omega)$. 用 $g(\Omega)$ 代替 Ω, 如同先前的讨论就可以证明单全纯映射的存在性. □

下面我们假设 Ω 为一个单连通的有界区域. 在 Ω 中取定一点 z_0, 考虑满足以下条件的全纯映射:

(1) $f: \Omega \to \mathbb{C}$ 为单射;

(2) $f(\Omega) \subset \mathbb{D}$;

(3) $f(z_0) = 0$.

将这些全纯映射的全体组成的集合记为 $\mathcal{F}$. 我们要在 $\mathcal{F}$ 中找一个满射.

引理 1.3.3 设 $f: \Omega \to \mathbb{D}$ 为单全纯映射, $f(\Omega) \neq \mathbb{D}$, $f(z_0) = 0$, 则存在 $g \in \mathcal{F}$, 使得 $|g'(z_0)| > |f'(z_0)|$.

证明 取 $w \in \mathbb{D} - f(\Omega)$. 考虑

$$g_1: \mathbb{D} \to \mathbb{D}, \quad g_1(z) = \frac{z - w}{\overline{w}z - 1},$$

则 $0 \notin g_1(f(\Omega))$. 因此可取 $\sqrt{z}$ 在 $g_1(f(\Omega))$ 上的一个分支, 记为 $g_2(z)$. 再令

$$g_3 : \mathbb{D} \to \mathbb{D}, \quad g_3(z) = \frac{z - g_2(w)}{\overline{g_2(w)}z - 1}.$$

考虑复合映射

$$g = g_3 \circ g_2 \circ g_1 \circ f : \Omega \to \mathbb{D}.$$

显然 $g(z_0) = g_3 \circ g_2 \circ g_1(0) = g_3 \circ g_2(w) = 0$, 且

$$|g'(z_0)| = |(g_3 \circ g_2 \circ g_1)'(0)| \cdot |f'(z_0)|.$$

另外, 复合映射

$$h = g_1^{-1}([g_3^{-1}(z)]^2) : \mathbb{D} \to \mathbb{D}$$

将原点 0 映为原点 0, 由 Schwarz 引理可得

$$|h'(0)| \leqslant 1.$$

因为 h 在 $g_3(0)$ 处不是一一的, 故上式中的 "$\leqslant$" 不能取等号. 再由

$$h \circ g_3 \circ g_2 \circ g_1(z) \equiv z$$

知 $|(g_3 \circ g_2 \circ g_1)'(0)| > 1$, 从而

$$|g'(z_0)| > |f'(z_0)|.$$

这就证明了引理. □

任取 $f \in \mathcal{F}$, 因为 $z_0 \in \Omega$, 故存在 $r_0 > 0$, 使得 $B_{r_0}(z_0) \subset \Omega$. 因此映射

$$f(r_0 z + z_0) : \mathbb{D} \to \mathbb{D}$$

满足 Schwarz 引理的条件. 这说明

$$|f'(z_0)| \leqslant r_0^{-1}, \quad \forall\, f \in \mathcal{F}.$$

根据这个估计及上面的引理, 存在一列 $\{f_i\} \subset \mathcal{F}$, 使得

$$\lim_{i \to \infty} |f_i'(z_0)| = \sup_{f \in \mathcal{F}} |f'(z_0)| \leqslant r_0^{-1}.$$

对于这一列 $\{f_i\}$, 我们有

引理 1.3.4 上述 $\{f_i\}$ 存在收敛子列, 该子列的极限 $f \in \mathcal{F}$, 且 f 为满射.

证明 任取紧集 $K \subset \Omega$, 用上面估计导数的方法可证, 存在常数 $C(K)$, 使得

$$|f'(z)| \leqslant C(K), \quad \forall\, z \in K, \forall\, f \in \mathcal{F}.$$

因此, $\{f_i\}$ 在 K 上一致有界, 等度连续, 从而存在收敛子列. 用抽取对角线的办法就可以得到 $\{f_i\}$ 的一个子列 (仍记为 $\{f_i\}$), 它在 Ω 上内闭一致收敛, 其极限 f 仍为全纯函数.

显然, $|f'(z_0)| = \sup\limits_{g \in \mathcal{F}} |g'(z_0)| > 0$, 故 f 不是常数. 因为 f_i 都是单射, 由 Hurwitz 定理, f 也是单射, 从而 $f \in \mathcal{F}$. 又由上面的引理 1.3.3 知 f 为满射. □

结合上面三个引理我们就得到了 Riemann 映照定理的证明. 这个定理最早是由 Riemann 在 1851 年指出来的, 但它的第一个严格证明直到 1900 年才由 Osgood 给出.

习 题 1.3

1. 试刻画 $\mathbb{D}^* = \mathbb{D} - \{0\}$ 的全纯自同构.

2. 设 $u : \mathbb{D}^* \to \mathbb{R}$ 为有界调和函数. 证明: u 为 $\mathbb{D}^*$ 上某个全纯函数的实部.

3. 设 $\{u_i\}$ 为开集 D 上的一列一致有界调和函数. 证明: $\{u_i\}$ 存在收敛子列, 其极限仍为有界调和函数.

4. 证明: 不存在从 $\mathbb{C}$ 到 $\mathbb{C} - \{0, 1\}$ 的非常值全纯函数.

第二章　单值化定理

在前面一章里, 我们证明了复平面 $\mathbb{C}$ 中的单连通区域在全纯同构的意义下只有两个, 即单位圆盘 $\mathbb{D}$ 和整个复平面 $\mathbb{C}$. 在这一章里, 我们引入抽象黎曼曲面的概念, 并研究黎曼环面和单连通的黎曼曲面的分类, 所得结果称为 Poincaré-Koebe 单值化定理.

§2.1　黎曼曲面的定义

在单变量复变函数的研究中, 我们经常会遇见多值的全纯函数. 在复平面上, 它们不能很好地被定义. 为此, 人们提出了抽象的黎曼曲面的概念. 推广到高维时就出现了微分流形的概念.

定义 2.1.1　设 Σ 为具有可数拓扑基和 Hausdorff 性质的拓扑空间. 若存在 Σ 的开覆盖 $\{U_\alpha\}_{\alpha\in\Gamma}$ 和定义在每个开集 U_α 上的连续映射 $\phi_\alpha : U_\alpha \to \mathbb{C}$, 且它们满足如下条件:

(i) $\phi_\alpha(U_\alpha)$ 为 $\mathbb{C}$ 中的开集, $\phi_\alpha : U_\alpha \to \phi_\alpha(U_\alpha)$ 为同胚;

(ii) 如果 $U_\alpha \cap U_\beta \neq \varnothing$, 那么转换映射 $\phi_\alpha \circ \phi_\beta^{-1} : \phi_\beta(U_\alpha \cap U_\beta) \to \phi_\alpha(U_\alpha \cap U_\beta)$ 为复平面开集之间的全纯映射,

则称 Σ 为**黎曼曲面**.

我们把上述定义中的开覆盖称为 **(局部) 坐标覆盖**, U_α 称为一个**坐标邻域**, ϕ_α 称为该坐标邻域上的**坐标映射**. 从定义可以看出, 黎曼曲面在局部上可以看成是复平面上的区域. 如无特别申明, 我们还假定黎曼曲面是连通的, 因此也是道路连通的. 以下是一些例子.

例 2.1.1　显然, 复平面 $\mathbb{C}$ 中的区域都是黎曼曲面.

例 2.1.2　2 维球面.

考虑 $\mathbb{R}^3$ 中的单位球面 (2 维球面)

$$\mathbb{S}^2 = \{(x, y, z) \in \mathbb{R}^3 \mid x^2 + y^2 + z^2 = 1\}.$$

令

$$U_1 = \mathbb{S}^2 - \{(0,0,-1)\},$$
$$U_2 = \mathbb{S}^2 - \{(0,0,1)\},$$

则 $\{U_1, U_2\}$ 为 $\mathbb{S}^2$ 的开覆盖. 定义同胚 ϕ_1, ϕ_2 如下:

$$\begin{aligned}
&\phi_1 : U_1 \to \mathbb{C},\\
&(x,y,z) \mapsto (x - \sqrt{-1}\,y)/(1+z);\\
&\phi_2 : U_2 \to \mathbb{C},\\
&(x,y,z) \mapsto (x + \sqrt{-1}\,y)/(1-z).
\end{aligned}$$

ϕ_1 和 ϕ_2 之间的转换映射为

$$\begin{aligned}
\phi_2 \circ \phi_1^{-1} : \mathbb{C}^* &\to \mathbb{C}^*,\\
w &\mapsto \frac{1}{w}.
\end{aligned}$$

这是一个全纯同构. 按照定义, $\mathbb{S}^2$ 就是一个黎曼曲面. 跟例 2.1.1 不同的是, 作为黎曼曲面, $\mathbb{S}^2$ 的坐标覆盖中至少要有两个开集 (为什么?). 这样, 我们就得到了一个非平凡的紧致单连通黎曼曲面.

例 2.1.3 复 1 维投影空间 $\mathbb{C}P^1$.

定义 $\mathbb{C}P^1$ 为商空间:

$$\mathbb{C}P^1 = \mathbb{C}^2 - \{0\}/\sim,$$

其中等价关系 $\sim$ 定义如下:

$$z = (z_0, z_1) \sim w = (w_0, w_1) \iff \exists\, \lambda \in \mathbb{C}, \text{ s.t. } z = \lambda w.$$

$\mathbb{C}P^1$ 的拓扑定义为商投影 $\pi : \mathbb{C}^2 - \{0\} \to \mathbb{C}P^1$ 下的商拓扑. 设 $z \in \mathbb{C}^2 - \{0\}$, 用 $[z]$ 来表示其等价类. 令

$$U_0 = \{[z] \in \mathbb{C}P^1 \mid z = (z_0, z_1), z_0 \neq 0\},$$
$$U_1 = \{[z] \in \mathbb{C}P^1 \mid z = (z_0, z_1), z_1 \neq 0\},$$

则 $\{U_0, U_1\}$ 为 $\mathbb{C}P^1$ 的开覆盖. 定义同胚映射 φ_0, φ_1 如下:

$$\begin{aligned}
\varphi_0 : U_0 &\to \mathbb{C},\\
[z] &\mapsto z_1/z_0;
\end{aligned}$$

$$\varphi_1 : U_1 \to \mathbb{C},$$
$$[z] \mapsto z_0/z_1.$$

φ_0 和 φ_1 之间的转换映射为

$$\phi_0 \circ \phi_1^{-1} : \mathbb{C}^* \to \mathbb{C}^*,$$
$$w \mapsto \frac{1}{w}.$$

这是一个全纯同构. 按照定义, $\mathbb{C}P^1$ 为黎曼曲面. 这也是一个紧致曲面. 与例 2.1.2 中的 2 维球面比较, 发现这两个例子非常类似. 实际上, 这是两个同构的黎曼曲面. 为了说清这一点, 我们引入黎曼曲面之间全纯映照和全纯同构的概念.

定义 2.1.2 设 M, N 均为黎曼曲面, $f : M \to N$ 为连续映射. 如果对任意 $x \in M$, 均存在 M 中包含 x 的坐标邻域 U_α 和 N 中包含 $f(x)$ 的坐标邻域 V_β, 使得 $f(U_\alpha) \subset V_\beta$, 且复合映射 $\psi \circ f \circ \varphi^{-1} : \varphi(U_\alpha) \to \psi(V_\beta)$ 为全纯映射, 则称 f 为黎曼曲面 M 和 N 之间的**全纯映射** (或**全纯映照**), 这里 φ 和 ψ 分别是 U_α 和 V_β 上的坐标映射.

我们把上述定义中的复合映射 $\psi \circ f \circ \varphi^{-1}$ 称为 f 的一个**局部表示**. 局部表示的全纯性和坐标映射的选取无关. 全纯映射的局部性质和单复变的全纯函数是类似的. 因此, 全纯函数的一些结果对于全纯映射仍然成立. 例如:

(1) 设 $f : M \to N$ 为黎曼曲面之间的全纯映射, 则 f 为开映射 (将开集映为开集), 除非它是常值映射;

(2) 紧致黎曼曲面到 $\mathbb{C}$ 的全纯映射 (即全纯函数) 必为常值函数;

(3) 设 $f : M \to N$ 为非常值全纯映射, $y_0 \in f(M)$, 则 M 的子集 $f^{-1}(y_0)$ 是离散子集, 即它在 M 中没有聚点.

定义 2.1.3 设 M, N 为黎曼曲面. 如果存在全纯映射 $f : M \to N$ 及 $g : N \to M$, 使得

$$g \circ f = id_M, \quad f \circ g = id_N,$$

则称 M 与 N **全纯同构** (简称**同构**). 此时 f 或 g 称为**双全纯映射**.

有了全纯同构的概念, 我们就可以区分黎曼曲面. 作为简单的例子, 三个单连通的黎曼曲面 $\mathbb{D}$, $\mathbb{C}$ 及 $\mathbb{S}^2$ 是互不同构的 (为什么?).

例 2.1.4 黎曼球面.

我们换一种方式来看二维球面. 定义

$$\mathbb{S} = \mathbb{C} \cup \{\infty\},$$

这里 $\mathbb{S}$ 的拓扑定义为复平面的加一点紧致化拓扑, ∞ 表示不在 $\mathbb{C}$ 上的那个无穷远点, 它的邻域是形如 $\mathbb{C} - K$ 的 $\mathbb{C}$ 中的开集 (K 为 $\mathbb{C}$ 中的紧集). 令

$$U_1 = \mathbb{S} - \{\infty\} = \mathbb{C}, \quad U_2 = \mathbb{S} - \{0\},$$

则 $\{U_1, U_2\}$ 均为 $\mathbb{S}$ 的开覆盖. 定义映射 φ_1, φ_2 如下:

$$\begin{aligned} \varphi_1 : U_1 &\to \mathbb{C}, \\ z &\mapsto z; \\ \varphi_2 : U_2 &\to \mathbb{C}, \\ z &\mapsto \begin{cases} 1/z, & z \neq \infty, \\ 0, & z = \infty. \end{cases} \end{aligned}$$

在 $\mathbb{S}$ 的拓扑之下, φ_1, φ_2 均为同胚, 且转换映射

$$\begin{aligned} \phi_2 \circ \phi_1^{-1} : \mathbb{C}^* &\to \mathbb{C}^*, \\ w &\mapsto \frac{1}{w} \end{aligned}$$

为全纯同构. 因此, $\mathbb{S}$ 是紧致黎曼曲面. 这个黎曼曲面和我们前面例 2.1.2 中定义的黎曼曲面是同构的. 事实上, 定义从 $\mathbb{S}^2$ 到 $\mathbb{S}$ 的映射如下:

$$\begin{aligned} f : \mathbb{S}^2 &\to \mathbb{S}, \\ (x, y, z) &\mapsto \begin{cases} \dfrac{x + \sqrt{-1}\,y}{1 - z}, & (x, y, z) \neq (0, 0, 1), \\ \infty, & (x, y, z) = (0, 0, 1). \end{cases} \end{aligned}$$

容易验证 f 是双全纯映射. 同理, 可以证明 $\mathbb{C}P^1$ 和 $\mathbb{S}$ 也是同构的. 它们统称**黎曼球面**. 以后我们将不再区分它们.

下面我们来构造另一类紧致黎曼曲面. 为此, 设 ω_1, ω_2 为实线性无关的两个复数 (即 $\omega_1, \omega_2 \neq 0, \omega_1/\omega_2 \notin \mathbb{R}$). 记 Λ 为 ω_1, ω_2 在 $\mathbb{C}$ 中

生成的离散子群:

$$\Lambda = \{m\omega_1 + n\omega_2 \mid m, n \in \mathbb{Z}\} = \langle \omega_1, \omega_2 \rangle.$$

子群 Λ 自然地作用在 $\mathbb{C}$ 上, 从而有商空间 $\mathbb{C}/\Lambda = \mathbb{C}/\sim$, 这里等价关系 $\sim$ 定义为

$$z \sim w \iff \exists\, m, n \in \mathbb{Z}, \text{ s.t. } z = w + m\omega_1 + n\omega_2.$$

我们用 $[z]$ 表示 z 的等价类, 记 $\pi : \mathbb{C} \to \mathbb{C}/\Lambda$, $z \mapsto [z]$ 为商投影. $\mathbb{C}/\Lambda$ 上的拓扑定义为商拓扑. 下面我们来说明, 在此拓扑下, $\mathbb{C}/\Lambda$ 是黎曼曲面. 为此, 记

$$\delta = \inf_{(m,n)\neq(0,0)} |m\omega_1 + n\omega_2| > 0.$$

任给 $p \in \mathbb{C}/\Lambda$, 取 $z_p \in \pi^{-1}(p)$. 令 $W_p = \{w \in \mathbb{C} \mid |w - z_p| < \delta/2\}$, $U_p = \pi(W_p)$. 按照商拓扑的定义, U_p 为 $\mathbb{C}/\Lambda$ 上的开集, 且由 δ 的选取知, $\pi|_{W_p} : W_p \to U_p$ 是同胚映射. 令

$$\begin{aligned} \varphi_p :\ & U_p \to W_p \subset \mathbb{C}, \\ & q \mapsto (\pi|_{W_p})^{-1}(q), \end{aligned}$$

则 φ_p 为 U_p 上的坐标映射. 如果 $U_p \cap U_q \neq \varnothing$, 则存在 $\omega \in \Lambda$, 使得

$$\varphi_p \circ \varphi_q^{-1}(z) = z + \omega,$$

从而 $\mathbb{C}/\Lambda$ 在坐标覆盖 $\{(U_p, \varphi_p)\}$ 下为黎曼曲面.

我们把如上构造的黎曼曲面 $\mathbb{C}/\Lambda$ 统称为**黎曼环面**. 它们具有如下一些性质:

(1) 商投影 $\pi : \mathbb{C} \to \mathbb{C}/\Lambda$ 为全纯复迭映射;

(2) 任何两个黎曼环面 $\mathbb{C}/\Lambda_1, \mathbb{C}/\Lambda_2$ 都是同胚 (微分同胚) 的;

(3) 设 $f : \mathbb{C}/\Lambda_1 \to \mathbb{C}/\Lambda_2$ 为两个黎曼环面之间的连续映射, $f([0]) = [0]$, 则存在唯一的连续映射 $\tilde{f} : \mathbb{C} \to \mathbb{C}$, 使得 $\tilde{f}(0) = 0$, 且满足下面的交换图表:

$$\begin{array}{ccc} \mathbb{C} & \xrightarrow{\tilde{f}} & \mathbb{C} \\ {\scriptstyle \pi_1}\downarrow & & \downarrow{\scriptstyle \pi_2} \\ \mathbb{C}/\Lambda_1 & \xrightarrow{f} & \mathbb{C}/\Lambda_2 \end{array}$$

其中 π_1, π_2 分别为商投影. 并且如果 f 为全纯映射, 则 $\tilde{f}$ 也是全纯映射. $\tilde{f}$ 称为 f 的**提升**.

由于任意两个实线性无关的复数都能生成一个离散子群, 进而得到黎曼环面, 我们就有了黎曼曲面的丰富例子. 这些曲面都是非平凡的黎曼曲面. 接下来的一个问题就是: 如何区分这些黎曼环面? 自然地, 我们用全纯同构来区分它们.

命题 2.1.1 (i) 任给黎曼环面 $\mathbb{C}/\Lambda$ 上一点 p, 均存在全纯自同构

$$f_p : \mathbb{C}/\Lambda \to \mathbb{C}/\Lambda,$$

使得 $f_p(p) = [0]$;

(ii) 黎曼环面 $\mathbb{C}/\langle\omega_1, \omega_2\rangle$ 与 $\mathbb{C}/\langle 1,\ \omega_1/\omega_2\rangle$ 及 $\mathbb{C}/\langle 1,\ \omega_2/\omega_1\rangle$ 全纯同构.

证明 (i) 取定 $z_p \in \pi^{-1}(p)$. 定义 $f_p : \mathbb{C}/\Lambda \to \mathbb{C}/\Lambda$ 为

$$f_p([w]) = [w - z_p].$$

易见这是定义好的全纯自同构.

(ii) 定义 $f : \mathbb{C}/\langle\omega_1, \omega_2\rangle \to \mathbb{C}/\langle 1,\ \omega_1/\omega_2\rangle$ 为

$$f([z]) = [z/\omega_2].$$

易见 f 是定义好的全纯同构. 交换 ω_1 和 ω_2 的位置就得到另一个全纯同构. □

根据上述命题, 为了对黎曼环面 $\mathbb{C}/\Lambda$ 作全纯分类, 只要考虑 $\Lambda = \langle 1, \tau\rangle$ 的情形即可. 由于 ω_1/ω_2 和 ω_2/ω_1 中必有一个虚部为正, 我们还只需考虑由 $\Lambda = \langle 1, \tau\rangle$, $\mathrm{Im}\tau > 0$ 生成的黎曼环面的分类.

设黎曼环面 $\mathbb{C}/\langle 1, \tau\rangle$ 和 $\mathbb{C}/\langle 1, \tau'\rangle$ 全纯同构, $f : \mathbb{C}/\langle 1, \tau\rangle \to \mathbb{C}/\langle 1, \tau'\rangle$ 为双全纯映射. 根据上面的性质 (i), 我们可以假设 $f([0]) = [0]$. 记 $F : \mathbb{C} \to \mathbb{C}$ 为 f 的提升, 则 F 为全纯映射, 满足条件

$$F(0) = 0,\quad \pi' \circ F = f \circ \pi,$$

其中 $\pi : \mathbb{C} \to \mathbb{C}/\langle 1, \tau\rangle$, $\pi' : \mathbb{C} \to \mathbb{C}/\langle 1, \tau'\rangle$ 为商投影.

我们断言: 存在 $\gamma \in \mathbb{C}$, 使得 $F(z) = \gamma \cdot z$. 事实上, 考虑全纯同构 f 的逆映射 f^{-1}, 它也有全纯提升 $G : \mathbb{C} \to \mathbb{C}$, 使得 $G(0) = 0$,

$\pi \circ G = f^{-1} \circ \pi'$. 根据提升的唯一性易见, F, G 为互逆的全纯映射, 从而均为全纯同构. 根据第一章的定理 1.1.4, F 为线性映射. 这就证明了上述断言.

小结一下, 我们现在知道全纯同构 $f: \mathbb{C}/\langle 1,\tau\rangle \to \mathbb{C}/\langle 1,\tau'\rangle$ 形如

$$f([z]) = [\gamma z], \quad \forall\, z \in \mathbb{C}.$$

特别地, 有

$$\begin{aligned}[0] &= f([0]) = f([1]) = [\gamma],\\ [0] &= f([0]) = f([\tau]) = [\gamma\cdot\tau].\end{aligned}$$

这说明, 存在 $a, b, c, d \in \mathbb{Z}$, 使得

$$\begin{cases}\gamma = a\cdot 1 + b\cdot\tau',\\ \gamma\cdot\tau = c\cdot 1 + d\cdot\tau'.\end{cases} \tag{2.1}$$

上式可以改写为矩阵形式

$$\gamma\cdot\begin{pmatrix}1\\ \tau\end{pmatrix} = \begin{pmatrix}a & b\\ c & d\end{pmatrix}\begin{pmatrix}1\\ \tau'\end{pmatrix}, \quad a, b, c, d \in \mathbb{Z}. \tag{2.2}$$

同理, 考虑 f^{-1}, 就得到

$$\gamma^{-1}\cdot\begin{pmatrix}1\\ \tau'\end{pmatrix} = \begin{pmatrix}a' & b'\\ c' & d'\end{pmatrix}\begin{pmatrix}1\\ \tau\end{pmatrix}, \quad a', b', c', d' \in \mathbb{Z}. \tag{2.3}$$

由 (2.2) 式和 (2.3) 式得

$$\begin{pmatrix}1\\ \tau\end{pmatrix} = \begin{pmatrix}a & b\\ c & d\end{pmatrix}\begin{pmatrix}a' & b'\\ c' & d'\end{pmatrix}\begin{pmatrix}1\\ \tau\end{pmatrix}.$$

因为 $1, \tau$ 线性无关, 故

$$\begin{pmatrix}a & b\\ c & d\end{pmatrix}\begin{pmatrix}a' & b'\\ c' & d'\end{pmatrix} = \begin{pmatrix}1 & 0\\ 0 & 1\end{pmatrix}.$$

又因为 a, b, c, d 及 a', b', c', d' 均为整数, 所以从上式可得

$$\det\begin{pmatrix}a & b\\ c & d\end{pmatrix} = \pm 1.$$

另外, 由 (2.1) 式知

$$\tau = \frac{c + d\tau'}{a + b\tau'}. \tag{2.4}$$

经过简单的计算知 $\mathrm{Im}\tau = (ad - bc)|a + b\tau'|^{-2}\mathrm{Im}\tau'$. 由于我们假设了 τ 和 τ' 的虚部均为正数, 从而有

$$ad - bc = 1. \tag{2.5}$$

反之, 如果存在整数 a, b, c, d 满足 (2.4) 式和 (2.5) 式, 则用 (2.1) 式中的 γ 所构造的映射

$$f : \mathbb{C}/\langle 1, \tau\rangle \to \mathbb{C}/\langle 1, \tau'\rangle,$$
$$[z] \mapsto [\gamma z]$$

是定义好的全纯同构. 综上所述, 我们就得到了如下定理:

定理 2.1.2 (黎曼环面的分类) 任何黎曼环面 $\mathbb{C}/\Lambda$ 均同构于另一个形如

$$\mathbb{C}/\langle 1, \tau\rangle, \quad \mathrm{Im}\tau > 0$$

的黎曼环面; 两个这样的黎曼环面 $\mathbb{C}/\langle 1, \tau\rangle$ 和 $\mathbb{C}/\langle 1, \tau'\rangle$ 全纯同构当且仅当存在整数 a, b, c, d 满足如下条件:

$$\tau' = \frac{c + d\tau}{a + b\tau}, \quad ad - bc = 1.$$

注 上面的定理并没有告诉我们, 一个同胚于标准环面 $S^1 \times S^1$ 的黎曼曲面是否一定形如 $\mathbb{C}/\Lambda$. 这个问题我们要留到以后的章节再来回答.

习 题 2.1

1. 证明: 黎曼曲面都是可定向的 2 维实流形, 即将坐标转换映射看成实平面 $\mathbb{R}^2$ 中的映射时, 其 Jacobi 矩阵的行列式总是正的.

2. 证明: 黎曼曲面 $\mathbb{S}$ 和 $\mathbb{C}P^1$ 全纯同构.

3. 设 M, N 为黎曼曲面. 证明: 连续映射 $f : M \to N$ 为双全纯映射当且仅当它是一一 (既单又满) 的全纯映射.

4. 设 M, N 为紧致黎曼曲面. 证明: $f : M \to N$ 为双全纯映射的充分必要条件是, 存在有限集合 A, B, 其中 $A \subset M$, $B \subset N$, 使得

$$f : M - A \to N - B$$

为双全纯映射.

5. 证明：作为加群, $\mathbb{C}$ 的离散子群必定由一个复数或两个实线性无关的复数生成.

6. 任给非零复数 γ, 它生成了 $\mathbb{C}$ 中的子群, 记为 $\langle\gamma\rangle$. 这个离散子群作用在 $\mathbb{C}$ 上, 其商空间 $\mathbb{C}/\langle\gamma\rangle$ 为黎曼曲面. 试将所有这种黎曼曲面作一个全纯同构下的分类.

§2.2 Poincaré 引 理

在前一节中, 我们了解到许多非平凡的黎曼曲面的例子. 和复平面中的区域不同, 这些曲面上一般不再有整体坐标. 为了进一步研究这些曲面, 一个有效的办法就是考虑它们的线性化, 即引入切空间的概念和微分形式的语言. 为此, 设 M 为黎曼曲面, U_α 为它的一个局部坐标邻域, φ_α 为 U_α 上的坐标映射, $p \in U_\alpha$. 不失一般性, 我们假设 $\varphi_\alpha(p) = 0$. 记 $z = x + \sqrt{-1}\,y$ 为复平面 $\mathbb{C}$ 上的标准复坐标, 则 $x_\alpha = x \circ \varphi_\alpha, y_\alpha = y \circ \varphi_\alpha$ 分别为 U_α 上的实坐标函数, $z_\alpha = x_\alpha + \sqrt{-1}\,y_\alpha$ 即为原先 U_α 上的复坐标映射 φ_α. 为了简单起见, 以下我们有时省略下标 α.

下面我们在 p 处考虑 M 的线性化. 首先, 定义

$$C^\infty(p) = \{M\text{上在 } p \text{ 附近有定义的光滑函数}\}/\sim,$$

这里等价关系 $\sim$ 定义为：两个在 p 附近有定义的光滑函数 f, g 等价的充分必要条件是在 p 的更小的某个邻域中 $f \equiv g$. 在 $C^\infty(p)$ 中引入通常的函数加法和数乘运算, 使之成为实向量空间. 为了简单起见, $C^\infty(p)$ 中的元素仍然用局部光滑函数表示.

其次, 我们称满足如下条件的线性算子 $V_p : C^\infty(p) \to \mathbb{R}$ 为 M 在 p 处的一个**切向量**:

$$V_p(fg) = f(p)V_p(g) + g(p)V_p(f), \quad \forall\ f, g \in C^\infty(p).$$

将 p 处切向量的全体记为 T_pM, 称为 M 在 p 处的**切空间**. 显然, T_pM

中可以引入加法和数乘运算, 使之成为一个实向量空间. 下面我们说明这是一个 2 维实向量空间:

(1) 我们定义两个切向量 $\left.\frac{\partial}{\partial x_\alpha}\right|_p, \left.\frac{\partial}{\partial y_\alpha}\right|_p$ 如下:

$$\left.\frac{\partial}{\partial x_\alpha}\right|_p(f)=\left.\frac{\partial}{\partial x}\right|_0(f\circ\varphi_\alpha^{-1}),\quad \forall\ f\in C^\infty(p),$$

$$\left.\frac{\partial}{\partial y_\alpha}\right|_p(f)=\left.\frac{\partial}{\partial y}\right|_0(f\circ\varphi_\alpha^{-1}),\quad \forall\ f\in C^\infty(p).$$

按照定义, $\left.\frac{\partial}{\partial x_\alpha}\right|_p(x_\alpha)=1$, $\left.\frac{\partial}{\partial x_\alpha}\right|_p(y_\alpha)=0$; $\left.\frac{\partial}{\partial y_\alpha}\right|_p(x_\alpha)=0$, $\left.\frac{\partial}{\partial y_\alpha}\right|_p(y_\alpha)=1$. 因此, 向量 $\left.\frac{\partial}{\partial x_\alpha}\right|_p, \left.\frac{\partial}{\partial y_\alpha}\right|_p$ 线性无关.

(2) 如果 $\left.\frac{\partial}{\partial x_\alpha}\right|_p(f)=0$, $\left.\frac{\partial}{\partial y_\alpha}\right|_p(f)=0$, 则 $V_p(f)=0, \forall\ V_p\in T_pM$. 事实上, 任给 $f\in C^\infty(p)$, 有

$$\begin{aligned}f\circ\varphi_\alpha^{-1}(z_\alpha)-f\circ\varphi_\alpha^{-1}(0)&=\int_0^1\left[\frac{d}{dt}f\circ\varphi_\alpha^{-1}(tz_\alpha)\right]dt\\&=\int_0^1[x_\alpha(f\circ\varphi_\alpha^{-1})_x(tz_\alpha)+y_\alpha(f\circ\varphi_\alpha^{-1})_y(tz_\alpha)]dt\\&=x_\alpha h_1+y_\alpha h_2,\end{aligned}$$

其中 h_1, h_2 仍为 p 附近的光滑函数. 将条件 $\left.\frac{\partial}{\partial x_\alpha}\right|_p(f)=0$, $\left.\frac{\partial}{\partial y_\alpha}\right|_p(f)=0$ 代入上式得 $h_1(p)=0$, $h_2(p)=0$, 从而按照切向量的定义不难看出 p 处任意切向量作用在 f 上亦为零.

(3) 任给 $f\in C^\infty(p)$, 令 $h=f-x_\alpha\left.\frac{\partial}{\partial x_\alpha}\right|_p(f)-y_\alpha\left.\frac{\partial}{\partial y_\alpha}\right|_p(f)$, 则由 (2) 知 $V_p(h)=0, \forall\ V_p\in T_pM$, 从而

$$V_p(f)=V_p(x_\alpha)\left.\frac{\partial}{\partial x_\alpha}\right|_p(f)+V_p(y_\alpha)\left.\frac{\partial}{\partial y_\alpha}\right|_p(f).$$

这说明, 作为切向量, $V_p=V_p(x_\alpha)\left.\frac{\partial}{\partial x_\alpha}\right|_p+V_p(y_\alpha)\left.\frac{\partial}{\partial y_\alpha}\right|_p$. 于是 T_pM 由

$\left\{ \left.\frac{\partial}{\partial x_\alpha}\right|_p, \left.\frac{\partial}{\partial y_\alpha}\right|_p \right\}$ 张成.

由以上定义可以看出, 对于复平面中的区域而言, 通过使用标准坐标, 区域内任何一点的切空间都可以和 $\mathbb{R}^2$ 自然地等同起来.

有了曲面的线性化, 我们来考虑映射的线性化. 设 $\phi : M \to N$ 为黎曼曲面之间的光滑映射, $p \in M$. 定义切空间 T_pM, $T_{\phi(p)}N$ 之间的线性映射 ϕ_{*p} 如下:

$$\begin{aligned} \phi_{*p} : T_pM &\to T_{\phi(p)}N, \\ V_p &\mapsto \phi_{*p}(V_p), \end{aligned}$$

其中切向量 $\phi_{*p}(V_p) \in T_{\phi(p)}N$ 定义为

$$\phi_{*p}(V_p)(g) = V_p(g \circ \phi), \quad \forall\, g \in C^\infty(\phi(p)).$$

我们称 ϕ_{*p} 为 ϕ 在 p 处的**切映射**或**微分**.

切映射具有以下性质:

(1) 如果 $\phi : M \to N$, $\psi : N \to S$ 分别为黎曼曲面之间的光滑映射, 则

$$(\psi \circ \phi)_{*p} = \psi_{*\phi(p)} \circ \phi_{*p}.$$

(2) 如果 z_α 为 p 附近的复坐标, w_β 为 $\phi(p)$ 附近的复坐标, 则切映射 ϕ_{*p} 有如下矩阵表示:

$$\phi_{*p} \begin{pmatrix} \left.\dfrac{\partial}{\partial x_\alpha}\right|_p \\ \left.\dfrac{\partial}{\partial y_\alpha}\right|_p \end{pmatrix} = \begin{pmatrix} u_x & v_x \\ u_y & v_y \end{pmatrix} \begin{pmatrix} \left.\dfrac{\partial}{\partial x_\beta}\right|_p \\ \left.\dfrac{\partial}{\partial y_\beta}\right|_p \end{pmatrix},$$

其中 $u + \sqrt{-1}\,v$ 是 ϕ 在两个局部坐标下的局部表示, 偏导数在 $z_\alpha(p)$ 处计算.

(3) 从上一条性质我们看到, 如果 ϕ 为全纯映射, 由 Cauchy-Riemann 方程知其切映射要么为零, 要么为线性同构.

设 M 是黎曼曲面, 定义集合

$$TM = \bigcup_{p \in M} T_pM.$$

TM 上有自然的拓扑, 我们称 TM 为 M 的切丛 (关于丛的更多讨论参见第三章), 其丛投影 $\pi: TM \to M$ 定义为

$$\pi(V_p) = p, \quad \forall\, V_p \in T_pM.$$

设 $V: U \to TM$ 为光滑映射, 如果 V 满足条件 $V(p) \in T_pM$, $\forall\, p \in U$, 则称其为 U 上的 (光滑) **切向量场**. 特别地, 如果 U_α 为坐标邻域, $z_\alpha = x_\alpha + \sqrt{-1}\, y_\alpha$ 为坐标函数, 则有 U_α 上的如下向量场 $\dfrac{\partial}{\partial x_\alpha}, \dfrac{\partial}{\partial y_\alpha}$:

$$\frac{\partial}{\partial x_\alpha}, \frac{\partial}{\partial y_\alpha}: U_\alpha \to TM,$$

$$\frac{\partial}{\partial x_\alpha}(p) = \left.\frac{\partial}{\partial x_\alpha}\right|_p, \quad \frac{\partial}{\partial y_\alpha}(p) = \left.\frac{\partial}{\partial y_\alpha}\right|_p, \quad \forall\, p \in U_\alpha.$$

不难看出, U_α 上的切向量场均可写为下面的形式:

$$V = a \cdot \frac{\partial}{\partial x_\alpha} + b \cdot \frac{\partial}{\partial y_\alpha},$$

其中 a, b 为 U_α 上的光滑函数.

下面我们考虑上述概念的对偶形式. 仍设 M 为黎曼曲面, $p \in M$. 记 T_p^*M 为切空间的对偶空间, 称为**余切空间**. 余切空间中的元素称为**余切向量**. 如果 $z_\alpha = x_\alpha + \sqrt{-1}\, y_\alpha$ 是 p 附近的局部坐标, 则 T_p^*M 有一组基 $\{dx_\alpha|_p, dy_\alpha|_p\}$, 它们是 $\left\{\left.\dfrac{\partial}{\partial x_\alpha}\right|_p, \left.\dfrac{\partial}{\partial y_\alpha}\right|_p\right\}$ 的对偶基:

$$dx_\alpha|_p\left(a\left.\frac{\partial}{\partial x_\alpha}\right|_p + b\left.\frac{\partial}{\partial y_\alpha}\right|_p\right) = a, \quad \forall\, a, b \in \mathbb{R},$$

$$dy_\alpha|_p\left(a\left.\frac{\partial}{\partial x_\alpha}\right|_p + b\left.\frac{\partial}{\partial y_\alpha}\right|_p\right) = b, \quad \forall\, a, b \in \mathbb{R}.$$

与切丛完全类似, 可以定义**余切丛**

$$T^*M = \bigcup_{p \in M} T_p^*M,$$

以及余切向量场 $\omega: U \to T^*M$. 余切向量场又称为 1 **次微分形式**. 和切向量场类似, 在局部坐标邻域 U_α 上有余切向量场 dx_α, dy_α, 并且 U_α 上任何余切向量场均可表示为

$$a \cdot dx_\alpha + b \cdot dy_\alpha$$

的形式.

我们可以从另一个角度理解 dx_α, dy_α. 为此, 设 $f: U \to \mathbb{R}$ 为定义在 $U \subset M$ 上的光滑函数, 我们定义 f 的**外微分**为 U 上的 1 次微分形式 df:

$$df(p) \in T_p^*M, \ df(p)(V_p) = V_p(f), \quad \forall\, V_p \in T_pM, \ \forall\, p \in U.$$

容易验证, 上面提到的 dx_α, dy_α 分别为坐标函数 x_α, y_α 的外微分. 因此, 如果更换坐标映射为 $z_\beta = x_\beta + \sqrt{-1}\, y_\beta$, 则有如下转换关系:

$$\begin{pmatrix} dx_\beta \\ dy_\beta \end{pmatrix} = \begin{pmatrix} u_x & u_y \\ v_x & v_y \end{pmatrix} \begin{pmatrix} dx_\alpha \\ dy_\alpha \end{pmatrix}, \tag{2.6}$$

其中 $u + \sqrt{-1}\, v = \phi_\beta \circ \phi_\alpha^{-1}$ 为坐标转换映射.

有了 1 次微分形式, 我们接着定义 2 次微分形式. 考虑如下集合:

$$\bigwedge^2 T_p^*M = \{\psi : T_pM \times T_pM \to \mathbb{R} \mid \psi\text{为偏线性反对称函数}\}.$$

显然, 在这个集合中可以引入加法和数乘运算使之成为向量空间. 为了得到这个向量空间中的元素, 我们定义**楔积**运算 $\wedge$ 如下:

$$\wedge : T_p^*M \times T_p^*M \to \bigwedge^2 T_p^*M,$$
$$(\omega_p, \eta_p) \mapsto \omega_p \wedge \eta_p,$$

其中 $\omega_p \wedge \eta_p \in \bigwedge^2 T_p^*M$ 定义为

$$\omega_p \wedge \eta_p(V_p, W_p) = \omega_p(V_p) \cdot \eta_p(W_p) - \omega_p(W_p) \cdot \eta_p(V_p), \quad \forall\, V_p, W_p \in T_pM.$$

特别地, $dx_\alpha|_p \wedge dy_\alpha|_p \in \bigwedge^2 T_p^*M$, 并且不难证明这是 $\bigwedge^2 T_p^*M$ 的基. 和切丛及余切丛类似, 我们可以定义一个新的丛

$$\bigwedge^2 T^*M = \bigcup_{p \in M} \bigwedge^2 T_p^*M,$$

并把光滑映射 $\omega : U \to \bigwedge^2 T^*M$, $\omega(p) \in \bigwedge^2 T_p^*M$ 称为 U 上的 2 **次微分形式**. 显然, 楔积运算可以定义在 1 次微分形式上, 且有

$$(a\omega_1 + b\omega_2) \wedge \eta = a\omega_1 \wedge \eta + b\omega_2 \wedge \eta, \quad \omega \wedge \eta = -\eta \wedge \omega.$$

例如, $dx_\alpha \wedge dy_\alpha$ 为 U_α 上的 2 次微分形式, 而 U_α 上的 2 次微分形式均可写为 $adx_\alpha \wedge dy_\alpha$, 其中 a 为 U_α 上的光滑函数. 如果更换坐标映射为 $z_\beta = x_\beta + \sqrt{-1}\, y_\beta$, 则由 (2.6) 式有

$$dx_\beta \wedge dy_\beta = \det \begin{pmatrix} u_x & u_y \\ v_x & v_y \end{pmatrix} dx_\alpha \wedge dy_\alpha. \tag{2.7}$$

为了统一起见, 我们也将光滑函数称为 0 次微分形式. i 次微分形式也常常简称为 i **形式**. 在黎曼曲面上, 我们规定 3 次及 3 次以上的微分形式为零. 这样楔积运算可扩充到所有的微分形式上: 0 形式与 i 形式的楔积就是普通乘积, 1 形式与 2 形式及 2 次以上微分形式的楔积为零. 现在我们可以把外微分运算 d 也扩充到所有微分形式上: 如果 $\omega = df$ 为函数 f 的外微分, 则定义 $d\omega = 0$; 一般地, 如果将 1 形式 ω 局部表示为 $\omega = adx_\alpha + bdy_\alpha$, 则定义 $d\omega = da \wedge dx_\alpha + db \wedge dy_\alpha$. 不难验证这是定义好的一个线性运算, 它把 1 形式变为 2 形式. 我们规定, 2 形式的外微分为零.

最后, 我们定义作用在微分形式上的拉回运算. 设 $f : M \to N$ 为黎曼曲面之间的光滑映射, **拉回映射** f^* 是一个线性映射, 它把 N 上的 i 形式变为 M 上的 i 形式. f^* 作用在 0 形式上就是复合: 如果 $g : N \to \mathbb{R}$ 为 N 上的光滑函数, 则 $f^*g = g \circ f$ 为 M 上的光滑函数; 如果 ω 为 N 上的 1 形式, 则 $f^*\omega$ 为 M 上如下定义的 1 形式:

$$f^*\omega_p(V_p) = \omega_{f(p)}(f_{*p}V_p), \quad \forall\, p \in M,\ \forall\, V_p \in T_pM.$$

类似地, 如果 η 为 N 上的 2 形式, 则 $f^*\eta$ 为 M 上如下定义的 2 形式:

$$f^*\eta_p(V_p, W_p) = \eta_{f(p)}(f_{*p}V_p, f_{*p}W_p), \quad \forall\, p \in M,\ \forall\, V_p, W_p \in T_pM.$$

拉回运算具有以下性质:

(1) $f^*(\omega \wedge \eta) = f^*(\omega) \wedge f^*(\eta)$;

(2) $d(f^*(\omega)) = f^*(d\omega)$.

从外微分运算 d 的定义我们不难知道 $d^2 = 0$. 利用这一性质我们定义黎曼曲面的 de Rham 上同调群.

定义 2.2.1 如果 $d\omega = 0$, 则称 ω 为**闭形式**; 如果存在微分形式 η, 使得 $\omega = d\eta$, 则称 ω 为**恰当形式**. 对于 $q = 0, 1, 2$, 黎曼曲面 M 的

q 次 **de Rham 上同调群**定义为

$$H_{dR}^q(M) = \{q \text{ 次闭形式}\}/\{q \text{ 次恰当形式}\},$$

它是向量空间的商空间.

在黎曼曲面 M 上, 0 次恰当形式均为零, 而 0 次闭形式就是局部常值函数. 因此, $H_{dR}^0(M)$ 描述的是 M 的连通分支的个数. 如果 $f: M \to N$ 为黎曼曲面之间的光滑映射, 则由拉回运算的性质, 如下定义的映射是定义好的一个同态:

$$f^*: H_{dR}^q(N) \to H_{dR}^q(M),$$
$$[\omega] \mapsto [f^*(\omega)].$$

定理 2.2.1 (Poincaré 引理) $H_{dR}^q(\mathbb{C}) = 0$ $(q = 1, 2)$, 即 $\mathbb{C}$ 上的闭形式必为恰当形式.

证明 设 $z = x + \sqrt{-1}y$ 为 $\mathbb{C}$ 上的标准复坐标, ω 为闭形式. 分两种情况讨论:

(1) ω 为 2 形式. 此时 $\omega = F(x, y)dx \wedge dy$. 令

$$\eta = \left[\int_0^x F(t, y)dt\right] dy,$$

则 $d\eta = \omega$.

(2) ω 为 1 形式. 此时 $\omega = pdx + qdy$. 由 $d\omega = 0$ 知

$$\frac{\partial p}{\partial y} = \frac{\partial q}{\partial x}.$$

我们寻找函数 f, 使得 $df = \omega$. 这等价于说

$$\frac{\partial f}{\partial x} = p, \quad \frac{\partial f}{\partial y} = q.$$

容易验证

$$f = \int_0^x p(t, y)dt + \int_0^y q(0, t)dt$$

即为所求的一个解. □

注 显然, 上述证明对于 $\mathbb{C}$ 中的凸区域均成立. 特别地, $H_{dR}^q(\mathbb{D}) = 0$, $q = 1, 2$.

Poincaré 引理的一个简单应用：设 u 为 $\mathbb{C}$ 上的光滑函数, 考虑 1 形式 $\omega = u_x dy - u_y dx$. 简单的计算表明 $d\omega = (\Delta u) dx \wedge dy$. 因此, 如果 u 为调和函数, 则 ω 为闭形式, 从而为恰当形式, 即存在光滑函数 v, 使得 $\omega = dv = v_x dx + v_y dy$. 这说明 u, v 满足 Cauchy-Riemann 方程, 即 u 是全纯函数 $u + \sqrt{-1}\, v$ 的实部.

为了考虑一般黎曼曲面上的类似问题, 我们来定义黎曼曲面上微分形式的积分. 首先考虑 1 形式在曲线上的积分. 为此, 设 ω 为黎曼曲面 M 上的 1 形式, $\sigma : [a, b] \to M$ 为 M 上的光滑曲线. 任取 $t \in [a, b]$, 在 $\sigma(t)$ 附近取 M 的局部坐标 $z_\alpha = x_\alpha + \sqrt{-1}\, y_\alpha$, 在此局部坐标邻域内 ω 有局部表示 $\omega = a dx_\alpha + b dy_\alpha$. 令

$$f(t) = a \circ \sigma(t) \cdot x'_\alpha(t) + b \circ \sigma(t) \cdot y'_\alpha(t),$$

其中 $x_\alpha(t) = x_\alpha \circ \sigma(t)$, $y_\alpha(t) = y_\alpha \circ \sigma(t)$. 定义 ω 在 σ 上的积分为

$$\int_\sigma \omega = \int_a^b f(t) dt.$$

我们有

(1) 上述定义是恰当的, 即和 M 上局部坐标的选取无关. 这可由 (2.6) 式得到.

(2) 该积分和曲线的 "定向" 有关. 如果对 σ 重新参数化, 设新的参数为 $t = \phi(s)$, $s \in [c, d]$, 则当 $\phi' \geqslant 0$ 时, $\int_{\sigma\circ\phi} \omega = \int_\sigma \omega$; 当 $\phi' \leqslant 0$ 时, $\int_{\sigma\circ\phi} \omega = -\int_\sigma \omega$.

(3) 如果 $\omega = df$, 则 $\int_\sigma \omega = f \circ \sigma(b) - f \circ \sigma(a)$. 特别地, 当 σ 为闭曲线且 ω 为恰当形式时, ω 在 σ 上的积分为零.

(4) 积分关于 ω 是线性的, 关于 σ 具有可加性：

$$\int_\sigma \omega = \int_{\sigma|_{[a,c]}} \omega + \int_{\sigma|_{[c,b]}} \omega, \quad \forall\, c \in [a, b].$$

其次, 我们考虑 2 形式在黎曼曲面上的积分. 设 Ω 为 M 中的区域, 如果其边界 $\partial\Omega$ 非空, 则要求它的边界具有一定的正则性：$\forall\, p \in \partial\Omega$, 存

在 p 附近的局部坐标邻域 U_α 及坐标映射 $\varphi_\alpha: U_\alpha \to \mathbb{C}$, 使得 $\varphi(p)=0$, 且

$$\varphi_\alpha(U_\alpha \cap \Omega) = \{(x_\alpha, y_\alpha) \in \varphi_\alpha(U_\alpha) \mid y_\alpha \geqslant 0\},$$
$$\varphi_\alpha(U_\alpha \cap \partial\Omega) = \{(x_\alpha, y_\alpha) \in \varphi_\alpha(U_\alpha) \mid y_\alpha = 0\}.$$

此时, 边界 $\partial\Omega$ 可自然参数化为一条光滑曲线. 注意, 作为 $M-\Omega$ 的边界, $\partial\Omega$ 按照这个方法得到的参数化跟作为 Ω 的边界得到的参数化方向正好相反!

设 ω 为 M 上的 2 形式, $\mathrm{supp}\,\omega \cap \Omega \Subset \Omega$. 我们来定义积分 $\int_\Omega \omega$. 分几种情形讨论:

(1) 假设存在坐标邻域 U_α, 使得 $\mathrm{supp}\,\omega \cap \Omega \subset U_\alpha$. 此时令

$$\int_\Omega \omega = \int_{\varphi_\alpha(U_\alpha)} a dx_\alpha dy_\alpha,$$

这里 ω 在 U_α 上的局部表示为 $\omega = a dx_\alpha \wedge dy_\alpha$. 利用 (2.7) 式可以验证, 这个定义和局部坐标的选取无关, 且积分关于 ω 是线性的.

(2) 对于一般的 ω, 我们要借助 M 上的单位分解来化为情形 (1). 所谓 M 上的**单位分解**是指至多可数个光滑函数 $\{\phi_i\}$, 使得每个 ϕ_i 的支集均含于某个坐标邻域内, 且 $\sum_i \phi_i = 1$. 如果存在这样的单位分解, 则令

$$\int_\Omega \omega = \sum_i \int_\Omega \phi_i \cdot \omega.$$

单位分解可以如下构造: 由黎曼曲面的定义, 我们可以选取至多可数个坐标邻域 $\{U_i\}$ 及相应的坐标映射 φ_i, 使得

$$\varphi_i(U_i) = \{z \in \mathbb{C} \mid |z| < 2\}, \quad 且 \quad \bigcup_i \varphi_i^{-1}(\mathbb{D}) = M.$$

我们还可以要求 M 中任何一点均只含于有限个这样的坐标邻域中. 设 ϕ 为第一章推论 1.2.5 中在 $\mathbb{C}$ 上定义的光滑函数, 则通过零延拓以后 $\phi \circ \varphi_i$ 可视为 M 上的光滑函数, 并且 $\psi = \sum_i \phi \circ \varphi_i$ 在 M 上恒正. 令 $\phi_i = \phi \circ \varphi_i / \psi$, 则 $\{\phi_i\}$ 即为所求单位分解.

可以证明, 如上定义的积分与单位分解的选取无关, 并且积分关于 ω 是线性的. 关于微分形式的积分, 我们有重要的 Stokes 积分公式:

定理 2.2.2 (Stokes 积分公式) 设 M 为黎曼曲面, Ω 是如上所描述的区域, ω 为 M 上的 1 形式, $\operatorname{supp}\omega\cap\Omega\Subset\Omega$, 则

$$\int_\Omega d\omega=\int_{\partial\Omega}\omega.$$

我们略去 Stokes 积分公式的证明 (参看本节习题).

以下我们考虑若干应用. 首先我们有

定理 2.2.3 $H^1_{dR}(\mathbb{C}^*)=\mathbb{R}$, 其中 $\mathbb{C}^*=\mathbb{C}-\{0\}$.

证明 定义映射

$$\Phi: H^1_{dR}(\mathbb{C}^*)\to\mathbb{R},$$
$$[\omega]\mapsto\int_{S^1}\omega,$$

此处 S^1 的定向是作为 $\mathbb{D}$ 的边界得到的定向. 由于恰当形式在闭曲线上积分为零, 故 Φ 是不依赖于代表元选取的同态, 即 Φ 的定义是恰当的. 在 $\mathbb{C}^*$ 上, 我们采用极坐标

$$\begin{cases}x=r\cos\theta,\\ y=r\sin\theta.\end{cases}$$

此时, 有

$$\begin{cases}dr=\dfrac{1}{r}(xdx+ydy)=\dfrac{1}{\sqrt{x^2+y^2}}(xdy+ydx),\\ d\theta=\dfrac{1}{x^2+y^2}(xdy-ydx).\end{cases}$$

注意, 虽然 θ 在 $\mathbb{C}^*$ 上没有整体定义, 但 $d\theta$ 却是整体定义的 1 形式, 且为闭形式. 由于 $\Phi(d\theta)=2\pi\neq0$, 故 Φ 为满同态. 下面说明 Φ 也是单同态.

设 $d\omega=0$, 且 $\displaystyle\int_{S^1}\omega=0$, 我们要证明 ω 为恰当 1 形式. 为此, 将 ω 写成

$$\omega=fdr+gd\theta.$$

$d\omega=0$ 意味着 $\dfrac{\partial f}{\partial\theta}=\dfrac{\partial g}{\partial r}$. 于是有

$$\omega - d\left(\int_1^r f(t,\theta)dt\right) = g(1,\theta)d\theta.$$

现在, $\int_{S^1}\omega = 0$ 意味着 $\int_0^{2\pi} g(1,\theta)d\theta = 0$, 从而函数 $\int_0^\theta g(1,s)ds$ 在 S^1 以及 $\mathbb{C}^*$ 上的定义是恰当的. 令

$$\eta = \int_1^r f(t,\theta)dt + \int_0^\theta g(1,s)ds,$$

则有 $\omega = d\eta$. □

以上的证明显然对于 $\mathbb{D}^*$ 也适用. 因此 $H^1_{dR}(\mathbb{D}^*) = \mathbb{R}$ 也成立. 作为应用, 我们有

定理 2.2.4 设 u 为 $\mathbb{D}^*$ 上的调和函数, 则 u 为 $\mathbb{D}^*$ 上某全纯函数的实部的充分必要条件是, 存在 $0 < r_0 < 1$, 使得 $\int_{\partial D_{r_0}} \frac{\partial u}{\partial r} = 0$, 这里 $D_{r_0} = \{z \in \mathbb{C} \mid |z| < r_0\}$.

证明 考虑 1 形式 $\omega = u_x dy - u_y dx$. u 为调和函数意味着 ω 为闭形式. 而 u 为全纯函数的实部的充分必要条件是 ω 为恰当形式. 根据前一定理的证明, ω 为恰当形式的充分必要条件是, 存在 $0 < r_0 < 1$, 使得 $\int_{\partial D_{r_0}} \omega = 0$. 而对于 $\int_{\partial D_{r_0}} \omega$, 我们计算如下:

$$\begin{aligned}\int_{\partial D_{r_0}} \omega &= \int_{\partial D_{r_0}} u_x dy - u_y dx \\ &= \int_0^{2\pi} (u_x r\cos\theta + u_y r\sin\theta)d\theta \\ &= \int_0^{2\pi} (xu_x + yu_y)d\theta \\ &= \int_{\partial D_{r_0}} \frac{\partial u}{\partial r}.\end{aligned}$$

这就证明了定理. □

显然, 类似的结论对于 $\mathbb{C}^*$ 也成立. 考虑一般的黎曼曲面, 我们有

定理 2.2.5 (i) 设 M 为单连通黎曼曲面, 则 $H^1_{dR}(M) = 0$.

(ii) 设 M 为单连通黎曼曲面, $p \in M$, U 为 p 附近的坐标邻域, φ 为 U 上的坐标映射, 且 $\varphi(p) = 0$, $\varphi(U) = \mathbb{D}$; 再设 ω 为 $M - \{p\}$ 上的

闭 1 形式. 如果存在 $0 < r_0 < 1$, 使得 $\int_{\partial U_{r_0}} \omega = 0$, 则 ω 为 $M - \{p\}$ 上的恰当 1 形式, 其中 $U_{r_0} = \varphi^{-1}(D_{r_0})$.

证明 (i) 任给 M 上的闭 1 形式 ω, 我们要证明存在光滑函数 f, 使得 $\omega = df$. 固定 M 中一点 p_0, 对于 $p \in M$, 取连接 p_0 和 p 的光滑曲线 γ_p. 令

$$f : M \to \mathbb{R},$$
$$p \mapsto \int_{\gamma_p} \omega.$$

容易看出, 如果 f 是定义好的光滑函数, 则 $df = \omega$. 下面就说明 f 的定义的确是恰当的. 事实上, 如果另有连接 p_0, p 的光滑曲线 σ_p, 则因为 M 为单连通曲面, 必存在连续映射 $\sigma : \mathbb{D} \to M$, 使得 σ 把单位圆周 S^1 从 -1 到 1 的上半圆弧映为 γ_p, 下半圆弧映为 σ_p. 通过光滑化, 我们还可以取光滑的映射 σ (见习题). 此时

$$\begin{aligned}\int_{\sigma_p} \omega - \int_{\gamma_p} \omega &= \int_{S^1} \sigma^*(\omega) = \int_{\mathbb{D}} d\sigma^*(\omega) \\ &= \int_{\mathbb{D}} \sigma^*(d\omega) = 0.\end{aligned}$$

这就说明 f 的定义是恰当的, 从而容易验证是光滑函数.

(ii) 根据定理假设及定理 2.2.4 的证明我们知道, 存在 $U - \{p\}$ 上的光滑函数 g, 使得在 $U - \{p\}$ 上 $\omega = dg$. 取 U 上的光滑函数 ϕ, 使得 ϕ 在 p 附近恒为 1, 在 U 的边界附近恒为零. 通过零延拓, $\phi \cdot g$ 可视为 $M - \{p\}$ 上的光滑函数. 此时 $\omega - d(\phi \cdot g)$ 在 p 附近恒为零, 因而可视为 M 上的光滑 1 形式, 且显然为闭形式. 由 (i) 知, $\omega - d(\phi \cdot g)$ 为 M 上的恰当形式. 这就说明了 ω 为 $M - \{p\}$ 上的恰当 1 形式. □

我们举两个例子以说明定理的应用.

(1) 设 g 为单连通黎曼曲面 M 上定义的处处非零的全纯函数, 则任给正整数 $k \geqslant 1$, 均存在 M 上全纯函数 f, 使得 $f^k = g$.

为了求得整体的解 f, 我们先求局部解. 任取 $p \in M$, 由 g 非零知, 存在 p 附近的坐标邻域 U_p 及 U_p 上的全纯函数 f_p, 使得 $f_p^k = g$; 当 $U_p \cap U_q \neq \varnothing$ 时, 存在常数 c_{pq}, 使得在 $U_p \cap U_q$ 上 $f_p = c_{pq} f_q$. 如果在

U_p 上定义复系数 1 形式 (下面将定义复系数的微分形式) $\omega_p = df_p/f_p$, 则在 $U_p \cap U_q$ 上 $\omega_p = \omega_q$, 因此我们得到 M 上整体定义的闭形式 ω. 由定理 2.2.5 可知, 存在光滑复值函数 h, 使得在每个 U_p 上均有 $dh = \omega = df_p/f_p$, 从而在 U_p 上 $d(f_p e^{-h}) = 0$, 即存在常数 c_p, 使得 $f_p e^{-h} = c_p$. 特别地, e^{-h} 为全纯函数. 由 f_p 的选取, 有

$$ge^{-kh} = c_p^k.$$

这说明 c_p^k 是不依赖 p 的常数, 记为 c. 令 $f = |c|^{1/k}e^h$, 则 f 为 M 上的全纯函数, 且 $f^k = g$.

(2) 设 g 为单连通黎曼曲面 M 上定义的处处非零的全纯函数, 则存在 M 上的全纯函数 f, 使得 $e^f = g$. 其证明和 (1) 类似, 留作习题 (由 (2) 可以推出 (1)).

上面用到了复系数的微分形式, 我们现在说明如下：在本节开头定义黎曼曲面的切向量, 切空间及微分形式等的时候, 我们是把黎曼曲面视为 2 维实流形, 因此涉及的向量空间都是实系数的向量空间. 现在, 我们把这些实的向量空间全部复化, 即允许系数取复数, 从而切向量场和微分形式也允许复系数. 例如, 如果 $z = x + \sqrt{-1}\,y$ 是黎曼曲面的局部复坐标, 则

$$\frac{\partial}{\partial z} = \frac{1}{2}\Big(\frac{\partial}{\partial x} - \sqrt{-1}\,\frac{\partial}{\partial y}\Big), \quad \frac{\partial}{\partial \bar{z}} = \frac{1}{2}\Big(\frac{\partial}{\partial x} + \sqrt{-1}\,\frac{\partial}{\partial y}\Big)$$

为局部复切向量场, 而

$$dz = dx + \sqrt{-1}\,dy, \quad d\bar{z} = dx - \sqrt{-1}\,dy$$

为局部复 1 形式. 作为对偶空间里的元素, 我们有如下逐点成立的等式:

$$\begin{cases} dz\Big(\dfrac{\partial}{\partial z}\Big) = d\bar{z}\Big(\dfrac{\partial}{\partial \bar{z}}\Big) = 1, \\ dz\Big(\dfrac{\partial}{\partial \bar{z}}\Big) = d\bar{z}\Big(\dfrac{\partial}{\partial z}\Big) = 0. \end{cases}$$

通过简单的计算, 我们有下面的等式:

$$\begin{cases} \dfrac{\partial}{\partial z}(z^n) = n \cdot z^{n-1}, \quad \forall\, n \in \mathbb{Z}, \\ dx \wedge dy = \dfrac{\sqrt{-1}}{2} dz \wedge d\bar{z}. \end{cases}$$

一般地, 如果 f 为光滑函数, 其实部和虚部分别为 u, v, 则

$$\begin{aligned} \frac{\partial}{\partial \bar{z}} f &= \frac{1}{2}\Big(\frac{\partial}{\partial x} + \sqrt{-1}\,\frac{\partial}{\partial y}\Big)(u + \sqrt{-1}\,v) \\ &= \frac{1}{2}\Big(\frac{\partial u}{\partial x} - \frac{\partial v}{\partial y}\Big) + \frac{1}{2}\sqrt{-1}\,\Big(\frac{\partial u}{\partial y} + \frac{\partial v}{\partial x}\Big). \end{aligned}$$

这说明 f 为全纯函数的充分必要条件是 $\dfrac{\partial f}{\partial \bar{z}} = 0$.

我们用 A^q $(q = 0, 1, 2)$ 表示黎曼曲面上的 q 次微分形式的全体组成的线性空间. 对于 1 形式, 如果其局部表示形如 pdz, 则称为 $(1,0)$ 型的 1 形式; 如果其局部表示形如 $qd\bar{z}$, 则称为 $(0,1)$ 型的 1 形式. 1 形式的这种分类和局部坐标的选取无关. $(1,0)$ 型的 1 形式的全体记为 $A^{1,0}$, $(0,1)$ 型的 1 形式的全体记为 $A^{0,1}$. 显然, 有

$$A^1 = A^{1,0} \oplus A^{0,1}.$$

2 形式也称为 $(1,1)$ 型的微分形式. 通常把 (p,q) 型的微分形式简称为 **(p,q) 形式**.

现在我们定义两个重要的线性算子 $\partial : A^q \to A^{q+1}$, $\bar{\partial} : A^q \to A^{q+1}$ 如下:

如果 $f \in A^0$, 则令

$$\partial f = \frac{\partial f}{\partial z} dz \in A^1, \quad \bar{\partial} f = \frac{\partial f}{\partial \bar{z}} d\bar{z} \in A^1;$$

如果 $\omega = pdz + qd\bar{z} \in A^1$, 则令

$$\partial \omega = \frac{\partial q}{\partial z} dz \wedge d\bar{z} \in A^2, \quad \bar{\partial} \omega = \frac{\partial p}{\partial \bar{z}} d\bar{z} \wedge dz \in A^2;$$

如果 $\omega \in A^2$, 则令 $\partial \omega = \bar{\partial} \omega = 0$.

算子 ∂, $\bar{\partial}$ 具有如下性质:

(1) $d = \partial + \bar{\partial}$;

(2) $\partial = \bar{\bar{\partial}}$;

(3) $\partial^2 = \bar{\partial}^2 = 0$, $\bar{\partial}\partial = -\partial\bar{\partial}$;

(4) 如果 $f: M \to N$ 为全纯映射, 则 f^* 是保型的, 且

$$f^*\partial = \partial f^*, \quad \bar{\partial} f^* = f^*\bar{\partial}.$$

这些性质的证明都是直接的, 留作习题.

习 题 2.2

1. 设 $\sigma: [0,\varepsilon] \to M$ 是黎曼曲面上的一条光滑曲线, $\sigma(0) = p \in M$. 我们定义它的初始切向量 $\sigma'(0)$ 为 $T_{\sigma(0)}$ 中的一个元素:

$$\sigma'(0)(f) = \left.\frac{d}{dt}\right|_0 f(\sigma(t)), \quad \forall\, f \in C^\infty(p).$$

证明: 如果 $\phi: M \to N$ 为黎曼曲面之间的光滑映射, 则

$$\phi_*(\sigma'(0)) = (\phi \circ \sigma)'(0).$$

说明上式可用来给出切映射的另一个定义.

2. 给出 (2.6) 式和 (2.7) 式的证明.

3. 利用单位分解给出 Stokes 积分公式的证明.

4. 给出定理 2.2.5 后面应用中 (2) 的证明.

5. 证明: $H^2_{dR}(\mathbb{C}^*) = H^2_{dR}(\mathbb{D}^*) = 0$.

6. 设 $f: \mathbb{D} \to M$ 是从圆盘 $\mathbb{D}$ 到黎曼曲面 M 的连续映射, 且 f 在圆盘 $\mathbb{D}$ 的边界附近是光滑的. 证明: 存在光滑映射 $g: \mathbb{D} \to M$, 使得 g 和 f 在圆盘边界附近相同.

7. 证明: 黎曼曲面之间同伦的映射 $f: M \to N$ 和 $g: M \to N$ 诱导出的 de Rham 上同调群同态是相同的. 特别地, 同伦等价的黎曼曲面具有同构的 de Rham 上同调群.

§2.3 亚纯函数与亚纯微分

本节继续研究黎曼曲面之间全纯映射的局部和整体性质. 首先来看一个简单的例子.

例 2.3.1 设 k 为正整数, 考虑复平面上单位圆盘 $\mathbb{D}$ 到 $\mathbb{D}$ 的全纯映射

$$f:\mathbb{D}\to\mathbb{D},\quad f(z)=z^k,\ \ \forall\, z\in\mathbb{D}.$$

当 $z_0\neq 0$ 时, f 在 z_0 附近是一一的映射; 当 $z_0=0$ 时, f 在 z_0 附近 (除 z_0 以外) 是 k 到 1 的映射, 即是一个有限叶数的复迭映射.

一般地, 设 $f:\mathbb{D}\to\mathbb{C}$ 为非常值的全纯函数. 不失一般性, 假设 $f(0)=0$. 由全纯函数的性质, 存在整数 $k\geqslant 1$ 及 $\mathbb{D}$ 上的全纯函数 g, 使得

$$f(z)=z^k\cdot g(z),\quad \forall\, z\in\mathbb{D},$$

且 g 在原点 0 附近不为零. 根据前一节定理 2.2.5 后面的讨论, 存在原点 0 附近的全纯函数 h, 使得 $h^k=g$. 因此, 在原点 0 附近 $f(z)=[z\cdot h(z)]^k$. 全纯映射 $\phi(z)=z\cdot h(z)$ 在原点 0 附近为一一映射, 因而可以作为原点 0 附近的局部坐标. 在这个局部坐标下, f 可以表示为

$$f\circ\phi^{-1}(w)=w^k.$$

这说明, f 在原点 0 附近的性质和例 2.3.1 中的完全相同.

为了更好地描述全纯映射地性质, 我们引入分歧覆盖的概念.

定义 2.3.1 设 $f:X\to Y$ 为拓扑空间之间的连续映射. 如果任给 $p\in M$, 均存在 p 的邻域 U, 使得 $f:U-\{p\}\to f(U)-\{f(p)\}$ 是具有有限叶数的复迭映射, 则称 f 为一个**分歧覆盖**. $f:U-\{p\}\to f(U)-\{f(p)\}$ 的叶数 k 称为 p 的**重数**, 这时也称 p 覆盖 $f(p)$ k 次.

根据本节开头的讨论, 非常值全纯函数是分歧覆盖. 由于黎曼曲面之间的全纯映射的局部表示为全纯函数, 因此我们就得到

命题 2.3.1 设 $f:M\to N$ 为黎曼曲面之间的非常值全纯映射, 则 f 为分歧覆盖.

设 $f:M\to N$ 为全纯映射, $q\in N$. 定义

$$\#f^{-1}(q)=\sum_{p\in f^{-1}(q)}(\ f\text{在 }p\text{处的重数}\ ),$$

称之为 q 在 f 下**原像的个数** (含重数).

下面我们考虑全纯映射的特殊情形, 即值域为黎曼球面 $\mathbb{S}$ 的情形.

定义 2.3.2 设 M 为黎曼曲面. M 上满足条件 $f \neq \infty$ 的全纯映射 $f: M \to \mathbb{S}$ 称为 M 上的**亚纯函数**. 当 $f(p) = \infty$ 时, 称 p 为 f 的**极点**; 当 $f(p) = 0$ 时, 称 p 为 f 的**零点**.

如果 $M = \Omega$ 是 $\mathbb{C}$ 上的区域, f 是 Ω 上通常定义的亚纯函数, 则通过在极点处将 f 定义为无穷远点就把 f 延拓为从 Ω 到 $\mathbb{S}$ 的连续映射. 容易验证, 延拓后的映射作为黎曼曲面之间的映射是全纯映射. 这就说明, 上述黎曼曲面上亚纯函数的定义是自然和合理的. 下面我们考虑黎曼球面 $\mathbb{S}$ 上的亚纯函数.

设 $f, g \neq 0$ 为 $\mathbb{C}$ 上的复系数多项式全纯函数, 我们称 $\mathbb{C}$ 上的亚纯函数 f/g 为**有理函数**. 进一步, 通过令

$$f/g(\infty) = \lim_{z\to\infty} \frac{f(z)}{g(z)},$$

就把 f/g 延拓为从黎曼球面 $\mathbb{S}$ 到 $\mathbb{S}$ 的映射. 容易看出, 这是一个全纯映射, 因而是 $\mathbb{S}$ 上的亚纯函数. 反之, 我们有如下定理:

定理 2.3.2 黎曼球面上的亚纯函数必为有理函数.

证明 设 $f: \mathbb{S} \to \mathbb{S}$ 为亚纯函数. 不失一般性, 可设 $f(\infty) \neq \infty$(不然可以考虑 $1/f$). 因此, 存在 $R > 0$, 使得 $f(z) \neq \infty, \forall |z| > R$. 点集 $f^{-1}(\infty) \subset \mathbb{C} = \mathbb{S} - \{\infty\}$ 是 $\{z \mid |z| \leqslant R\}$ 中的离散子集, 故为有限集合. 取定 $a \in f^{-1}(\infty)$, 在 a 附近, f 有 Laurent 展开, 从而 f 可写为

$$f(z) = P_a\Big(\frac{1}{z-a}\Big) + H_a(z),$$

其中 P_a 为多项式, H_a 在 a 处全纯. 令

$$s(z) = \sum_{a\in f^{-1}(\infty)} P_a\Big(\frac{1}{z-a}\Big),$$

则 $f(z) - s(z)$ 在每个 $a \in f^{-1}(\infty)$ 附近都有界, 从而可以全纯延拓到整个复平面 $\mathbb{C}$ 上. 又因为 $f(\infty)$ 有限, $s(\infty) = 0$, 故 $f - s$ 为 $\mathbb{C}$ 上的有界全纯函数, 从而为常数. 这说明 f 为有理函数. □

如果 z 为 $\mathbb{C}$ 上的复坐标, 则 z 也可看成 $\mathbb{S}$ 上的亚纯函数. 根据上面的定理, $\mathbb{S}$ 上的亚纯函数全体正好就是有理函数域 $\mathbb{C}(z)$. 一般地, 黎

曼曲面 M 上的亚纯函数之间也可以定义加法、数乘、乘法和除法运算 (注意在极点和零点处应如何处理加法、乘法和除法).

定义 2.3.3 黎曼曲面 M 上亚纯函数的全体在通常的加法、数乘运算下构成一个域, 它是复数域的扩张, 称为**亚纯函数域**, 记为 $\mathfrak{M}(M)$. 设 $f \in \mathfrak{M}(M)$, 且 $f \neq 0$. 对于 $\forall\, p \in M$, 设 z 为 p 附近的坐标函数且 $z(p) = 0$, 在 p 附近 f 有 Laurent 展开:

$$f(z) = a_n z^n + a_{n+1} z^{n+1} + \cdots, \quad n \in \mathbb{Z},\ a_n \neq 0.$$

称 n 为 f 在 p 处的**赋值**, 记为 $\nu_p(f)$. 当 $n < 0$ 时, p 为 f 的极点, $n = -1$ 时称 p 为**单极点**; 当 $n > 0$ 时, p 为 f 的零点, $n = 1$ 时称 p 为**单零点**. 我们规定

$$\nu_p(0) = \infty, \quad \forall\, p \in M.$$

赋值映射 ν_p 具有如下性质:

(1) $\nu_p(f)$ 的定义与局部坐标的选取无关;

(2) $\nu_p(f \cdot g) = \nu_p(f) + \nu_p(g)$, $\nu_p(f + g) \geqslant \min\{\nu_p(f), \nu_p(g)\}$.

下面, 我们借助留数公式来研究紧致黎曼曲面上亚纯函数的整体性质.

定义 2.3.4 黎曼曲面 M 上闭的 $(1,0)$ 形式称为**全纯微分**. 全纯微分的全体组成一个复向量空间, 记为 $\mathcal{H}(M)$.

全纯微分具有下列性质:

(1) 如果 U 为 M 的局部坐标邻域, z 为 U 上的坐标函数, 则全纯微分在 U 上可表示为 fdz, 其中系数 f 为 U 上的全纯函数;

(2) 如果 g 是 M 上的全纯函数, 则 dg 为 M 上的全纯微分;

(3) 如果 $\phi : M \to N$ 为全纯映射, η 为 N 上的全纯微分, 则 $\phi^*(\eta)$ 为 M 上的全纯微分;

(4) 设 ω, η 为 M 上的全纯微分, $\eta \neq 0$, 则 ω/η 为 M 上的亚纯函数.

如果 z 为 $\mathbb{C}$ 上的标准复坐标, 则 dz 显然是 $\mathbb{C}$ 上的全纯微分. 由于 z 可以看成 $\mathbb{S}$ 上的亚纯函数, 我们也希望将 dz 看成 $\mathbb{S}$ 上的某种微分形式. 当采用 $\mathbb{S}$ 在无穷远点附近的坐标函数 $w = 1/z$ 时, dz 可以表

示为 $dz = -\frac{1}{w^2}dw$, 它的系数在 $w=0$(即 $z=\infty$) 处有一个极点. 如果允许极点出现, 我们就得到亚纯微分的概念.

定义 2.3.5 设 M 为黎曼曲面. M 上的**亚纯微分**是指 M 除掉某个离散子集后其上的全纯微分, 使得此全纯微分的局部表示的系数为 M 上的局部亚纯函数. 亚纯微分的全体也组成一个复向量空间, 记为 $\mathfrak{K}(M)$. 对于 $p \in M$, $\omega \in \mathfrak{K}(M)$, 定义 ω 在 p 处的**赋值** $\nu_p(M)$ 为 ω 的局部表示的系数在 p 处的赋值.

亚纯微分具有下列性质:

(1) 如果 g 为 M 上的亚纯函数, ω 为亚纯微分, 则 $g\cdot\omega$ 为亚纯微分;

(2) 如果 $\phi: M \to N$ 为全纯映射, η 为 N 上的亚纯微分, 则 $\phi^*(\eta)$ 为 M 上的亚纯微分;

(3) 如果 f 是 M 上的亚纯函数, 则 $df = f^*(dz)$ 为 M 上的亚纯微分;

(4) 设 ω, η 为 M 上的亚纯微分, $\eta \neq 0$, 则 ω/η 为 M 上的亚纯函数.

定义 2.3.6 设 ω 为黎曼曲面 M 上的亚纯微分. 任取 $p \in M$, 设 p 附近的坐标函数为 z, $z(p)=0$, 且在此局部坐标下, ω 有如下局部表示:

$$\omega = (a_{-n}z^{-n} + a_{-n+1}z^{-n+1} + \cdots + a_{-1}z^{-1} + b(z))dz,$$

其中 $b(z)$ 是 p 附近的全纯函数. 称 a_{-1} 为 ω 在 p 处的**留数**, 记为 $\mathrm{Res}_p(\omega)$.

下面的引理表明, 留数的定义是恰当的.

引理 2.3.3 $\mathrm{Res}_p(\omega)$ 的定义与坐标函数的选取无关.

证明 在 p 的坐标邻域中取以 p 为中心的圆盘 B, 则有

$$\begin{aligned}\int_{\partial B}\omega &= \int_{\partial B} a_{-n}z^{-n} + \cdots + \int_{\partial B} a_{-1}z^{-1} + \int_{\partial B} b(z)dz \\ &= 0 + \cdots + 2\pi\sqrt{-1}a_{-1} + \int_B db\wedge dz \\ &= 2\pi\sqrt{-1}a_{-1}.\end{aligned}$$

这说明

$$a_{-1} = \frac{1}{2\pi\sqrt{-1}} \int_{\partial B} \omega.$$

如果我们取两个这样的圆盘 B_1, B_2, 且 $B_2 \subset B_1$, 则由 Stokes 积分公式, 有

$$\int_{\partial B_1} \omega - \int_{\partial B_2} \omega = \int_{B_1 - B_2} d\omega = 0.$$

这说明 a_{-1} 的定义是恰当的. □

作为 Stokes 积分公式的一个应用, 我们得到重要的留数定理.

定理 2.3.4 (留数定理) 设 M 为紧致黎曼曲面, 则对任何的亚纯微分 ω, 均有

$$\sum_{p \in M} \mathrm{Res}_p(\omega) = 0.$$

证明 按照留数的定义, 只有在极点处留数才可能非零. 对于一个非零的亚纯微分 ω, 其极点为 M 中的离散子集. 因此, 如果 M 是紧致曲面, 则定理中的求和实际上是一个有限和.

设 ω 的极点为 $p_1, p_2, \cdots, p_k$, 并设 B_j 为含 p_j 的坐标圆盘, 且当 $i \neq j$ 时, $B_i \cap B_j = \varnothing$. 令 $\Omega = M - \bigcup_j B_j$, 则 ω 为 Ω 上的全纯微分. 由 Stokes 积分公式, 有

$$0 = \int_{\Omega} d\omega = \int_{\partial \Omega} \omega = -\sum_j \int_{\partial B_j} \omega.$$

根据引理 2.3.3 立知留数定理成立. □

注 从留数定理的证明过程可以得到带边区域上的留数公式:

$$\int_{\partial \Omega} \omega = -2\pi\sqrt{-1} \sum_{p \in \Omega} \mathrm{Res}_p(\omega).$$

留数定理可以用来研究紧致黎曼曲面上的亚纯函数. 这是因为, 如果 $f: M \to \mathbb{S}$ 为亚纯函数, 则 $\omega = df/f$ 为亚纯微分, 且按照赋值和留数的定义, 有

$$\nu_p(f) = \mathrm{Res}_p(\omega).$$

由留数定理, 就有

$$\sum_{p\in M}\nu_p(f)=\sum_{p\in M}\mathrm{Res}_p(\omega)=0.$$

由于当 p 不是极点或零点时, $\nu_p(f)=0$, 上式可改写为

$$\sum_{p\in f^{-1}(\infty)}(-\nu_p(f))=\sum_{p\in f^{-1}(0)}\nu_p(f),$$

即

$$\#f^{-1}(\infty)=\#f^{-1}(0).$$

进一步, 任取 $a\in\mathbb{C}$, 均有

$$\#f^{-1}(a)=\#(f-a)^{-1}(0)=\#(f-a)^{-1}(\infty)=\#f^{-1}(\infty),$$

即任何一点在 f 下原像的个数都与 f 的极点个数相同. 这就得到如下推论:

推论 2.3.5 设 M 为紧致黎曼曲面, $f:M\to\mathbb{S}$ 为 M 上的非常值亚纯函数, 则有

(i) f 的零点个数和极点个数相等, 即 $\#f^{-1}(\infty)=\#f^{-1}(0)$.

(ii) 对于 $\forall\ a\in\mathbb{S}$, 均有 $\#f^{-1}(a)=\#f^{-1}(\infty)$, 即 $\#f^{-1}(a)$ 为常数 (称为分歧覆盖 f 的**叶数**或**重数**). 特别地, f 是满射.

在上述推论中, 如果 $M=\mathbb{S}$, 且 f 为 n 次多项式, 则 $\#f^{-1}(\infty)=n$, 因而有

$$\#f^{-1}(0)=n.$$

这说明 $\mathbb{C}$ 上的 n 次复系数多项式有 n 个根. 这也就是**代数基本定理**.

习 题 2.3

1. 计算黎曼球面 $\mathbb{S}$ 的全纯自同构群.

2. 证明: ω 为全纯微分 $\Longleftrightarrow$ ω 为 $(1,0)$ 型的 1 形式, 且 $\bar\partial\omega=0$.

3. 证明: 黎曼球面 $\mathbb{S}$ 上没有非平凡的全纯微分.

4. 证明: 黎曼环面 $\mathbb{C}/\Lambda$ 上全纯微分全体组成的向量空间的维数为 1.

5. 证明: $\mathbb{C}$ 上的 $(1,1)$ 型微分形式 $\omega=\dfrac{\sqrt{-1}}{2\pi}(1+|z|^2)^{-2}dz\wedge d\bar z$ 可

延拓为 $\mathbb{S}$ 上的光滑 $(1,1)$ 型微分形式, 且 $\int_{\mathbb{S}} \omega = 1$.

6. 设 ω 如上一题, $f: M \to \mathbb{S}$ 为紧致黎曼曲面 M 上的亚纯函数. 证明:

$$\# f^{-1}(\infty) = \int_M f^*(\omega).$$

7. 设 $f: M \to N$ 为紧致黎曼曲面之间的非常值全纯映射. 证明: $\# f^{-1}(q)$ $(q \in N)$ 不依赖于 q 的选取, 是由 f 所确定的常数 (称为 f 的**重数**).

§2.4 Perron 方法

在本节和下一节中, 我们将利用黎曼曲面上的调和函数来研究黎曼曲面. 首先我们将调和函数的概念推广到黎曼曲面上.

定义 2.4.1 *设 M 为黎曼曲面, $u: M \to \mathbb{R}$ 为连续函数. 如果在任何一点附近, u 均为 M 上某个局部全纯函数的实部, 则称 u 为 M 上的***调和函数**.

如果 $M = \Omega$ 为复平面 $\mathbb{C}$ 上的区域, 则上述定义和第一章中调和函数的定义是一致的. 利用黎曼曲面上的局部坐标, 我们也可以这样定义调和函数: 如果对黎曼曲面 M 的任意局部坐标映射 ϕ, 复合函数 $u \circ \phi^{-1}$ 均为复平面开集上的调和函数, 则称 u 为 M 上的调和函数.

下面我们来寻求调和函数的整体刻画. 为此, 设 u 是 M 上的一个光滑函数, $z = x + \sqrt{-1}\, y$ 为局部坐标函数, 令 $\omega = \dfrac{\partial u}{\partial x} dy - \dfrac{\partial u}{\partial y} dx$. 由定义知, u 为调和函数当且仅当 $d\omega = 0$. 下面我们说明, 1 形式 ω 实际上是 M 上的一个与局部坐标选取无关的整体定义的 1 形式. 我们首先引入如下线性算子 $*: A^1(M) \to A^1(M)$:

$$*\eta = a dy - b dx, \quad \forall\, \eta = a dx + b dy \in A^1(M).$$

这个算子称为**Hodge 星算子**. 显然有

(1) $*^2 = -1$;

(2) $*(dz) = -\sqrt{-1}\, dz$, $*(d\bar{z}) = \sqrt{-1}\, d\bar{z}$;

(3) Hodge 星算子与局部坐标的选取无关.

利用 Hodge 星算子, 我们有

$$\omega=\frac{\partial u}{\partial x}dy-\frac{\partial u}{\partial y}dx=*du,$$

其中 $du=\frac{\partial u}{\partial x}dx+\frac{\partial u}{\partial y}dy$ 是 u 的外微分. 另外, 我们也有

$$\begin{aligned}\bar{\partial}u&=\frac{\partial u}{\partial \bar{z}}d\bar{z}=\frac{1}{2}\left(\frac{\partial u}{\partial x}+\sqrt{-1}\frac{\partial u}{\partial y}\right)(dx-\sqrt{-1}\,dy)\\&=\frac{1}{2}\left[\frac{\partial u}{\partial x}dx+\frac{\partial u}{\partial y}dy-\sqrt{-1}\left(\frac{\partial u}{\partial x}dy-\frac{\partial u}{\partial y}dx\right)\right]\\&=\frac{1}{2}(du-\sqrt{-1}*du).\end{aligned}$$

这说明 u 为调和函数当且仅当 $\bar{\partial}u$ 为闭形式. 总之, 我们得到调和函数的如下刻画:

命题 2.4.1 u 为黎曼曲面 M 上的调和函数 $\Longleftrightarrow *du$ 为闭形式 $\Longleftrightarrow \bar{\partial}u$ 为闭形式 $\Longleftrightarrow \partial\bar{\partial}u=0$.

由前一节的定理 2.2.5 我们得到单连通黎曼曲面上调和函数的如下性质:

命题 2.4.2 设 M 为单连通黎曼曲面. 如果 u 为 M 上的调和函数, 则 u 为 M 上全纯函数的实部. 再设 $p\in M$, B 为 p 附近的坐标圆盘. 如果 u 为 $M-\{p\}$ 上的调和函数, 且 $\int_{\partial B}*du=0$, 则 u 为 $M-\{p\}$ 上全纯函数的实部; 如果 u 为 $M-\{p\}$ 上的调和函数, 且在 B 内存在全纯函数 F_B, 使得 $u=\ln|F_B|$, 则存在 M 上的全纯函数 F, 使得 $u=\ln|F|$.

证明 如果 u 为调和函数, 则由上面的讨论可知, $*du$ 为闭形式. 而如果此时 $*du=dv$ 还是恰当形式, 则 $h=u+\sqrt{-1}\,v$ 为全纯函数, u 为 h 的实部. 直接利用定理 2.2.5 即可得到命题的前两个结论.

对于最后一个结论, 我们可以首先把 B 扩充为 M 的开覆盖 $\{B_\alpha\}$, 使得每个 B_α 均为局部坐标圆盘, 且两个这样的坐标圆盘要么交集为空, 要么交集连通. 在 B_α 内, 存在全纯函数 G_α, 使得其实部为 u. 令 $F_\alpha=e^{G_\alpha}$, 则 F_α 为 B_α 内的全纯函数, 且 $u=\ln|F_\alpha|$. 如果 $B_\alpha\cap B_\beta\neq\varnothing$, 则存在常数 $c_{\alpha\beta}$, 使得 $|c_{\alpha\beta}|=1$, 且 $F_\alpha=c_{\alpha\beta}F_\beta$. 此时 $F_\alpha^{-1}dF_\alpha$ 为

$M-\{p\}$ 上整体定义的闭形式, 记为 ω. 我们有

$$\int_{\partial B}\omega = 2k\pi\sqrt{-1},\quad k\in\mathbb{Z}.$$

在 $M-\{p\}$ 上定义函数 F 如下: 固定一点 $p_0\in M-\{p\}$, 设 q 为任意一点, 取 $M-\{p\}$ 中连接 p_0, q 的光滑曲线 σ_q, 令

$$F(q)=e^{\int_{\sigma_q}\omega}.$$

利用 M 的单连通性不难看出, 函数 F 的定义是恰当的, 且 $F^{-1}dF=\omega$. 因此, 在 B_α 上, $F^{-1}F_\alpha=c_\alpha$ 为常数, 且 $|c_\alpha|=|c_\beta|$. 不妨设 $|c_\alpha|=1$, 从而 $F_\alpha c_\alpha^{-1}=F$ 是 M 上整体定义的全纯函数, 并且 $u=\ln|F|$. □

由调和函数的定义知, 我们在第一章中讨论的复平面上调和函数的许多性质对于黎曼曲面上的调和函数仍然成立, 例如最大值原理, Harnack 原理等.

在第一章中, 我们知道复平面中圆盘上的调和函数的 Dirichlet 边值问题存在唯一的解. 在一般的黎曼曲面上, 我们也希望有类似的结果. 为此, 我们要引入次调和函数的概念.

定义 2.4.2 (平面次调和函数) 设 $u:\Omega\to\mathbb{R}$ 为复平面区域上的连续函数. 如果对 Ω 中的任何圆盘 $B_r(p)$, 均有

$$u(p)\leqslant\frac{1}{2\pi}\int_0^{2\pi}u(p+re^{i\theta})d\theta,\quad (\text{平均值不等式})$$

则称 u 为 Ω 上的**次调和函数**.

由定义容易看出, 和调和函数一样, 次调和函数也满足极大值原理. 次调和函数有如下刻画:

命题 2.4.3 以下几条是等价的:

(i) $u:\Omega\to\mathbb{R}$ 为次调和函数;

(ii) 对于任意区域 $\Omega'\Subset\Omega$ 及 Ω' 上的调和函数 v, $u-v$ 在 Ω' 内达不到局部极大值, 除非 $u-v$ 在 Ω' 上为常值;

(iii) 对于 Ω 中的任意圆盘 B, 设 u_B 是 B 内以 $u|_{\partial B}$ 为边值的调和函数, 则在 B 内有 $u\leqslant u_B$.

证明 (i) $\Rightarrow$ (ii). 如果 u 为次调和函数, v 为调和函数, 则 $u-v$ 仍然满足平均值不等式, 因此最大值原理对 $u-v$ 仍然成立.

(ii) $\Rightarrow$ (iii). 如果最大值原理成立, 则由于 $u-u_B$ 在圆盘边界 ∂B 上为零, 故在圆盘 B 内成立不等式 $u-u_B\leqslant 0$.

(iii) $\Rightarrow$ (i). 任取圆盘 B, 有

$$\begin{aligned}u(p) &\leqslant u_B(p)\\ &= \frac{1}{2\pi}\int_0^{2\pi} u_B(p+re^{i\theta})d\theta\\ &= \frac{1}{2\pi}\int_0^{2\pi} u(p+re^{i\theta})d\theta.\end{aligned}$$

这就证明了命题中 (i), (ii), (iii) 的等价性. □

和调和函数一样, 黎曼曲面上也可定义次调和函数: 设 $u:M\to\mathbb{R}$ 为黎曼曲面 M 上的连续函数. 如果对任意局部坐标映射 ϕ, $u\circ\phi^{-1}$ 均为平面次调和函数, 则称 u 为 M 上的**次调和函数**.

次调和函数具有如下性质:

(1) 如果 $M=U\cup V$, 其中 U, V 为开集, 且 $u|_U$, $u|_V$ 均为次调和函数, 则 u 为 M 上的次调和函数;

(2) 如果 u_1, u_2 为次调和函数, 则 $\max\{u_1,u_2\}$ 为次调和函数, au_1+bu_2 也是次调和函数, 其中 a, b 为非负实数;

(3) 设 $u:M\to\mathbb{R}$ 为次调和函数, 对 M 上任一坐标圆盘 B, 又设 u_B 是以 $u|_{\partial B}$ 为边值的 B 内调和函数, 则如下定义的 M 上的连续函数 $\bar{u}_B$ 是次调和函数:

$$\bar{u}_B(p)=\begin{cases}u_B(p), & p\in B,\\ u(p), & p\in M-B.\end{cases}$$

次调和函数的一个重要用处是用来构造调和函数.

定义 2.4.3 设 M 为黎曼曲面, $\mathcal{F}$ 为 M 上的一族次调和函数. 若 $\mathcal{F}$ 满足下面的条件:

(i) 如果 $u,v\in\mathcal{F}$, 那么存在 $w\in\mathcal{F}$, 使得 $w\geqslant\max\{u,v\}$;

(ii) 对 M 上的任何坐标圆盘 B, 如果 $u\in\mathcal{F}$, 那么 $\bar{u}_B\in\mathcal{F}$,

则称 $\mathcal{F}$ 为 **Perron 族**.

定理 2.4.4 (Perron 方法) 设 $\mathcal{F}$ 为黎曼曲面 M 上的 Perron 族, 如下定义函数 $u_{\mathcal{F}}$:

$$u_{\mathcal{F}}(p) = \sup_{u \in \mathcal{F}}\{u(p)\}, \quad \forall\, p \in M,$$

则 $u_{\mathcal{F}}$ 要么恒为 $+\infty$, 要么为 M 上的调和函数.

证明 任取 $z_0 \in M$, 我们分两种情况讨论.

(1) $u_{\mathcal{F}}(z_0) = +\infty$. 此时存在一列 $u_i \in \mathcal{F}$, 使得 $u_i(z_0) \to +\infty$. 根据 Perron 族的条件 (i), 我们可以假设 $\{u_i\}$ 关于 i 单调递增. 任取包含 z_0 的坐标圆盘 B, 则 $\bar{u}_{iB} \in \mathcal{F}$, 且 $\bar{u}_{iB}(z_0) \to +\infty$. 由最大值原理, $\bar{u}_{iB}$ 是一列关于 i 单调递增的调和函数. 由 Harnack 原理, $\{\bar{u}_{iB}\}$ 在 B 中内闭一致地发散到 $+\infty$. 由此不难看出, $u_{\mathcal{F}}$ 在整个 M 上都取值 $+\infty$.

(2) 现在可以假设 $u_{\mathcal{F}}$ 为 M 上定义的有限函数. 同 (1) 一样取坐标圆盘 B, 并设 $u_i(z_0) \to u_{\mathcal{F}}$, $\{u_i\}$ 为单调递增序列, 且在 B 内调和. 由 Harnack 原理, u_i 在 B 中内闭一致地收敛到调和函数 u. 下面我们证明在 B 内 $u_{\mathcal{F}} \equiv u$. 事实上, 任取 $z_1 \in B$ 及一列 $v_j \in \mathcal{F}$, 使得 $v_j(z_1) \to u_{\mathcal{F}}(z_1)$. 通过考虑 $\max\{u_j, v_j\}$, 不妨设 $v_j \geqslant u_j$. 和前面的理由一样, 我们可进一步假设 $\{v_j\}$ 为单调递增序列, 且在 B 内调和. 于是 $\{v_j\}$ 在 B 中内闭一致地收敛到调和函数 v, 其中 v 满足条件 $v \geqslant u$, $v(z_1) = u_{\mathcal{F}}(z_1)$. 另外, $u(z_0) = u_{\mathcal{F}}(z_0) \geqslant v(z_0)$. 由调和函数的最大值原理, $u - v$ 在 B 内恒为零. 特别地, $u(z_1) = v(z_1) = u_{\mathcal{F}}(z_1)$. 因为 z_1 是任取的, 这就说明在圆盘 B 内 $u_{\mathcal{F}} = u$. 特别地, $u_{\mathcal{F}}$ 为调和函数. □

下面我们用 Perron 方法来解区域上的 Dirichlet 边值问题. 首先考虑有界区域的情形. 设 Ω 为黎曼曲面 M 上的有界区域 ($\overline{\Omega}$ 为 M 中的紧致集合), 我们假定区域的边界 $\partial\Omega$ 满足适当的条件.

定义 2.4.4 设 ξ 为区域边界 $\partial\Omega$ 上的一点. 如果存在 Ω 上连续到边界的次调和函数 u, 使得

$$u(\xi) = 0, \quad u(x) < 0, \quad \forall\, x \in \overline{\Omega} - \{\xi\},$$

则称 ξ 为**正则点**, 并称 u 为 ξ 处的一个**闸函数** (barrier function).

下面的引理可以用来判断有界区域边界上的点在什么情形下为正则点.

引理 2.4.5 设 Ω 为黎曼曲面 M 上的有界区域, $z_0 \in \partial\Omega$. 如果存在 z_0 附近的局部坐标邻域 U 及坐标映射 ϕ, 使得 $\phi(z_0) = 0$, $\phi(\Omega \cap U) \subset \{z \in \mathbb{C} \mid \mathrm{Re}(z) > 0\}$, 则 z_0 为正则点. 特别地, 如果 Ω 是

Stokes 积分公式中要求的区域, 则其边界点均为正则点.

证明 首先取 $\sqrt{z}$ 在右半复平面 $\{z \in \mathbb{C} \mid \mathrm{Re}(z) > 0\}$ 上的单值化分支 $g(z)$, 使得 g 把右半实轴映为右半实轴. 在 $\Omega \cap U$ 内考虑调和函数 $\beta = -\mathrm{Re}(g \circ \phi)$, 则 $\beta(z_0) = 0$, 且 $\beta(p) < 0, \forall\, p \in \overline{\Omega} \cap U - \{z_0\}$. 令 $m = \max\limits_{p \in \overline{\Omega} \cap \partial U} \beta(p)$, 定义

$$u(p) = \begin{cases} \max\{m, \beta(p)\}, & p \in \Omega \cap U, \\ m, & p \in \Omega - U, \end{cases}$$

则 u 为 Ω 上的次调和函数, 满足条件 $u(z_0) = 0$, 且 $u(p) < 0, \forall\, p \in \overline{\Omega} - \{z_0\}$. 这说明 u 为 z_0 处的闸函数. □

闸函数是非常重要的辅助函数, 它们往往起着关键性的控制作用.

定理 2.4.6 (有界域上的调和函数) 设 Ω 为黎曼曲面 M 中的有界域, 其边界上的点均为正则点. 任给定义在边界 $\partial\Omega$ 上的连续函数 f, 均存在 Ω 内唯一的调和函数 u, 使得 u 连续到边界, 且 $u|_{\partial\Omega} = f$.

证明 这个证明是运用 Perron 方法的一个例子. 考虑如下函数族:

$$\mathcal{F}_f = \{\, u\text{为 } \Omega \text{ 内连续到边界的次调和函数, 且 } u|_{\partial\Omega} \leqslant f\}.$$

因为 $\min\limits_{\partial\Omega} f \in \mathcal{F}_f$, 故 $\mathcal{F}_f$ 为非空函数族. 容易验证 $\mathcal{F}_f$ 为一个 Perron 族. 由最大值原理, 有 $u \leqslant \max\limits_{\partial\Omega} f, \forall\, u \in \mathcal{F}_f$, 从而由 Perron 方法可知, $u_f = \sup\limits_{u \in \mathcal{F}_f} u$ 是 Ω 内定义的调和函数. 下面证明:

$$\lim_{x \to \xi} u_f(x) = f(\xi), \quad \forall\, \xi \in \partial\Omega.$$

事实上, 设 v 为 ξ 处的闸函数. 任给 $\varepsilon > 0$, 由 f 的连续性知, 存在 ξ 附近的坐标邻域 $B(\xi)$, 使得

$$f(\xi) - \varepsilon < f(x) < f(\xi) + \varepsilon, \quad \forall\, x \in \partial\Omega \cap B(\xi).$$

在紧致集合 $\overline{\Omega} - B(\xi)$ 上, $v < 0$ 且连续, 故存在充分大的正数 C, 使得

$$f(\xi) - \varepsilon + C\,v < f(x) < f(\xi) + \varepsilon - C\,v, \quad \forall\, x \in \partial\Omega - B(\xi). \tag{2.8}$$

由 $v \leqslant 0$ 知, 上式对任意 $x \in \partial\Omega$ 均成立. 特别地, 次调和函数 $f(\xi) - \varepsilon + Cv$ 在 $\mathcal{F}_f$ 中, 从而下面的不等式在 Ω 内成立:

$$f(\xi) - \varepsilon + C\,v \leqslant u_f. \tag{2.9}$$

另外, 任给 $u \in \mathcal{F}_f$, 由 $u|_{\partial\Omega} \leqslant f$ 及 (2.8) 式可知, 在 $\partial\Omega$ 上有

$$u + C\,v < f(\xi) + \varepsilon.$$

对次调和函数 $u + C\,v$ 应用最大值原理就得到 Ω 内的如下不等式:

$$u + C\,v < f(\xi) + \varepsilon.$$

这说明

$$u_f \leqslant f(\xi) + \varepsilon - C\,v. \tag{2.10}$$

由 $v(\xi) = 0$ 及 (2.9), (2.10) 两式就得到

$$\lim_{x \to \xi} u_f(x) = f(\xi).$$

u_f 的唯一性由最大值原理直接得到. □

对于无界域, 上面的结果并不适用. 例如, 在上半复平面上, 线性函数 $h(z) = y$ 显然为调和函数, h 在区域的边界上恒为零, 在区域内部当然不为零. 这个例子说明, 对于无界域, 即使关于调和函数的 Dirichlet 边值问题的解存在, 也不一定唯一.

引理 2.4.7 *设 M 为黎曼曲面, 且 M 上存在非常值的非正次调和函数, 则有*

(i) M 上存在非常值有界次调和函数;

(ii) 若 K 为 M 中的紧致集合, $\Omega = M - K$ 为连通区域, 且具有正则边界 ∂K, 那么存在 Ω 内连续到边界的调和函数 ω, 使得 $\omega|_{\partial\Omega} \equiv 1$, $0 < \omega|_{\Omega} < 1$.

证明 设 u 为 M 上的非正次调和函数. 如果 u 不是常值函数, 则由最大值原理易见 $u < 0$.

(i) 取定 $p_0 \in M$, 令 $v = \max\{u(p_0), u\}$, 则 $u(p_0) \leqslant v \leqslant 0$, v 为 M 上的有界次调和函数. 如果 u 不是常值函数, 则由最大值原理知 v 也不是常值函数.

(ii) 由 $u<0$, 我们不妨假设 $\max\limits_K u=-1$. 通过考虑 $\max\{-1,u\}$, 可进一步假设 $u|_K\equiv -1$. 考虑如下函数族:

$$\mathcal{F}_K=\{w:\Omega\to\mathbb{R}\,|\,w \text{ 为次调和函数, 连续到} \\ \text{边界 } \partial\Omega=\partial K, \text{ 且 } w+u\leqslant 0\}.$$

显然, $0\in\mathcal{F}_K$. 由 Perron 方法可知, $\omega=\sup\limits_{w\in\mathcal{F}_K} w$ 为 Ω 内的调和函数, 且

$$0\leqslant\omega\leqslant -u\leqslant 1. \tag{2.11}$$

下面我们要证明 $\omega|_{\partial K}\equiv 1$, 且在 Ω 内 $0<\omega<1$.

事实上, 任取 $p\in\Omega$, 再取 M 中边界正则的有界区域 Ω_p, 使得 $K\cup\{p\}\subset\Omega_p$. 根据有界区域上调和函数的存在性, 我们得到 Ω_p-K 内连续到边界的调和函数 ω_p, 使得 $\omega_p|_{\partial K}\equiv 1$, $\omega_p|_{\partial\Omega_p}\equiv 0$. 由最大值原理知, 在 Ω_p-K 内 $0<\omega_p<1$. 对次调和函数 ω_p+u 在 Ω_p-K 上用最大值原理知 $\omega_p+u\leqslant 0$. 通过在 Ω_p 之外作零延拓, ω_p 可视为 M 上的次调和函数, 且仍有 $\omega_p+u\leqslant 0$. 这说明 $\omega_p\in\mathcal{F}_K$, 从而

$$\omega_p\leqslant\omega.$$

特别地, $\omega(p)\geqslant\omega_p(p)>0$, $\omega|_{\partial K}\geqslant\omega_p|_{\partial K}=1$. 结合 (2.11) 式就知道 $\omega|_{\partial K}\equiv 1$. 由最大值原理及 (2.11) 式还知道, 在 Ω 内部 $\omega<1$. □

我们对这个引理做一些解释. 设 K 为黎曼曲面 M 中的紧致集合. 如果存在 $M-K$ 上的次调和函数 h, 使得

$$\sup_{M-K} h<\infty, \qquad \lim_{p\to\partial K}\sup h(p)\leqslant 0,$$

并且存在 $q\in M-K$, 使得 $h(q)>0$, 则称最大值原理对 K 不成立. 由刚才的引理, 如果 M 上存在非常值有界次调和函数, 则最大值原理对边界正则的紧致集合 K 不成立. 反之, 不难证明, 如果存在紧致集合 K, 使得最大值原理对 K 不成立, 则 M 上存在非常值有界次调和函数 (留作习题).

对于不存在非常值有界次调和函数的黎曼曲面, 最大值原理对紧致集合总成立. 我们有如下结果:

引理 2.4.8 设黎曼曲面 M 上不存在非常值有界次调和函数, U 为任取的局部坐标邻域, ϕ 为坐标映射, 且 $\phi(U)=\mathbb{D}$. 记

$$U_r=\{q\in U \mid |\phi(q)|<r\},\quad 0<r<1.$$

(i) 任给 ∂U_r 上的连续函数 f, 存在 $M-U_r$ 中唯一的有界调和函数 u, 使得 $u|_{\partial U_r}=f$;

(ii) 对于 (i) 中的调和函数 u, 如果 $r<s<1$, 则

$$\int_{\partial U_s}*du=0.$$

证明 (i) 通过加上一个正常数, 不妨设 $f\geqslant 0$. 考虑如下函数族:

$$\mathcal{F}_f=\{v\mid v \text{ 为 } M-U_r \text{ 中的次调和函数, 且 } v\leqslant \sup_{\partial U_r}f,\ v|_{\partial U_r}\leqslant f\}.$$

因为 $0\in\mathcal{F}_f$, 故这是一个非空函数族. 容易验证它是一个 Perron 族, 从而函数 $u=\sup\limits_{\mathcal{F}_f}v$ 为 $M-U_r$ 中的调和函数, 且满足不等式

$$0\leqslant u\leqslant \sup_{\partial U_r}f.$$

取 M 中边界正则的有界区域 Ω, 使得 $\overline{U}_r\subset\Omega$. 根据有界区域上调和函数 Dirichlet 边值问题解的存在唯一性, 在 $\Omega-\overline{U}_r$ 上存在连续到边界的调和函数 v_Ω, 使得

$$v_\Omega|_{\partial U_r}=f,\quad v_\Omega|_{\partial\Omega}=0.$$

经过零延拓后, v_Ω 可视为 $M-U_r$ 中的次调和函数. 由最大值原理易见 $v_\Omega\in\mathcal{F}_f$. 这表明

$$u|_{\partial U_r}\geqslant v_\Omega|_{\partial U_r}=f.$$

由此不难推出 $u|_{\partial U_r}=f$.

现证唯一性. 如果 $\tilde{u}$ 为满足条件的另一个调和函数, 则 $u-\tilde{u}$ 为 $M-U_r$ 中的有界调和函数, 它在边界 ∂U_r 上为零. 如果 $u-\tilde{u}$ 不恒为零, 则最大值原理对紧致集合 $\overline{U}_r$ 不成立. 在这种情况下, M 上一定存在非常值有界次调和函数, 这就与假设相矛盾.

(ii) 如果 M 为紧致黎曼曲面, 则由 Stokes 积分公式, 有

$$\int_{\partial U_s}*du=-\int_{M-U_s}d*du=-\int_{M-U_s}0=0.$$

下面假设 M 为非紧黎曼曲面. 在 M 中取一列边界正则的有界区域 Ω_n, 使得 $U_s \Subset \Omega_n \Subset \Omega_{n+1} \Subset \cdots$, 且 $M = \bigcup_{n\geqslant 1}\Omega_n$. 由有界区域上调和函数的存在性知, 在 $\Omega_n - \overline{U}_r$ 中存在调和函数 u_n 和 v_n, 使得

$$\begin{cases} u_n|_{\partial U_r} = f,\ u_n|_{\partial\Omega_n} = 0, \\ v_n|_{\partial U_r} = 1,\ v_n|_{\partial\Omega_n} = 0. \end{cases}$$

由最大值原理知, 当 $m \geqslant n$ 时, 在 Ω_n 内成立

$$0 \leqslant u_n \leqslant u_m \leqslant \max_{\partial U_r} f, \quad 0 \leqslant v_n \leqslant v_m \leqslant 1.$$

由 Harnack 原理知, u_n 和 v_n 在 $M - U_r$ 中分别内闭一致地收敛于有界调和函数. 又由 (i) 中结论我们知道, u_n 的极限必为 u, 而 v_n 的极限必为 1. 因此有

$$\begin{aligned} \int_{\partial U_s} *du &= \lim_{n\to\infty}\int_{\partial U_s}(v_n * du_n - u_n * dv_n) \\ &= \lim_{n\to\infty}\int_{\partial(\Omega_n - U_s)}(u_n * dv_n - v_n * du_n). \end{aligned}$$

根据 Stokes 积分公式, 我们有

$$\begin{aligned} \int_{\partial(\Omega_n - U_s)}(u_n * dv_n - v_n * du_n) &= \int_{\Omega_n - U_s} d(u_n * dv_n - v_n * du_n) \\ &= \int_{\Omega_n - U_s}(du_n \wedge *dv_n - dv_n \wedge *du_n) \\ &= \int_{\Omega_n - U_s} 0 = 0. \end{aligned}$$

这就证明了 $\int_{\partial U_s} *du = 0$. □

习 题 2.4

1. 证明: 设 $f: M \to N$ 为黎曼曲面之间的全纯映射, $u: N \to \mathbb{R}$ 为 N 上的调和函数, 则复合函数 $u \circ f$ 为 M 上的调和函数.

2. 证明：将上题中“调和函数”换成“次调和函数”结论依然成立.

3. 证明：设 $u:\Omega\to\mathbb{R}$ 为平面区域上的 2 次连续可微函数, 则 u 为次调和函数当且仅当 $\Delta u\geqslant 0$.

4. 设 $u:M\to\mathbb{R}$ 为连续函数. 证明：如果存在开集 U, 使得 u 在 U 中为非负次调和函数, 且 $u|_{M-U}\equiv 0$, 则 u 为 M 中的次调和函数.

5. 证明黎曼曲面上调和函数的奇点可去性定理.

6. 考虑有界区域 $\mathbb{D}^*$, $\partial\mathbb{D}^*=\{0\}\cup S^1$. 在 $\partial\mathbb{D}^*$ 上定义连续函数 f 如下：

$$f(0)=1,\quad f|_{S^1}\equiv 0.$$

证明：$\mathbb{D}^*$ 中不存在连续到边界的调和函数, 使得它在边界上为 f.

7. 证明：如果存在黎曼曲面 M 中的紧致集合 K, 使得最大值原理对 K 不成立, 则 M 上存在非常值有界次调和函数.

§2.5 单值化定理

有了前面的预备知识, 我们在本节就可以给出单连通黎曼曲面的完全分类. 基本的想法是, 在单连通黎曼曲面上寻找单的全纯函数或亚纯函数. 为此, 我们要考虑带有奇点的调和函数.

定义 2.5.1 (黎曼曲面的分类) 存在非常值有界次调和函数的黎曼曲面称为**双曲型**的; 紧致黎曼曲面称为**椭圆型**的; 如果黎曼曲面既非双曲型, 又非椭圆型的, 则称为**抛物型**的.

显然, 单位圆盘 $\mathbb{D}$ 是双曲型的, 黎曼球面是椭圆型的. 我们有

命题 2.5.1 复平面 $\mathbb{C}$ 是抛物型的.

证明 如果 $\mathbb{C}$ 上存在非常值有界次调和函数, 则由前一节的引理知, 存在连续到边界的调和函数 $u:\mathbb{C}-\overline{\mathbb{D}}\to\mathbb{R}$, 使得

$$u|_{\partial\mathbb{D}}=0,\quad 0<u<1.$$

任取 $\varepsilon>0$, 比较 u 与调和函数 $\ln r=\ln|z|$. 对于 $\forall\ z\in\mathbb{C}-\overline{\mathbb{D}}$, 取 $r_0>\max\{|z|,e^{\frac{1}{\varepsilon}}\}$. 由于在 $\partial(\mathbb{D}_{r_0}-\mathbb{D})$ 上 $\varepsilon\cdot\ln r\geqslant u$, 由最大值原理, 有

$$\varepsilon\cdot\ln|z|\geqslant u(z)\geqslant 0.$$

上式对任意 $z \in \mathbb{C} - \overline{\mathbb{D}}$ 成立. 令 $\varepsilon \to 0^+$ 即知 $u \equiv 0$. 这就得到了矛盾. □

本节的主要结果就是证明单连通的双曲型黎曼曲面必定全纯同构于 $\mathbb{D}$, 单连通的椭圆型黎曼曲面必定全纯同构于 $\mathbb{S}$, 而单连通的抛物型黎曼曲面必定全纯同构于 $\mathbb{C}$. 我们首先研究双曲型的情形.

引理 2.5.2 设 M 为双曲型的黎曼曲面. 任给 $p \in M$, 存在 $M - \{p\}$ 上的正调和函数 g, 使得在 p 附近的坐标邻域 B 内, $g + \ln|\phi|$ 为调和函数, 其中 ϕ 为 B 上的坐标映射, $\phi(p) = 0$, $\phi(B) = \mathbb{D}$, $\overline{B}$ 为紧致集合.

证明 考虑如下函数族:

$$\mathcal{F}_p = \{v \mid v \text{ 为 } M - \{p\} \text{ 上的非负次调和函数, 且 } \operatorname{supp} v \cup \{p\} \\ \text{为紧致集合, } v + \ln|\phi| \text{ 可延拓为 } B \text{ 内的次调和函数}\}.$$

通过在 B 外作零延拓, $-\ln|\phi|$ 可视为 $M - \{p\}$ 上的非负次调和函数. 它是 $\mathcal{F}_p$ 中的元素, 因此 $\mathcal{F}_p$ 为非空集合. 容易验证 $\mathcal{F}_p$ 是一个 Perron 族. 下面说明 $g = \sup\limits_{\mathcal{F}_p} v$ 为 $M - \{p\}$ 上的调和函数, 且满足引理所要求的条件.

设 $0 < r < 1$, 并令 $U_r = \{q \in B \mid |\phi(q)| < r\}$. 由引理 2.4.7 知, 在 $M - \overline{U}_r$ 上存在调和函数 ω_r, 满足条件 $0 < \omega_r < 1$, $\omega_r|_{\partial U_r} \equiv 1$. 令 $\lambda_r = \max\limits_{\partial B} \omega_r$, 我们利用 λ_r 来对 $\mathcal{F}_p$ 中的函数作估计. 任取 $v \in \mathcal{F}_p$, 记 $c_r = \max\limits_{\partial U_r} v$. 一方面, 对次调和函数 $v + \ln|\phi|$ 在 B 上应用最大值原理, 有

$$c_r + \ln r \leqslant c_1. \tag{2.12}$$

另一方面, 对次调和函数 $v - c_r\omega_r$ 在 $M - U_r$ 上应用最大值原理, 有

$$v - c_r\omega_r \leqslant 0.$$

特别地, 有

$$c_1 \leqslant c_r\lambda_r. \tag{2.13}$$

(2.12) 式和 (2.13) 式结合起来就有

$$c_r \leqslant \frac{\ln r}{\lambda_r - 1}.$$

对次调和函数 v 应用最大值原理, 在 $M-U_r$ 上有

$$v \leqslant \frac{\ln r}{\lambda_r - 1}.$$

这说明 g 是 $M-U_r$ 上的有界调和函数. 此外, 对次调和函数 $v+\ln|\phi|$ 在 U_r 上应用最大值原理, 有

$$v+\ln|\phi| \leqslant \frac{\ln r}{\lambda_r - 1} + \ln r.$$

这说明 $g+\ln|\phi|$ 在 $B-\{p\}$ 上为有界调和函数, 因此可以延拓为 B 内的有界调和函数. 由于 g 为非负非常值调和函数, 从而是正的调和函数. □

上面所构造的带有奇点的调和函数 g 称为 p 处的 **Green 函数**. Green 函数具有如下性质:

(1) Green 函数是满足引理条件的最小正调和函数, 即: 如果 h 是 $M-\{p\}$ 中的正调和函数, 且在坐标邻域 B 内 $h+\ln|\phi|$ 可延拓为调和函数, 则必有 $g \leqslant h$. 这是因为, 任取 $v \in \mathcal{F}_p$, 根据假设我们知道, $v-h$ 是整个 M 上的次调和函数. 对这个次调和函数应用最大值原理就得到 $v-h \leqslant 0$. 因此, 由 g 的定义立知 $g \leqslant h$.

(2) $\inf\limits_{M-\{p\}} g = 0$. 这是上一条性质的直接推论.

利用 Green 函数我们可以刻画单连通的双曲型黎曼曲面.

定理 2.5.3 单连通的双曲型黎曼曲面必定全纯同构于复平面上的单位圆盘 $\mathbb{D}$.

证明 设 M 为双曲型的黎曼曲面. 任取 $p \in M$, 并设 B 为 p 附近的坐标邻域, ϕ 为坐标映射, $\phi(p)=0$, g_p 是 p 处的 Green 函数. 因为 $g_p+\ln|\phi|$ 在 B 内调和, 故为某全纯函数 h 的实部. 令 $F_p = e^{-h}\phi$, 则 F_p 为 B 内的全纯函数, 且

$$\ln|F_p| = -\mathrm{Re}(h) + \ln|\phi| = -g_p.$$

现在假设 M 单连通, 由前一节的命题 2.4.2 知, F_p 可延拓为 M 上的整体全纯函数, 且仍然满足等式

$$\ln|F_p| = -g_p.$$

这样, 我们就得到了全纯映照 $F_p : M \to \mathbb{D}$. 下面证明 F_p 为单射.

任取 $q \in M$, 设 ψ 为 q 附近的坐标映射, $\psi(q) = 0$. 同理, 我们有 Green 函数 g_q 和全纯函数 F_q, 使得 $\ln|F_q| = -g_q$. 另外, 令

$$\tilde{F}(x) = \frac{F_p(x) - F_p(q)}{1 - \overline{F}_p(q)F_p(x)}, \quad \forall\, x \in M,$$

则 $\tilde{F}$ 为全纯函数, $\tilde{F}(q) = 0$. 设 q 为 $\tilde{F}$ 的 n 阶零点, 并令 $u = -\ln|\tilde{F}|/n$, 则 $u + \ln|\psi|$ 在 q 附近有界, 从而可以延拓为 q 附近的调和函数. 根据 Green 函数的性质, 有

$$g_q \leqslant u.$$

这说明

$$|F_q(x)| \geqslant |\tilde{F}(x)|^{\frac{1}{n}} \geqslant |\tilde{F}(x)|, \quad \forall\, x \in M.$$

特别地, 在上式中取 $x = p$, 就得到

$$|F_q(p)| \geqslant |\tilde{F}(p)| = |F_p(q)|.$$

交换 p, q 的位置就得到等式 $|F_q(p)| = |\tilde{F}(p)| = |F_p(q)|$, 从而 $|\tilde{F}/F_q| \leqslant 1$, 且等号在 p 处成立. 这说明 $\tilde{F} = c \cdot F_q$, 其中 c 为常数, $|c| = 1$. 特别地, 因为 F_q 只有 q 这一个零点, 我们就知道 $\tilde{F}$ 也只有 q 这一个零点. 这就证明了 F_p 是单射.

现在我们知道, M 与 $\mathbb{D}$ 中的单连通域 $F_p(M)$ 同构. 由 Riemann 映照定理可知, $F_p(M)$ 与 $\mathbb{D}$ 全纯同构, 从而 M 与 $\mathbb{D}$ 全纯同构. □

下面我们考虑非双曲型的黎曼曲面.

引理 2.5.4　设 M 为非双曲型的黎曼曲面, B 为 p 附近的一个坐标圆盘, ϕ 为坐标映射, $f : B - \{p\} \to \mathbb{C}$ 为全纯函数. 对于 $0 < \rho < 1$, 记 u_ρ 为 $M - B_\rho$ 上满足边值条件 $u_\rho = \mathrm{Re}(f)|_{\partial B_\rho}$ 的唯一有界调和函数, 则当 $0 < r < 1/20$ 时, 存在常数 $c(r)$, 使得

$$\max_{M - B_r} |u_\rho| \leqslant \max_{\partial B_r} |u_\rho| \leqslant c(r), \quad \forall\, \rho < r.$$

证明　根据前一节的引理 2.4.8, 调和函数 u_ρ 是存在的, 且 u_ρ 在 $B - B_\rho$ 内是某个全纯函数 F_ρ 的实部. 对全纯函数 $F_\rho - f$ 在 p 处作 Laurent 展开, 其实部为

$$[u_\rho - \mathrm{Re}(f)](te^{i\theta}) = \sum_{n=-\infty}^{\infty} [\alpha_n \cos(n\theta) + \beta_n \sin(n\theta)]t^n, \quad \rho \leqslant t \leqslant 1,$$

其中系数 α_n, β_n 满足等式

$$\frac{1}{\pi}\int_0^{2\pi} [u_\rho - \mathrm{Re}(f)](te^{i\theta}) \cos(k\theta)d\theta = \alpha_k t^k + \alpha_{-k} t^{-k},$$
$$\frac{1}{\pi}\int_0^{2\pi} [u_\rho - \mathrm{Re}(f)](te^{i\theta}) \sin(k\theta)d\theta = \beta_k t^k - \beta_{-k} t^{-k}.$$

特别地, 当 $t = \rho$ 时, 上两式左边的积分为零, 从而有

$$\alpha_{-k}(\rho) = -\alpha_k(\rho)\rho^{2k}, \quad \beta_{-k}(\rho) = \beta_k(\rho)\rho^{2k}.$$

当 $t = 1$ 时, 有

$$|\alpha_k|(1-\rho^{2k}) = |\alpha_k + \alpha_{-k}| \leqslant 2M_\rho,$$
$$|\beta_k|(1-\rho^{2k}) = |\beta_k - \beta_{-k}| \leqslant 2M_\rho,$$

其中 $M_\rho = \max\limits_{\partial B}|u_\rho| + \max\limits_{\partial B}|\mathrm{Re}(f)|$. 可见, 当 $\rho < 1/2$ 时, 有

$$|\alpha_k| \leqslant 4M_\rho, \quad |\beta_k| \leqslant 4M_\rho,$$

因此有

$$\begin{aligned}\max_{\partial B_r}|u_\rho| &\leqslant \max_{\partial B_r}|\mathrm{Re}(f)| + 4M_\rho \sum_{n=1}^{\infty}(r^n + \rho^{2n} r^{-n}) \\ &\leqslant \max_{\partial B_r}|\mathrm{Re}(f)| + \frac{8r}{1-r}M_\rho.\end{aligned}$$

因为 M 不是双曲型的黎曼曲面, 对调和函数 u_ρ 在 $M - B_r$ 上应用最大值原理, 有

$$\max_{\partial B}|u_\rho| \leqslant \max_{\partial B_r}|u_\rho| \leqslant \max_{\partial B_r}|\mathrm{Re}(f)| + \frac{8r}{1-r}M_\rho.$$

由 M_ρ 的定义可得

$$M_\rho \leqslant \max_{\partial B}|\mathrm{Re}(f)| + \max_{\partial B_r}|\mathrm{Re}(f)| + \frac{8r}{1-r}M_\rho.$$

因此, 当 $0 < r < 1/20$ 时, 由上式就得到如下估计:

$$M_\rho \leqslant c_0(r),$$

其中 $c_0(r)$ 是只依赖于 r 的常数, 进而有

$$\max_{\partial B_r} |u_\rho| \leqslant \max_{\partial B_r} |\mathrm{Re}(f)| + \frac{8r}{1-r} M_\rho \leqslant c(r).$$

这就得到了我们需要的估计. □

推论 2.5.5 设 M 为非双曲型的黎曼曲面, B 为 p 附近的一个坐标圆盘, ϕ 为坐标映射, $f: B - \{p\} \to \mathbb{C}$ 为全纯函数, 则存在唯一的调和函数 $u: M - \{p\} \to \mathbb{R}$, 使得 u 在 p 的任一邻域之外都是有界的, 且 $u - \mathrm{Re}(f)$ 可延拓为在 p 处为零的 B 内调和函数.

证明留作习题.

下面假设 M 为单连通的非双曲型黎曼曲面. 任取 $p \in M$ 和 p 附近的坐标圆盘 B, 设 ϕ 为坐标映射, 且 $\phi(p) = 0$. 考虑 $B - \{p\}$ 上的全纯函数 $1/\phi$. 根据上面的推论, 存在 $M - \{p\}$ 上的调和函数 u, 使得在 B 内 $u = h + \mathrm{Re}(1/\phi)$, 其中 h 为 B 内的调和函数, $h(p) = 0$. 因此, 在 B 内存在全纯函数 F_B, 使得

$$h = \mathrm{Re}(F_B), \quad F_B(p) = 0,$$

从而在 B 内有

$$u = \mathrm{Re}(F_B + 1/\phi).$$

根据 M 的单连通性, $F_B + 1/\phi$ 可延拓为 $M - \{p\}$ 中的全纯函数, 记为 F, 它仍然满足等式 $u = \mathrm{Re}(F)$. F 是 M 上以 p 为单极点的亚纯函数. 下面说明, F 的虚部 $\mathrm{Im}(F)$ 在 p 的任一邻域之外也是有界调和函数. 为此, 我们考虑 $B - \{p\}$ 中的全纯函数 $\sqrt{-1}/\phi$, 同样的方法得出 M 上的亚纯函数 $\tilde{F}$, 使得在 B 内 $\tilde{F} = \tilde{F}_B + \sqrt{-1}/\phi$, 其中 $\tilde{F}_B$ 为 B 内的全纯函数, 且 $\mathrm{Re}(\tilde{F})$ 在 p 的任一邻域之外有界.

我们可以证明 $\tilde{F} = \sqrt{-1}\,F$, 从而 $\mathrm{Im}(F) = -\mathrm{Re}(\tilde{F})$ 在 p 的任一邻域之外有界. 事实上, 根据 F, $\tilde{F}$ 的性质, 我们可以选取 p 的邻域 $U \subset B$, 使得 F, $\tilde{F}$ 在 U 内为单射. 记

$$S=\sup_{M-U}\{|\mathrm{Re}(F)|,|\mathrm{Re}(\tilde{F})|\}.$$

选取充分靠近 p 的一点 $q_0\in U$, 使得

$$|\mathrm{Re}(F)(q_0)|>2S,\quad |\mathrm{Re}(\tilde{F})(q_0)|>2S.$$

考虑 M 上的亚纯函数 $G,\tilde{G}$:

$$G(q)=\frac{1}{F(q)-F(q_0)},\quad \tilde{G}(q)=\frac{1}{\tilde{F}(q)-\tilde{F}(q_0)},\quad q\in M.$$

因为在 U 内 $F,\tilde{F}$ 为单射, 故 q_0 为 U 内 G 和 $\tilde{G}$ 的唯一极点. 在 U 之外, 有

$$\begin{aligned}|G(q)|&=\Big|\frac{1}{F(q)-F(q_0)}\Big|\leqslant\frac{1}{|\mathrm{Re}(F)(q)-\mathrm{Re}(F)(q_0)|}\\&\leqslant\frac{1}{|\mathrm{Re}(F)(q_0)|-|\mathrm{Re}(F)(q)|}<\frac{1}{2S-S}=\frac{1}{S}.\end{aligned}$$

同理,

$$|\tilde{G}(q)|<\frac{1}{S},\quad \forall\, q\in M-U.$$

这说明, 在 U 之外, $G,\tilde{G}$ 有界. 因此, 通过选取适当的非零常数 $a,\tilde{a}$, 可使得线性组合 $aG+\tilde{a}\tilde{G}$ 成为 M 上有界全纯函数. 由于 M 不是双曲型的黎曼曲面, $aG+\tilde{a}\tilde{G}$ 只能为常数, 由此不难推出 $\tilde{F}=\sqrt{-1}\,F$.

总结一下, 我们就证明了下面的引理.

引理 2.5.6 *设 M 为单连通的非双曲型黎曼曲面, 则对任意一点 $p\in M$, 存在全纯映射 $F_p: M\to\mathbb{S}$, 使得 p 为 F_p 的唯一极点, 且在 p 的坐标圆盘 B 内, $F_p=F_B+1/\phi$, 其中 F_B 为 B 内的全纯函数, ϕ 为 B 内的坐标映射, $F_B(p)=\phi(p)=0$; 并且在 p 的任一邻域之外 F_p 都是有界的.*

下面我们来证明 F_p 是单射. 首先, F_p 与坐标选取有关. 如果从另一坐标映射出发得到全纯映射 $\tilde{F}_p$, 则选取适当的常数 c 后, $F_p-c\tilde{F}_p$ 为 M 上没有极点且有界的全纯函数, 从而为常数 (因为 M 是非双曲型的). 这说明, 存在 $\mathbb{S}$ 的全纯自同构 L, 使得 $F_p=L\circ\tilde{F}_p$. 其次, 根据前面的证明, 存在 p 的邻域 $U\subset B$, 使得对任何 $q\in U$, 亚纯函数 $[F_p-F_p(q)]^{-1}$ 以 q 为唯一极点, 且在 q 的任一邻域之外有界. 和刚

才的证明完全类似, 我们就知道 $[F_p - F_p(q)]^{-1}$ 和 F_q 只相差 $\mathbb{S}$ 的一个全纯自同构, 从而 F_p 和 F_q 也只相差 $\mathbb{S}$ 的一个全纯自同构. 根据 M 的连通性容易看出, 对于 M 上的任意两点 p, q, F_p 和 F_q 只相差 $\mathbb{S}$ 的一个全纯自同构. 现在我们可以说明 F_p 是单射了. 事实上, 如果 $F_p(q_1) = F_p(q_2)$, 则存在 $\mathbb{S}$ 的全纯自同构 L, 使得 $F_{q_1} = L \circ F_p$, 从而有

$$F_{q_1}(q_2) = L \circ F_p(q_2) = L \circ F_p(q_1) = F_{q_1}(q_1) = \infty \in \mathbb{S}.$$

因为 q_1 为 F_{q_1} 的唯一极点, 故 $q_2 = q_1$.

定理 2.5.7 设 M 为单连通的非双曲型黎曼曲面, 则 M 必与 $\mathbb{S}$ 或 $\mathbb{C}$ 同构.

证明 根据前一段的证明可知, 存在 M 上的单的亚纯函数 $F: M \to \mathbb{S}$. 于是 M 与 $\mathbb{S}$ 中的单连通区域 $F(M)$ 同构. 如果 M 紧致, 则由于 $F(M)$ 是 $\mathbb{S}$ 中既开又闭的集合, 只能有 $F(M) = \mathbb{S}$, 即此时 M 与 $\mathbb{S}$ 同构. 如果 M 非紧, 则 $F(M) \neq \mathbb{S}$. 此时, $F(M)$ 可以看成 $\mathbb{C}$ 中的单连通区域. 由 Riemann 映照定理可知, M 与 $\mathbb{D}$ 或 $\mathbb{C}$ 同构. 由于 $\mathbb{D}$ 是双曲型的, 故此时 M 只能与 $\mathbb{C}$ 同构. □

习 题 2.5

1. 设 M 为单连通的双曲型黎曼曲面, $p, q \in M$. 证明 M 上的 Green 函数满足对称性: $g_p(q) = g_q(p)$.

2. 直接证明定理 2.5.3 中的全纯映照 F 为满射.

3. 证明: 在引理 2.5.4 中, 有 $\max\limits_{\partial B_r} |u_\rho - \mathrm{Re}(f)| \leqslant c_1(r)$, 其中 $\lim\limits_{r\to 0} c_1(r) = 0$.

4. 证明: 如果黎曼曲面 M 紧致, 且 $H^1_{dR}(M) = \{0\}$, 则 M 全纯同构于黎曼球面 $\mathbb{S}$.

5. 对基本群为交换群的所有黎曼曲面作全纯同构下的分类.

第三章　Riemann-Roch 公式

本章主要研究紧致 (无边) 黎曼曲面. 在本章我们要证明极为重要的 Riemann-Roch 公式, 并探讨这个公式的一些应用.

§3.1　因　　子

定义 3.1.1　设 M 为黎曼曲面, D 为从 M 到 $\mathbb{Z}$ 的映射, 即 $D: M \to \mathbb{Z}$. 如果除了有限个点 $p \in M$ 之外, 均有 $D(p) = 0$, 则称 D 为 M 上的一个**因子**.

通常我们用一个形式和 $\sum\limits_{p\in M} D(p)\cdot p$ 来表示 M 上的因子 D. 如果 $D(p) \geqslant 0, \forall\, p \in M$, 则称 D 为 M 上的**有效因子**, 记为 $D \geqslant 0$. 用 $\overline{\mathcal{D}}$ 表示 M 上全体因子组成的集合.

在 $\overline{\mathcal{D}}$ 中可以自然地引入群的运算: 设 $D_1, D_2 \in \overline{\mathcal{D}}$, 即

$$D_1 = \sum_{p\in M} D_1(p)\cdot p, \quad D_2 = \sum_{p\in M} D_2(p)\cdot p,$$

定义

$$D_1 + D_2 = \sum_{p\in M} (D_1(p) + D_2(p))\cdot p,$$

$$D_1 - D_2 = \sum_{p\in M} (D_1(p) - D_2(p))\cdot p.$$

在这些运算下, $\overline{\mathcal{D}}$ 构成一个交换群, 称为**因子群**.

定义从 $\overline{\mathcal{D}}$ 到整数加群 $\mathbb{Z}$ 的同态如下:

$$\begin{aligned} d: \overline{\mathcal{D}} &\to \mathbb{Z}, \\ D &\mapsto \sum_{p\in M} D(p). \end{aligned}$$

$d(D) = \sum\limits_{p\in M} D(p)$ 称为因子 D 的**次数**.

例 3.1.1 亚纯函数诱导的因子.

设 f 为黎曼曲面 M 上的亚纯函数, f 决定了一个因子 (f), 定义如下:

$$(f)=\sum_{p\in M}\nu_p(f)\cdot p.$$

f 诱导的因子 (f) 具有如下性质:

(1) 如果 M 为紧致黎曼曲面, 则 $d((f))=0$. 这是留数公式的推论.

(2) $(f\cdot g)=(f)+(g)$, $(f/g)=(f)-(g)$. 这可从定义直接得到.

定义 3.1.2 如果 M 为紧致黎曼曲面, f 为 M 上的亚纯函数, 则称 (f) 为一个**主要因子**. 记 $\mathcal{P}=\{(f)\,|\,f\in\mathfrak{M}(M)\}$, $\mathcal{P}$ 为因子群的子群, 称为**主要因子群**.

根据主要因子的定义我们知道 $\mathcal{P}\subset\mathrm{Ker}d$, 因此 d 诱导了 $\overline{\mathcal{D}}/\mathcal{P}$ 到 $\mathbb{Z}$ 的同态. 商群 $\overline{\mathcal{D}}/\mathcal{P}$ 称为**因子类群**, 记为 $\mathcal{D}$. 设 $D,D'\in\overline{\mathcal{D}}$, 如果 $D-D'\in\mathcal{P}$, 则称 D 与 D' **线性等价**, 记为 $D\cong D'$.

例 3.1.2 亚纯微分诱导的因子.

设 ω 为黎曼曲面 M 上的亚纯微分, ω 也决定了 M 上的一个因子, 记为 (ω), 定义如下:

$$(\omega)=\sum_{p\in M}\nu_p(\omega)\cdot p.$$

如果 ω' 为另一亚纯微分, 则有

$$\begin{aligned}(\omega)-(\omega')&=\sum_{p\in M}(\nu_p(\omega)-\nu_p(\omega'))\cdot p\\&=\sum_{p\in M}\nu_p(\omega/\omega')\cdot p\\&=(\omega/\omega'),\end{aligned}$$

这里 ω/ω' 是 M 上的亚纯函数. 这说明 (ω) 和 (ω') 线性等价, 记它们在因子类群中的等价类为 K, 称为**典范因子(类)**.

定义 3.1.3 设 M 为紧致黎曼曲面, D 为 M 上的一个因子, 定义

$$l(D) = \{f \in \mathfrak{M}(M) \,|\, (f) + D \geqslant 0\},$$
$$i(D) = \{\omega \in \mathfrak{K}(M) \,|\, (\omega) - D \geqslant 0\}.$$

$l(D)$ 和 $i(D)$ 分别是亚纯函数域 $\mathfrak{M}(M)$ 和亚纯微分空间 $\mathfrak{K}(M)$ 的子集. 下面的引理表明, 它们都是有限维的复向量空间.

引理 3.1.1 $l(D)$ 和 $i(D)$ 具有以下性质:

(i) $l(D)$ 和 $i(D)$ 为复向量空间. 如果 $D \cong D'$, 则 $l(D)$ 与 $l(D')$ 线性同构, $i(D)$ 与 $i(D')$ 线性同构.

(ii) $l(D)$ 和 $i(D)$ 为有限维复向量空间.

(iii) 如果 K 为典范因子, 则 $i(D)$ 与 $l(K-D)$ 线性同构.

证明 (i) 设 $f, g \in l(D)$, 则由 $\nu_p(f+g) \geqslant \min\{\nu_p(f), \nu_p(g)\}$ 和 $(f)+D \geqslant 0$, $(g)+D \geqslant 0$ 知 $\nu_p(f+g)+D(p) \geqslant 0$, $\forall\, p \in M$. 这说明 $f+g \in l(D)$. 如果 $\lambda \in \mathbb{C}$, $f \in l(D)$, 则显然 $\lambda f \in l(D)$. 因此 $l(D)$ 为复向量空间.

如果 $D' = D + (f_0)$, 其中 $f_0 \in \mathfrak{M}(M)$, 则

$$(f) + D' \geqslant 0 \Longleftrightarrow (f) + D + (f_0) \geqslant 0 \Longleftrightarrow (ff_0) + D \geqslant 0,$$

从而映射

$$\phi : l(D') \to l(D),$$
$$f \mapsto ff_0$$

为线性同构.

对于 $i(D)$ 的证明是完全类似的, 留作习题.

(ii) 将因子 D 写成两个有效因子的差:

$$D = D_1 - D_2, \quad D_1 \geqslant 0,\ D_2 \geqslant 0.$$

显然, $l(D) \subset l(D_1)$. 我们证明对于有效因子 D_1, $\dim l(D_1) < \infty$. 对 $d(D_1)$ 进行归纳.

当 $d(D_1) = 0$ 时, $D_1 = 0$, 此时

$$l(D_1) = l(0) = \{f \in \mathfrak{M}(M) \,|\, (f) \geqslant 0\}$$
$$= \{M \text{ 上的全纯函数}\} = \mathbb{C}.$$

假设当 $d(D_1)=m$ 时, $\dim l(D_1)<\infty$. 当 $d(D_1)=m+1$ 时, 可设

$$D_1=n\cdot p+\cdots,\quad n>0.$$

记

$$A_{D_1}=\{f\in l(D_1)\,|\,\nu_p(f)>-n\},$$

$$B_{D_1}=\{f\in l(D_1)\,|\,\nu_p(f)=-n\}.$$

显然

$$A_{D_1}\cup B_{D_1}=l(D_1),\quad 且\quad A_{D_1}\subset l(D_1-p).$$

由归纳假设, $\dim A_{D_1}<\infty$. 如果 $B_{D_1}\neq\varnothing$, 取 $f_0\in B_{D_1}$. 设 z 为 p 附近的局部坐标函数, $z(p)=0$. 在 p 附近 f_0 有如下展开式:

$$f_0(z)=a_{-n}z^{-n}+a_{-n+1}z^{-n+1}+\cdots,\quad a_{-n}\neq 0.$$

任取 $f\in B_{D_1}$, f 都有类似的展开式, 从而存在 $\lambda\in\mathbb{C}$, 使得 $f-\lambda f_0\in A_{D_1}$. 这说明 $l(D_1)=\mathrm{span}\{f_0,A_{D_1}\}$. 特别地, 有

$$\dim l(D_1)\leqslant\dim A_{D_1}+1<\infty.$$

由数学归纳法, 我们就证明了 $l(D)$ 总是有限维的复向量空间.

对于 $i(D)$ 的证明是完全类似的, 留作习题.

(iii) 设典范因子 K 由 M 上的非零亚纯微分 ω 生成, 此时有

$$(\eta)-D\geqslant 0\Longleftrightarrow(\eta)-(\omega)+(\omega)-D\geqslant 0\Longleftrightarrow(\eta/\omega)+K-D\geqslant 0.$$

这说明映射

$$\psi:i(D)\to l(K-D),$$
$$\eta\mapsto\eta/\omega$$

为线性同构. □

从上面引理的证明我们还得到如下推论:

推论 3.1.2 设 M 为紧致黎曼曲面, 则

(i) 对于有效因子 D, 有 $\dim l(D)\leqslant d(D)+1$;

(ii) 特别地, $\dim l(p) \leqslant 2, \forall\, p \in M$, 并且等号成立的充分必要条件是 M 与黎曼球面 $\mathbb{S}$ 同构;

(iii) $\dim \mathcal{H} < \infty$, 其中 $\mathcal{H}$ 是 M 上全纯 1 形式的全体组成的复向量空间.

证明 从上面引理的归纳证明即可看出 (i) 成立. 特别地, 有

$$\dim l(p) \leqslant d(p) + 1 = 2, \quad \forall\, p \in M.$$

如果对于某个 $p \in M$, $\dim l(p) = 2$, 则存在 $f \in l(p)$, 且 f 不是常值函数. 由 $(f) + p \geqslant 0$ 知, f 以 p 为唯一的极点, 且这个极点为单极点. 这说明, 作为分歧覆盖, $f: M \to \mathbb{S}$ 是一一的全纯映射, 即 f 是从 M 到 $\mathbb{S}$ 的全纯同构. 这就证明了 (ii).

对于 (iii), 如果 $\mathcal{H} = \{0\}$, 则没什么要证的. 否则, 任取一个非零全纯微分 ω, 它生成的典范因子 $K = (\omega)$ 是一个有效因子. 此时有

$$\dim \mathcal{H} = \dim i(0) = \dim l(K) \leqslant d(K) + 1.$$

特别地, $\mathcal{H}$ 是有限维复向量空间. □

习 题 3.1

1. 设 D 为黎曼曲面 M 上的因子. 证明: 如果 $d(D) < 0$, 则

$$l(D) = \{0\}.$$

2. 设 z 为 $\mathbb{C}$ 上的标准复坐标. 证明: 将 z 看成黎曼球面 $\mathbb{S}$ 上的亚纯函数后其诱导的因子为 $(z) = 0 - \infty$.

3. 设 p, q 为黎曼球面 $\mathbb{S}$ 上两个不同的点. 证明: 存在亚纯函数 f, 使得 $(f) = p - q$.

4. 设 D 为黎曼球面 $\mathbb{S}$ 上的因子. 证明: D 为主要因子当且仅当

$$d(D) = 0.$$

5. 设 M 为紧致黎曼曲面, D_1, D_2 为 M 上的因子, 其中 D_2 为有效因子. 证明:

$$\dim l(D_1 + D_2) \leqslant \dim l(D_1) + d(D_2).$$

6. 证明: 如果紧致黎曼曲面 M 上存在处处非零的全纯 1 形式, 则 $\dim \mathcal{H} = 1$.

§3.2 Hodge 定 理

设 M 为黎曼曲面. 我们回忆一下, $A^q(M)$ 表示 M 上 q 次微分形式组成的复线性空间, $q=0,1$. 我们有线性算子

$$d: A^q(M) \to A^{q+1}(M) \quad 和 \quad *: A^1(M) \to A^1(M).$$

另外, 我们有微分形式空间的分解

$$A^1(M) = A^{1,0}(M) \oplus A^{0,1}(M),$$

其中 $A^{1,0}(M)$ 为 $(1,0)$ 形式的全体, $A^{0,1}(M)$ 为 $(0,1)$ 形式的全体, 并且

$$*\omega = -\sqrt{-1}\,\omega, \quad \forall\, \omega \in A^{1,0}(M),$$
$$*\omega = \sqrt{-1}\,\omega, \quad \forall\, \omega \in A^{0,1}(M).$$

定义 3.2.1 设 ω 为 1 形式. 如果 ω 和 $*\omega$ 均为闭形式, 则称 ω 为**调和形式**.

调和形式具有如下性质:

(1) 全纯形式必为调和形式. 事实上, 如果 ω 为全纯形式, 则 ω 和 $*\omega = -\sqrt{-1}\,\omega$ 均为闭形式.

(2) 调和形式是全纯形式当且仅当它是 $(1,0)$ 型的调和形式.

我们将调和 1 形式的全体组成的线性空间记为 H^1. 下面的引理进一步说明了调和形式和全纯形式之间的关系.

引理 3.2.1 $H^1 = \mathcal{H} \oplus \overline{\mathcal{H}}$, 其中 $\overline{\mathcal{H}} = \{\overline{\omega} \mid \omega \in \mathcal{H}\}$ 是全纯形式空间 $\mathcal{H}$ 的共轭空间.

证明 如果 $\omega \in \mathcal{H}$, 则 $\overline{\omega}$ 为 $(0,1)$ 形式, $*\overline{\omega} = \sqrt{-1}\,\overline{\omega}$. 因为 ω 是闭形式, 所以 $\overline{\omega}$ 和 $*\overline{\omega}$ 也是闭形式. 这说明 $\overline{\mathcal{H}} \subset H^1$, 从而

$$\mathcal{H} \oplus \overline{\mathcal{H}} \subset H^1.$$

反之, 设 $\omega \in H^1$, 则 ω 可写为

$$\omega = \frac{\omega + \sqrt{-1}\,*\omega}{2} + \frac{\omega - \sqrt{-1}\,*\omega}{2}.$$

因为

$$*\left(\frac{\omega+\sqrt{-1}*\omega}{2}\right)=\frac{1}{2}(*\omega-\sqrt{-1}\,\omega)=-\sqrt{-1}\left(\frac{\omega+\sqrt{-1}*\omega}{2}\right),$$
$$*\left(\frac{\omega-\sqrt{-1}*\omega}{2}\right)=\frac{1}{2}(*\omega+\sqrt{-1}\,\omega)=\sqrt{-1}\left(\frac{\omega-\sqrt{-1}*\omega}{2}\right),$$

故 $\dfrac{\omega+\sqrt{-1}*\omega}{2}$ 为 $(1,0)$ 形式, 且为闭形式. 根据上面的性质, 它是全纯形式. 同理, $\dfrac{\omega-\sqrt{-1}*\omega}{2}\in\overline{\mathcal{H}}$. 这说明 $H^1\subset\mathcal{H}\oplus\overline{\mathcal{H}}$. 故

$$H^1=\mathcal{H}\oplus\overline{\mathcal{H}}.$$

□

从这个引理我们看到, 对于紧致黎曼曲面, H^1 为有限维向量空间. 为了更进一步研究调和形式和全纯形式, 我们在 1 形式空间 $A^1(M)$ 中引入内积运算.

设 M 为紧致黎曼曲面, $\omega_1,\omega_2\in A^1(M)$, **定义内积**

$$(\omega_1,\omega_2)=\int_M\omega_1\wedge*\overline{\omega}_2.$$

在局部坐标下, 如果 $\omega_1=u_1dz+v_1d\bar{z}$, $\omega_2=u_2dz+v_2d\bar{z}$ 分别为 ω_1, ω_2 的局部表示, 则

$$\omega_1\wedge*\overline{\omega}_2=\sqrt{-1}\,(u_1\bar{u}_2+v_1\bar{v}_2)dz\wedge d\bar{z}.$$

由此容易看出, 内积 $(\cdot,\cdot)$ 为 $A^1(M)$ 上恰当地定义的 Hermite 内积. 对于 $\omega\in A^1(M)$, 定义它在此内积下的范数为

$$\|\omega\|=\sqrt{(\omega,\omega)}.$$

引理 3.2.2 设 M 为紧致黎曼曲面, $(\cdot,\cdot)$ 是 $A^1(M)$ 上的内积, 则

(i) 如果 ω 为 M 上的调和形式, 那么 $(\omega,df)=0$, $\forall\ f\in A^0(M)$. 特别地, 调和形式是恰当形式当且仅当它为零.

(ii) 如果 $\omega=\omega_0+df$ 为闭形式, 其中 ω_0 为调和形式, $f\in A^0(M)$, 那么 $\|\omega\|\geqslant\|\omega_0\|$, 且等号成立当且仅当 $\omega=\omega_0$.

证明　(i) 因为 $(\cdot,\cdot)$ 为 Hermite 内积, 我们只要证明 $(df,\omega)=0$ 即可. 由于 ω 为调和形式, 故 $*\omega$ 为闭形式. 利用 Stokes 积分公式, 我们有

$$(df,\omega)=\int_M df\wedge *\overline{\omega}=\int_M d(f*\overline{\omega})=0.$$

如果 ω 为调和形式, 且 $\omega=dh$, 则

$$\|\omega\|^2=(\omega,\omega)=(dh,\omega)=0,$$

从而只能 $\omega=0$.

(ii) 利用 (i), 我们有

$$\begin{aligned}\|\omega\|^2&=(\omega_0+df,\omega_0+df)\\&=(\omega_0,\omega_0)+(df,\omega_0)+(\omega_0,df)+(df,df)\\&=\|\omega_0\|^2+\|df\|^2\geqslant\|\omega_0\|^2,\end{aligned}$$

且等号成立当且仅当 $df=0$, 即 $\omega=\omega_0$. □

从这个引理我们看到, 调和形式和恰当形式在 $A^1(M)$ 中是正交的; 在 M 的一个 de Rham 上同调类中, 如果存在调和形式作为代表, 则这个调和形式的范数最小, 并且同一个 de Rham 上同调类中最多只能有一个调和形式作为代表. 进一步, 我们有如下重要的分解定理:

定理 3.2.3 (Hodge 定理)　*设 M 为紧致黎曼曲面, 则对任意 $\omega\in A^1(M)$, 存在唯一的 $\omega_h\in H^1$, 以及在相差一个常数意义下唯一的光滑函数 $f,g\in A^0(M)$, 使得*

$$\omega=\omega_h+df+*dg.$$

这个重要定理的证明参见本书附录 B. 我们现在从这个定理出发推导一些今后需要的推论. 首先, 容易看到上述定理中的分解在内积 $(\cdot,\cdot)$ 下是一个正交分解. 如果 ω 为闭形式, 则它的分解将没有第三项. 这是因为, 此时 $*dg$ 为闭形式, 于是

$$\|*dg\|^2=\int_M *dg\wedge **d\bar{g}=\int_M d(\bar{g}*dg)=0,$$

从而 $*dg=0$. 因此, 任何 de Rham 上同调类中总存在唯一的调和代表元.

推论 3.2.4 设 M 为紧致黎曼曲面, 则 $H^1_{dR}(M)$ 与 H^1 线性同构.

证明 定义映射 $\Phi: H^1_{dR}(M) \to H^1$ 为

$$\Phi([\omega]) = \omega_h.$$

根据刚才的讨论, Φ 是恰当地定义的线性映射, 并且它既是单射又是满射, 因而为线性同构. □

特别地, 从推论 3.2.4 可得

$$\dim H^1_{dR}(M) = \dim H^1 = 2\dim \mathcal{H}.$$

记 $\dim \mathcal{H}$ 为 g, 则 g 为拓扑不变量, 称为 M 的**亏格**. 例如, 黎曼球面 $\mathbb{S}$ 的亏格为 0, 黎曼环面 $\mathbb{C}/\Lambda$ 的亏格为 1.

推论 3.2.5 设 M 为紧致黎曼曲面, $n \geqslant 1$ 为正整数. 任取 $p \in M$, 设 B 为 p 附近的坐标邻域, z 为 B 上的坐标映射, $z(p) = 0$, 则存在 M 上的亚纯微分 η, 使得 η 以 p 为唯一极点, 且在 p 附近有

$$\eta = d\Big(\frac{1}{z^n}\Big) + \eta_h,$$

其中 η_h 是 p 附近的全纯微分.

证明 不妨设 $z(B) = \mathbb{D}$, 记 $B_{1/2} = \{q \in B \mid |z(q)| < 1/2\}$. 取 M 上的光滑截断函数 $\rho: M \to \mathbb{R}$, 使得

$$\rho|_{B_{1/2}} \equiv 1, \quad \rho|_{M-B} \equiv 0.$$

通过零延拓, 考虑 $M - \{p\}$ 上如下的 1 形式:

$$\omega' = \begin{cases} d\Big(\rho \cdot \dfrac{1}{z^n}\Big), & q \in B, \\ 0, & q \notin B. \end{cases}$$

在 $B_{1/2}$ 内, $\omega' - \sqrt{-1} * \omega' \equiv 0$. 因此, $\omega' - \sqrt{-1} * \omega'$ 可看成 M 上的光滑 1 形式. 由 Hodge 定理知, 存在 $\omega'_h \in H^1$ 及光滑函数 f, g, 使得

$$\omega' - \sqrt{-1} * \omega' = \omega'_h + df + * dg.$$

令 $\omega = \omega' - df = \sqrt{-1} * \omega' + \omega'_h + * dg$, 则 ω 具有如下性质:

(1) ω 在 $M-\{p\}$ 上为调和形式. 事实上, 由定义知 ω' 为闭形式, 因此 $\omega=\omega'-df$ 为闭形式, 且 $*\omega=-\sqrt{-1}\,\omega'+*\omega_h'-dg$ 也是闭形式.

(2) 在 $B_{1/2}$ 内, $\omega=\omega_h+d\Big(\dfrac{1}{z^n}\Big)$, 其中 ω_h 为 $B_{1/2}$ 中的调和形式. 事实上, 在 $B_{1/2}$ 内, $\omega'=\sqrt{-1}*\omega'=d\Big(\dfrac{1}{z^n}\Big)$, 因而

$$\omega-d\Big(\frac{1}{z^n}\Big)=-df=\omega_h'+*dg.$$

由此易见 $\omega-d\Big(\dfrac{1}{z^n}\Big)$ 在 $B_{1/2}$ 内为调和形式.

令 $\eta=1/2(\omega+\sqrt{-1}*\omega)$. 由 (1), (2) 即知 η 为满足要求的亚纯微分. □

从这个推论我们还可以得到下面两个事实:

(1) 紧致黎曼曲面上典范因子总是存在的;

(2) 紧致黎曼曲面上总存在非平凡的亚纯函数 (只要取两个上述亚纯微分相除即可).

在本节最后, 我们考虑有限维复线性空间 $\mathcal{H}$ 的基. 设 M 为紧致黎曼曲面, 其亏格为 g. 取 $\mathcal{H}$ 在内积 $(\cdot,\cdot)$ 下的一组标准正交基 $\{\phi_1, \phi_2,\cdots,\phi_g\}$. 此时

$$H^1=\mathrm{span}\{\phi_1,\phi_2,\cdots,\phi_g,\bar{\phi_1},\bar{\phi_2},\cdots,\bar{\phi_g}\}.$$

令

$$\begin{aligned}&\phi:\mathcal{H}\to\mathbb{C}^g,\\&\omega\mapsto\Big(\int_M\omega\wedge\bar{\phi}_1,\int_M\omega\wedge\bar{\phi}_2,\cdots,\int_M\omega\wedge\bar{\phi}_g\Big).\end{aligned}$$

根据基的选取我们容易看出 ϕ 为单的线性映射, 从而是一个线性同构.

习 题 3.2

1. 证明: 设 ω 为紧致黎曼曲面 M 上的闭 1 形式, 则 $(\omega,*df)=0$, $\forall\ f\in A^0(M)$.

2. 设 ω 为紧致黎曼曲面 M 上的闭 1 形式. 证明: 如果 $(\omega,df)=0$, $\forall\ f\in A^0(M)$, 则 ω 为调和形式.

3. 设 ω 为紧致黎曼曲面 M 上的闭 1 形式. 证明: 如果 $(\omega,\eta)=0$, $\forall\,\eta\in H^1$, 则 ω 为恰当形式.

4. 设 M 为紧致黎曼曲面, $p\in M$. 证明: $H^1_{dR}(M)$ 和 $H^1_{dR}(M-\{p\})$ 同构.

5. 设 M 为紧致黎曼曲面, p, q 为 M 中的两个不同点, z, w 分别是 p, q 附近的局部坐标映射. 证明: 存在 M 上的亚纯微分, 它以 p, q 为仅有的极点, 且在 p 附近具有奇性部分 $\dfrac{dz}{z}$, 在 q 附近具有奇性部分 $-\dfrac{dw}{w}$.

6. 利用本节知识证明: 亏格为 0 的紧致黎曼曲面必定全纯同构于黎曼球面 $\mathbb{S}$.

§3.3 Riemann-Roch 公式

在本章第一节中, 我们证明了, 对于紧致黎曼曲面上的任何因子 D, $l(D)$, $i(D)$ 均为有限维复向量空间. 在这一节中, 我们利用 Hodge 定理来证明关于这两个有限维向量空间维数的一个重要等式. 它是由 Riemann 和 Riemann 的学生 Roch 得到的.

定理 3.3.1 (Riemann-Roch 公式) *设 M 为紧致黎曼曲面, 其亏格为 g, 则对任何因子 D, 有*

$$\dim l(D)=\dim i(D)+(1-g)+d(D),$$

其中维数都是指复维数.

根据 Hodge 定理的推论, 紧致黎曼曲面 M 上总存在典范因子 K, 因此 Riemann-Roch 公式也可以改写为

$$\dim l(D)-\dim l(K-D)=d(D)+(1-g).$$

下面逐步给出 Riemann-Roch 公式的证明. 首先做一些准备工作. 设 ω 为紧致黎曼曲面 M 上的亚纯微分, 并假设 ω 的所有留数均为零. 设 $p_1,p_2,\cdots,p_k$ 为 ω 的所有极点, 在 p_i 附近取局部坐标邻域 B_i, 使得当 $i\neq j$ 时, $B_i\cap B_j=\varnothing$. 由于

$$\int_{\partial B_i}\omega=2\pi\sqrt{-1}\mathrm{Res}_{p_i}(\omega)=0,$$

因此 ω 在 $B_i-\{p_i\}$ 内为恰当形式, 即存在 $B_i-\{p_i\}$ 内的光滑函数 g_i, 使得 $\omega=dg_i$. 通过使用光滑截断函数以及作零延拓, 在 $M-\{p_1,p_2,\cdots,p_k\}$ 上就得到光滑函数 g, 使得在每个 p_i 附近均有 $\omega=dg$. 此时 $\omega-dg$ 可以看成 M 上的光滑微分形式. 任给 M 上的闭形式 η, 定义**奇异积分** $\int_M \omega\wedge\eta$ 为

$$\int_M \omega\wedge\eta=\int_M(\omega-dg)\wedge\eta.$$

奇异积分具有下列性质:

(1) 奇异积分的定义是恰当的.

事实上, 如果另有 $M-\{p_1,p_2,\cdots,p_k\}$ 上的光滑函数 g', 使得在每个 p_i 附近也有 $\omega=dg'$, 则在 p_i 附近 $d(g-g')=0$, 因此存在常数 c_i, 使得在 p_i 附近 $g-g'=c_i$. 此时有

$$\begin{aligned}\int_M(\omega-dg)\wedge\eta-\int_M(\omega-dg')\wedge\eta&=\int_M d(g'-g)\wedge\eta\\&=\int_{M-\bigcup\limits_i B_i}d(g'-g)\wedge\eta\\&=-\sum_i\int_{\partial B_i}(g'-g)\eta\\&=\sum_i c_i\int_{\partial B_i}\eta=0.\end{aligned}$$

这说明奇异积分的定义是恰当的. 当 ω 没有极点 (即为全纯微分) 时, 奇异积分就是通常的微分形式的积分.

(2) 当 η 为恰当形式时, 有

$$\int_M\omega\wedge\eta=0.$$

事实上, 如果 $\eta=df$, 则有

$$\begin{aligned}\int_M\omega\wedge\eta=\int_M(\omega-dg)\wedge\eta&=\int_M(\omega-dg)\wedge df\\&=-\int_M d(f(\omega-dg))=0.\end{aligned}$$

上式最后用到了 Stokes 积分公式.

(3) $\omega = dg,\ g \in \mathfrak{M}(M) \iff \int_M \omega \wedge \eta = 0$ 对任意闭形式 η 成立.

事实上, 如果存在亚纯函数 g, 使得 $\omega = dg$, 则按奇异积分的定义有

$$\int_M \omega \wedge \eta = \int_M (\omega - dg) \wedge \eta = 0.$$

反之, 假设对任意闭形式 η 均有 $\int_M \omega \wedge \eta = 0$. 我们首先取 $M - \{p_1, p_2, \cdots, p_k\}$ 上的光滑函数 h, 使得在每个 p_i 附近都有 $\omega = dh$, 则 $\omega - dh$ 可视为 M 上的光滑闭形式, 且 $\int_M (\omega - dh) \wedge \eta = 0$ 对任意闭形式 η 成立. 由 Hodge 定理容易看到, 此时闭形式 $\omega - dh$ 必为恰当形式, 即存在 M 上的光滑函数 h', 使得 $\omega - dh = dh'$. 令 $g = h + h'$, 则 $\omega = dg$. 由 ω 为亚纯微分知 g 为 M 上的亚纯函数.

有了奇异积分, 我们可以对前一节推论 3.2.5 中得到的亚纯微分作规范化.

引理 3.3.2 设 M 为紧致黎曼曲面, $n \geqslant 1$ 为正整数. 任取 $p \in M$, 设 B 为 p 附近的坐标邻域, z 为 B 上的坐标映射, $z(p) = 0$, 则存在 M 上的亚纯微分 ω, 使得 ω 以 p 为唯一极点, 且在 p 附近有

$$\omega = d\Big(\frac{1}{z^n}\Big) + \omega_h,$$

其中 ω_h 是 p 附近的全纯微分, 并且

$$\int_M \omega \wedge \bar{\phi}_i = 0, \quad i = 1, 2, \cdots, g,$$

这里 $\{\phi_1, \phi_2, \cdots, \phi_g\}$ 是前一节最后所定义的 $\mathcal{H}$ 的一组基.

证明 根据前一节的推论 3.2.5, 存在亚纯微分 ω', 它满足除奇异积分为零以外的所有条件. 根据前一节最后的一段说明, 映射

$$\begin{aligned} &\phi : \mathcal{H} \to \mathbb{C}^g, \\ &\varphi \mapsto \Big(\int_M \varphi \wedge \bar{\phi}_1, \int_M \varphi \wedge \bar{\phi}_2, \cdots, \int_M \varphi \wedge \bar{\phi}_g\Big) \end{aligned}$$

是线性同构, 因此存在全纯微分 φ, 使得

$$\int_M \varphi \wedge \bar{\phi}_i = \int_M \omega' \wedge \bar{\phi}_i, \quad i = 1, 2, \cdots, g.$$

令 $\omega=\omega'-\varphi$, 则 ω 为满足引理要求的亚纯微分. □

注 不难看出, 满足上述引理条件的亚纯微分 ω 是唯一的.

现在, 我们假设 $D=\sum\limits_{i=1}^{m}n_i\cdot p_i$ 为紧致黎曼曲面 M 上的一个有效因子, 其中 $n_i>0\ (i=1,2,\cdots,m)$. 根据刚才的引理, 存在 M 上的亚纯微分 $\tau_{p_i}^1,\tau_{p_i}^2,\cdots,\tau_{p_i}^{n_i}\ (1\leqslant i\leqslant m)$, 使得在 p_i 附近的坐标邻域 B_i 内有

$$\tau_{p_i}^k=d\left(\frac{1}{z^k}\right)+\eta_i^k,$$

其中 η_i^k 为 B_i 内的全纯微分, 且

$$\int_M\tau_{p_i}^k\wedge\bar{\phi}_j=0,\quad j=1,2,\cdots,g,\ 1\leqslant k\leqslant n_i.$$

显然, $\{\tau_{p_i}^1,\tau_{p_i}^2,\cdots,\tau_{p_i}^{n_i}\}_{i=1}^m$ 是 M 上线性无关的亚纯微分, 记它们张成的复向量空间为 $m(D)$, 则

$$\dim m(D)=\sum_{i=1}^{m}n_i=d(D).$$

引理 3.3.3 *设 D 是 M 上的有效因子, $m(D)$ 如上定义.*

(i) 若 $f\in l(D)$, 则 $df\in m(D)$;

(ii) 若 $\tau\in m(D)$, 则

$$\tau=df,\ f\in l(D)\Longleftrightarrow\int_M\tau\wedge\phi_i=0,\ i=1,2,\cdots,g.$$

证明 (i) 设 $D=\sum\limits_{i=1}^{m}n_i\cdot p_i,\ f\in l(D)$, 则

$$\nu_{p_i}(f)+n_i\geqslant0,\quad i=1,2,\cdots,m.$$

根据 $\tau_{p_i}^k$ 的构造, 存在 $\lambda_i^k\in\mathbb{C}$, 使得 $df-\sum\limits_{i,k}\lambda_i^k\tau_{p_i}^k$ 是 M 上无极点的亚纯微分, 即 $df-\sum\limits_{i,k}\lambda_i^k\tau_{p_i}^k\in\mathcal{H}$. 又因为

$$\int_M\left(df-\sum_{i,k}\lambda_i^k\tau_{p_i}^k\right)\wedge\bar{\phi}_j=0,\quad j=1,2,\cdots,g,$$

故 $df - \sum_{i,k} \lambda_i^k \tau_{p_i}^k = 0$, 即 $df \in \mathrm{span}\{\tau_{p_i}^k\} = m(D)$.

(ii) 必要性的部分在定义奇异积分时已经说明过. 下面设 $\tau \in m(D)$, 且

$$\int_M \tau \wedge \phi_i = 0, \quad i = 1, 2, \cdots, g,$$

于是

$$\int_M \tau \wedge \phi = 0, \quad \forall\, \phi \in H^1.$$

根据奇异积分的性质可知, 存在亚纯函数 f, 使得 $\tau = df$. 由 $m(D)$ 的定义容易看出 $f \in l(D)$. □

根据这个引理我们知道, 外微分算子 d 诱导了线性映射 $d: l(D) \to m(D)$, 并且它的像 $d(l(D))$ 在 $m(D)$ 中满足 g 个线性约束条件, 因此

$$\dim d(l(D)) \geqslant \dim m(D) - g.$$

显然, $\mathrm{Ker} d = \mathbb{C}$, 从而有

$$\dim l(D) = \dim \mathrm{Ker} d + \dim \mathrm{Im} d \geqslant 1 + d(D) - g.$$

这是 Riemann 所获得的不等式, 它给出了 $\dim l(D)$ 的一个下界估计.

为了得到完整的 Riemann-Roch 公式, 我们必须计算出 $\mathrm{Im} d$ 的维数. 为此, 设 $\{\tau_{p_i}^1, \tau_{p_i}^2, \cdots, \tau_{p_i}^{n_i}\}_{i=1}^m$ 是如上构造的 $m(D)$ 的基. 任取 $\varphi \in \mathcal{H}$, 我们来计算 $\int_M \tau_{p_i}^k \wedge \varphi$. 取 p_i 附近的坐标邻域 B_i, 设 z 为 B_i 上的坐标映射, $z(p_i) = 0$. 根据 $\tau_{p_i}^k$ 的构造知, 存在 $M - \{p_i\}$ 上的光滑函数 g, 使得在 p_i 附近 $g = \dfrac{1}{z^k} + f$, 其中 f 为 p 附近的全纯函数, 且在 B_i 内 $\tau_{p_i}^k = dg$. 由奇异积分的定义, 有

$$\begin{aligned}
\int_M \tau_{p_i}^k \wedge \varphi &= \int_M (\tau_{p_i}^k - dg) \wedge \varphi \\
&= \int_{M-B_i} (\tau_{p_i}^k - dg) \wedge \varphi \\
&= -\int_{M-B_i} dg \wedge \varphi = \int_{\partial B_i} g\varphi \\
&= \int_{\partial B_i} \frac{1}{z^k} \varphi.
\end{aligned}$$

如果在 B_i 内 φ 的局部展开式为 $\varphi=\left(\sum_j a_j z^j\right)dz$, 则由上式得

$$\int_M \tau_{p_i}^k\wedge\varphi=2\pi\sqrt{-1}\cdot a_{k-1},\quad k=1,2,\cdots,n_i.$$

定义线性算子 S 如下:

$$\begin{aligned}S:\ &m(D)\to\mathcal{H},\\ &\tau\mapsto\frac{1}{2\pi\sqrt{-1}}\sum_{j=1}^{g}\left(\int_M\tau\wedge\phi_j\right)\cdot\phi_j.\end{aligned}$$

再定义线性算子 T 为

$$\begin{aligned}T:\ &\mathcal{H}\to m(D),\\ &\varphi\mapsto\sum_{i=1}^{m}\sum_{k=1}^{n_i}a_{k-1}^i\cdot\tau_{p_i}^k,\end{aligned}$$

其中 a_k^i 是 φ 在 p_i 附近的坐标邻域 B_i 中展开的系数:

$$\varphi=\left(\sum_k a_k^i z^k\right)dz.$$

我们有如下结果:

引理 3.3.4 设线性算子 S,T 定义如上, 则

(i) $\mathrm{Ker}\ S=\mathrm{Im}\ d$;

(ii) $\mathrm{Ker}\ T=i(D)$;

(iii) $\dim\mathrm{Im}\ S=\dim\mathrm{Im}\ T$.

证明 (i) $\tau\in\mathrm{Ker}\ S\Longleftrightarrow\int_M\tau\wedge\phi_j=0,\ j=1,2,\cdots,g$

$$\Longleftrightarrow\tau\in\mathrm{Im}d.$$

(ii) 回忆 $i(D)$ 的定义: $i(D)=\{\omega\mid(\omega)-D\geqslant0\}$. 因此

$$\omega\in i(D)\Longleftrightarrow\omega\in\mathcal{H},$$

且如果在 p_i 附近 $\omega=\left(\sum_k a_k^i z^k\right)dz$, 则

$$a_k^i=0,\ k\leqslant n_i-1\Longleftrightarrow\omega\in\mathrm{Ker}\ T.$$

(iii) 我们在 $m(D)$ 的基 $\{\tau_{p_i}^k\}$ 和 $\mathcal{H}$ 的基 $\{\phi_j\}$ 下分别计算线性算子 S, T 的矩阵表示. 在 B_i 内, ϕ_j 有局部展开

$$\phi_j = \left(\sum_k a_{jk}^i z^k\right)dz,$$

因此有

$$S(\tau_{p_i}^k) = \frac{1}{2\pi\sqrt{-1}}\sum_{j=1}^{g}\left(\int_M \tau_{p_i}^k \wedge \phi_j\right)\phi_j = \sum_{j=1}^{g} a_{j(k-1)}^i \phi_j,$$

$$T(\phi_j) = \sum_{i=1}^{m}\sum_{k=1}^{n_i} a_{j(k-1)}^i \tau_{p_i}^k.$$

这说明线性算子 S, T 的矩阵互为转置. 特别地, 有

$$\dim \mathrm{Im} S = \dim \mathrm{Im} T. \qquad \square$$

有了上面这些准备, 现在可以给出 Riemann-Roch 公式的证明了. 我们分几种情况讨论:

(1) D 为有效因子. 如果 $D = 0$, 则显然 $l(D) = \mathbb{C}$, $i(D) = \mathcal{H}$, 从而

$$\dim l(D) = 1 = \dim i(D) + (1-g).$$

如果 $D \geqslant 0$, 且 $d(D) > 0$, 则由引理 3.3.4, 有

$$\begin{aligned}
\dim l(D) &= \dim \mathrm{Ker}\ d + \dim \mathrm{Im}\ d \\
&= 1 + \dim \mathrm{Ker}\ S \\
&= 1 + (\dim\ m(D) - \dim \mathrm{Im}\ S) \\
&= 1 + d(D) - \dim \mathrm{Im}\ T \\
&= 1 + d(D) - (\dim\ \mathcal{H} - \dim \mathrm{Ker}\ T) \\
&= 1 + d(D) - (g - \dim i(D)) \\
&= \dim\ i(D) + d(D) + (1-g).
\end{aligned}$$

这说明 Riemann-Roch 公式对有效因子成立.

推论 3.3.5 设 K 为 M 上的典范因子, 则 $d(K) = 2g-2$. 特别地, 亏格为 1 的黎曼曲面上存在处处非零的全纯微分.

证明 如果 $g=0$, 则 M 与黎曼球面 $\mathbb{S}$ 同构 (见习题). 取 $\omega=dz$, 其中 z 为 $\mathbb{C}$ 上的复坐标, 则 $K=(\omega)=-2\infty$. 因此 $d(K)=-2=2g-2$.

如果 $g\geqslant 1$, 则存在非零全纯微分 $\omega\in\mathcal{H}$. 此时 $K=(\omega)\geqslant 0$, 并且

$$l(K)\cong i(0)=\mathcal{H},\quad i(K)\cong l(0)=\mathbb{C}.$$

因此有

$$\begin{aligned}g=\dim\mathcal{H}=\dim l(K)&=\dim i(K)+d(K)+(1-g)\\&=1+d(K)+(1-g).\end{aligned}$$

这说明 $d(K)=2g-2$. □

我们继续证明 Riemann-Roch 公式.

(2) $K-D$ 为有效因子. 这时, 由 (1) 可得

$$\dim l(K-D)=\dim i(K-D)+d(K-D)+(1-g).$$

用 $\dim l(K-D)=\dim i(D)$, $\dim i(K-D)=\dim l(D)$ 及 $d(K)=2g-2$ 代入上式即得

$$\dim l(D)=\dim i(D)+d(D)+(1-g).$$

(3) 设 D 是 M 上的一个一般的因子. 如果 $l(D)\neq\{0\}$, 则存在 $f_0\in l(D)$, 使得 $(f_0)+D\geqslant 0$. 令 $D_0=(f_0)+D$, 则 D_0 为有效因子, 从而 Riemann-Roch 公式对 D_0 成立. 因此 Riemann-Roch 公式对因子 D 也成立. 如果 $i(D)\neq\{0\}$, 则存在 $\omega_0\in i(D)$, 使得 $(\omega_0)-D\geqslant 0$. 令 $D'=(\omega_0)-D$, 则 D' 为有效因子. 根据 (2) 知, Riemann-Roch 公式对因子 D 也成立. 最后, 我们假设 $l(D)=i(D)=\{0\}$, 我们要证明此时必有 $d(D)=g-1$. 事实上, 把 D 写成 $D=D_1-D_2$, 其中 D_1, D_2 为有效因子, 且 D_1, D_2 无公共点. 根据本章 §3.1 的习题, 有

$$\dim l(D_1)\leqslant\dim l(D_1-D_2)+d(D_2)=d(D_2).$$

对有效因子 D_1 运用 Riemann-Roch 公式, 有

$$d(D_2)\geqslant\dim i(D_1)+d(D_1)+(1-g)\geqslant d(D_1)+(1-g).$$

这就得到下面的估计:

$$d(D) = d(D_1) - d(D_2) \leqslant g - 1.$$

对于因子 $K - D$ 也有这个估计, 即

$$d(K - D) \leqslant g - 1.$$

这说明

$$d(D) \geqslant d(K) - (g - 1) = 2g - 2 - (g - 1) = g - 1.$$

于是 $d(D) = g - 1$, 因而 Riemann-Roch 公式对 D 也成立. □

习　题　3.3

1. 设 ω 为黎曼球面 $\mathbb{S}$ 上的亚纯微分. 证明: $\omega = dg$ 且 g 为亚纯函数当且仅当 ω 的留数均为零.

2. 用 Riemann 不等式证明任何紧致黎曼曲面上均存在非平凡亚纯函数.

3. 用 Riemann 不等式证明亏格为零的紧致黎曼曲面必定全纯同构于黎曼球面 $\mathbb{S}$.

4. 证明: 对于任意因子 D, 如果 $d(D) \geqslant -1$, 则有

$$\dim l(D) \leqslant 1 + d(D).$$

5. 证明: 如果因子 D 的次数不小于亏格 g, 则 D 线性等价于一个有效因子.

§3.4　若 干 应 用

本节我们给出 Riemann-Roch 公式的一些具体应用.

一、 Bergman 度量

定理 3.4.1　*设 M 为紧致黎曼曲面, 其亏格 $g > 0$, 则对任意 $p \in M$, 均存在全纯微分 ω, 使得 $\omega(p) \neq 0$.*

证明　用反证法. 假设不然, 则存在 $p \in M$, 使得 $\omega(p) = 0$, $\forall\, \omega \in \mathcal{H}$. 此时 $\mathcal{H} \subset i(p) = \{\omega \,|\, (\omega) - p \geqslant 0\} \subset \mathcal{H}$, 从而 $\mathcal{H} = i(p)$. 由 Riemann-Roch 公式, 有

$$\begin{aligned}\dim l(p) &= \dim i(p) + d(p) + (1-g) \\ &= \dim \mathcal{H} + d(p) + (1-g) \\ &= g + 1 + (1-g) = 2.\end{aligned}$$

这说明 M 与 $\mathbb{S}$ 同构, 从而 M 的亏格为 0. 这和假设相矛盾. □

根据这个定理, 如果 $g \geqslant 1$, 设 $\{\phi_1, \phi_2, \cdots, \phi_g\}$ 为 $\mathcal{H}$ 的一组标准正交基, 令

$$G = \sum_{i=1}^{g} \phi_i \otimes \bar{\phi}_i,$$

则 G 为 M 上非退化的 Hermite 度量 (参见第五章). 容易看出, G 与标准正交基的选取无关, 称为 **Bergman 度量**. 特别地, 如果 $g = 1$, 则 Bergman 度量为平坦度量, 从而 M 的万有复迭空间同构于 $\mathbb{C}$. 这就说明, 亏格为 1 的紧致黎曼曲面必和某个黎曼环面 $\mathbb{C}/\Lambda$ 同构. 关于度量和相关的曲面的几何性质, 我们将在本书第五章中详细讨论.

二、 亚纯函数的丰富性

定理 3.4.2 设 M 为紧致黎曼曲面, 其亏格为 g, D 为 M 上的因子.

(i) 当 $d(D) \geqslant 2g - 1$ 时, $\dim l(D) = d(D) + (1 - g)$;

(ii) 当 $d(D) = g + n$, $n > 0$ 时, $\dim l(D) \geqslant 1 + n$, 且 $g = 0$ 时等号成立.

证明 (i) 当 $d(D) \geqslant 2g - 1$ 时,

$$d(K - D) = d(K) - d(D) = 2g - 2 - d(D) < 0,$$

从而 $i(D) \cong l(K - D) = \{0\}$. 由 Riemann-Roch 公式, 有

$$\begin{aligned}\dim l(D) &= \dim i(D) + d(D) + (1-g) \\ &= d(D) + (1-g).\end{aligned}$$

(ii) 当 $d(D) = g + n$, $n > 0$ 时, 由 Riemann-Roch 公式, 有

$$\begin{aligned}\dim l(D) &= \dim i(D) + d(D) + (1-g) \\ &\geqslant d(D) + (1-g) \\ &= g + n + (1-g) = 1 + n.\end{aligned}$$

当 $g=0$ 时, 由 (i) 知

$$\dim l(D)=d(D)+(1-g)=g+n+(1-g)=1+n. \qquad \square$$

这个定理告诉我们, 紧致黎曼曲面上有很多亚纯函数. 特别地, 我们有如下推论:

推论 3.4.3 设 M 为紧致黎曼曲面, 其亏格为 g, 则

(i) 任给 $p\in M$, 存在亚纯函数 f, 使得 f 以 p 为唯一极点, 且重数 $\leqslant g+1$;

(ii) 任给 $p\in M$, 存在亚纯函数 f, 使得 f 以 p 为唯一零点, 且重数 $\leqslant g+1$;

(iii) 任给 $p\neq q\in M$, 存在亚纯函数 f, 使得 $f(p)\neq f(q)$;

(iv) 任给 $p\in M$, 存在亚纯函数 f, 使得 $f(p)=0$, 且 p 为单零点;

(v) 当 $g>1$ 时, 存在亚纯函数 f, 使得 f 的分歧覆盖叶数 $\leqslant g$.

证明 (i) 令 $D=(g+1)p$, 则由定理 3.4.2 中的 (ii) 知, $\dim l(D)\geqslant 2$. 因此, $l(D)$ 中存在非常值亚纯函数 f. f 即为所求.

(ii) 设 f 是 (i) 中的亚纯函数, 则 $1/f$ 满足 (ii) 的要求.

(iii) 对于 $p\in M$, 设 f 是 (i) 中得到的亚纯函数, 则

$$f(p)=\infty\in\mathbb{S},\quad f(q)\in\mathbb{C}.$$

(iv) 任取 $q\neq p$, 令 $D=(2g+1)q-p$, 则

$$d(D)=2g,\quad d(D-p)=2g-1.$$

显然, $l(D-p)\subset l(D)$. 根据定理 3.4.2 中的 (i) 知

$$\dim l(D)=d(D)+(1-g)=g+1,$$

$$\dim l(D-p)=d(D-p)+(1-g)=g,$$

从而存在 $f\in l(D)$, $f\notin l(D-p)$. 这就说明 f 以 p 为单零点.

(v) 取 M 上的非零全纯微分 ω, 则

$$K=(\omega)\geqslant 0,\quad 且\quad d(K)=2g-2>0.$$

令 $K = D_1 + D_2$, $D_1 \geqslant 0$, $D_2 \geqslant 0$, 且 $d(D_1) = g$, $d(D_2) = g - 2 \geqslant 0$. 由 Riemann-Roch 公式, 有

$$\begin{aligned}\dim l(D_1) &= \dim l(K - D_1) + d(D_1) + (1 - g)\\ &= \dim l(D_2) + g + (1 - g)\\ &\geqslant 1 + g + (1 - g) = 2.\end{aligned}$$

因此, $l(D_1)$ 中存在非常值的亚纯函数 f. f 即为所求. □

三、 亚纯函数域

定义 3.4.1 设 K 为复系数域. 如果存在 $z \in K$, 使得 z 对于 $\mathbb{C}$ 是超越元素, 且 $[K : \mathbb{C}(z)] < \infty$, 则称 K 为**一元代数函数域**.

设 M 为紧致黎曼曲面, $f \in \mathfrak{M}(M)$ 为非常值亚纯函数, 则 f 对于 $\mathbb{C}$ 显然是超越元素. 我们有

定理 3.4.4 设 M 为紧致黎曼曲面, 则 $\mathfrak{M}(M)$ 为一元代数函数域. 进一步, 如果 z 为 M 上的有 n 个极点的亚纯函数, 则

$$[\mathfrak{M}(M) : \mathbb{C}(z)] = n.$$

对于定理 3.4.4, 我们分别证明

$$[\mathfrak{M}(M) : \mathbb{C}(z)] \leqslant n \quad 和 \quad [\mathfrak{M}(M) : \mathbb{C}(z)] \geqslant n.$$

设 $(z) = Z_z - P_z$, 其中 Z_z 表示 z 的零点集, P_z 表示 z 的极点集. 令 $A = \{dz\ 的零点\}$, 取 $a \in \mathbb{S} - \{z(A), \infty\}$, 则 $z - a$ 只有单零点, $(z - a)^{-1}$ 只有单极点. 由于 $\mathbb{C}(z) = \mathbb{C}\left(\dfrac{1}{z - a}\right)$, 必要时用 $(z - a)^{-1}$ 取代 z, 我们可以假设 $P_z = p_1 + p_2 + \cdots + p_n$ 由 n 个不同的点组成.

引理 3.4.5 $[\mathfrak{M}(M) : \mathbb{C}(z)] \leqslant n$.

证明 设 $\omega_1, \omega_2, \cdots, \omega_m \in \mathfrak{M}(M)$, 且它们关于 $\mathbb{C}(z)$ 线性无关. 下面证明 $m \leqslant n$. 无妨设 $\{\omega_i\}_{i=1}^m$ 的极点均在 $\{p_1, p_2, \cdots, p_n\}$ 之内. 事实上, 若 $\{q_1, q_2, \cdots, q_s\}$ 是 $\{\omega_i\}_{i=1}^m$ 的在 $\{p_1, p_2, \cdots, p_n\}$ 之外的所有极点, 记 $a_j = z(q_j)$ $(j = 1, 2, \cdots, s)$, 并令

$$u = (z - a_1)(z - a_2)\cdots(z - a_s),$$

则 $u\omega_1, u\omega_2, \cdots, u\omega_s$ 的极点都在 $\{p_1, p_2, \cdots, p_n\}$ 之内, 并且 $u\omega_1, u\omega_2, \cdots, u\omega_s$ 关于 $\mathbb{C}(z)$ 仍然线性无关.

现在考虑 $(r+1)m$ 个亚纯函数 $z^j \cdot \omega_i\ (i=1,2,\cdots,m; j=0,1,\cdots,r)$. 取充分大的 k, 使得

$$z^j \cdot \omega_i \in l((k+r)P_z), \quad \forall\ i, j.$$

k 可以选取得与 r 无关. 当 k 充分大时, 由定理 3.4.2, 有

$$\dim l((k+r)P_z) = (k+r)n + (1-g).$$

注意到 $\{z^j \cdot \omega_i\}$ 为 $l((k+r)P_z)$ 中复线性无关的函数, 从而有

$$(r+1)m \leqslant (k+r)n + (1-g).$$

这就得到下面的估计:

$$m \leqslant \frac{k+r}{r+1}n + \frac{1-g}{r+1}.$$

在上式中令 $r \to \infty$, 就得 $m \leqslant n$. □

引理 3.4.6 $[\mathfrak{M}(M) : \mathbb{C}(z)] \geqslant n$.

证明 如同上一个引理那样, 可以假设 z 的极点均为单极点. 取 $q \in M - \{p_1, p_2, \cdots, p_n\}$ 及 $k \geqslant 2g-1+n$. 由定理 3.4.2, 有

$$\dim l(kq - (p_1 + p_2 + \cdots + p_{i-1})) = 1 + \dim l(kq - (p_1 + p_2 + \cdots + p_i)).$$

因此存在 $\omega_i \in l(kq - (p_1+p_2+\cdots+p_{i-1})) - l(kq - (p_1+p_2+\cdots+p_i))$, 使得

$$\omega_i(p_1) = \omega_i(p_2) = \cdots = \omega_i(p_{i-1}), \quad \omega_i(p_i) \in \mathbb{C}^*.$$

我们只需证明 $\omega_1, \omega_2, \cdots, \omega_n$ 关于域 $\mathbb{C}(z) = \mathbb{C}\left(\frac{1}{z}\right)$ 线性无关. 用反证法. 假设不然, 则存在 $\alpha_i \in \mathbb{C}\left(\frac{1}{z}\right)$, 使得

$$\sum_{i=1}^{n} \alpha_i \omega_i = 0. \tag{3.1}$$

设 β 是 $\alpha_1, \alpha_2, \cdots, \alpha_n$ 的分母的最小公倍数. 令 $\gamma_i = \beta\alpha_i$, 则

$$\sum_{i=1}^{n} \gamma_i \omega_i = 0, \quad \gamma_i \in \mathbb{C}\left[\frac{1}{z}\right], \ i = 1, 2, \cdots, n.$$

设 d 是 $\gamma_1,\gamma_2,\cdots,\gamma_n$ 的最大公因子, 用 $1/d$ 乘以上式, 将系数 γ_i/d 仍记为 α_i. 此时 $\alpha_i\in\mathbb{C}\left[\dfrac{1}{z}\right]$, 且 α_i 无非平凡公共因子. 因此, α_i 中至少有一个具有非零常数项. 故存在 $r\leqslant n$, 使得 $\alpha_1,\alpha_2,\cdots,\alpha_{r-1}$ 的常数项为零, 而 α_r 的常数项非零. 在点 p_r 上, 因为 $\dfrac{1}{z}$ 为零, 故

$$\alpha_1(p_r)=\alpha_2(p_r)=\cdots=\alpha_{r-1}(p_r)=0.$$

而由 ω_i 的取法可知

$$\omega_{r+1}(p_r)=\omega_{r+2}(p_r)=\cdots=\omega_n(p_r)=0.$$

代入 (3.1) 式, 得

$$\alpha_r(p_r)\cdot\omega_r(p_r)=0.$$

这和 $\alpha_r(p_r)\neq 0$, $\omega_r(p_r)\neq 0$ 相矛盾! □

以上两个引理结合起来就证明了紧致黎曼曲面的亚纯函数域是一个一元代数函数域. 以黎曼球面 $\mathbb{S}$ 为例, 取 z 为 $\mathbb{C}$ 上的标准复坐标, 把它看成 $\mathbb{S}$ 上的亚纯函数, 根据上面的证明就有

$$[\mathfrak{M}(\mathbb{S}):\mathbb{C}(z)]=1,$$

即 $\mathfrak{M}(\mathbb{S})=\mathbb{C}(z)$. 这是我们在第二章 §2.3 中证明过的结论. 下面考虑黎曼环面 $\mathbb{C}/\Lambda$. 任取 $p\in\mathbb{C}/\Lambda$, 由定理 3.4.2, 有

$$\dim l(2p)=d(2p)+(1-g)=2.$$

因此 $l(2p)$ 中存在非常值的亚纯函数 f, 它以 p 为唯一极点, 且重数 $\leqslant 2$. 因为重数不可能为 1 (否则黎曼曲面必为黎曼球面), 故 f 以 p 为双极点. 因此

$$[\mathfrak{M}(\mathbb{C}/\Lambda):\mathbb{C}(f)]=2.$$

下面我们用另一种办法将本小节的主要结果加以推广. 这个推广涉及初等对称函数的构造. 设 $z:M\to N$ 为紧致黎曼曲面之间的非常值全纯映射, 则 z 为分歧覆盖, 其重数记为 n. 假设 f 为 M 上的亚纯函数. 我们构造 N 上的 n 个亚纯函数 $c_i(f)$ $(i=1,2,\cdots,n)$ 如下: 设 $q\in N$ 不是 z 的分歧值, 取其开邻域 V, 使得

$$z^{-1}(V)=U_1\cup U_2\cup\cdots\cup U_n,$$

其中 $U_i\ (i=1,2,\cdots,n)$ 为 M 中互不相交的开集, 且 $z:U_i\to V$ 为全纯同构. 令 $f_i=f\circ(z|_{U_i})^{-1}\ (i=1,2,\cdots,n)$, 则 f_i 为 V 上的亚纯函数. 考虑关于变量 x 的 n 次多项式

$$\prod_{i=1}^{n}(x-f_i)=x^n+c_1x^{n-1}+\cdots+c_n,$$

其系数 $c_i=c_i(f)$ 是关于 $f_i\ (i=1,2,\cdots,n)$ 的初等对称多项式. 不难看出, c_i 的定义与邻域 V 的选取无关, 且可延拓为 N 上的亚纯函数.

任给 $g\in\mathfrak{M}(N)$, 复合函数 $z^*g=g\circ z$ 为 M 上的亚纯函数. 因此, $z^*\mathfrak{M}(N)$ 可以看成 $\mathfrak{M}(M)$ 的子域. 根据上面的构造, 对任意的 $f\in\mathfrak{M}(M)$, 有

$$f^n+(z^*c_1)f^{n-1}+\cdots+(z^*c_{n-1})f+z^*c_n=0.$$

这说明 $\mathfrak{M}(M)$ 是 $z^*\mathfrak{M}(N)$ 的代数扩张, 且扩张次数不超过 n.

另外, 设 q 不是 z 的分歧值, 则 $z^{-1}(q)=\{p_1,p_2,\cdots,p_n\}$ 由 n 个互不相同的点组成. 我们可以取 M 上的一个亚纯函数 f, 使得 $f(p_i)$ 互不相同 (参见第六小节中的引理 3.4.17), 则 f 关于 $z^*\mathfrak{M}(N)$ 的极小多项式的次数必定不小于 n. 总之, 我们得到下面的定理:

定理 3.4.7 设 $z:M\to N$ 为紧致黎曼曲面之间的非常值全纯映射, z 的重数为 n, 则

$$[\mathfrak{M}(M):z^*\mathfrak{M}(N)]=n.$$

显然, 当 $N=\mathbb{S}$ 时, $z^*\mathfrak{M}(N)=\mathbb{C}(z)$, 因此这个结果是前面定理的推广. 下面我们来说明亚纯函数域完全决定了黎曼曲面本身.

定义 3.4.2 设 K 为域, $K^*=K-\{0\}$ 为 K 中非零元素组成的乘法群. 如果群同态

$$v:\ K^*\to\mathbb{Z}$$

是满同态, 且

$$v(f+g)\geqslant\min\{v(f),v(g)\},\quad\forall\ f,\ g\in K^*,$$

则称 v 为 K 上的一个 (离散) **赋值**.

通常我们规定 $v(0)=+\infty$. 显然, 如果 p 为 M 上的点, 则先前对于亚纯函数定义的赋值映射 ν_p 就是 M 的亚纯函数域上的一个赋值.

赋值具有如下性质:

(1) $v(1)=0, v(-1)=0, v(f)=v(-f)$.

(2) 当 $v(f)\neq v(g)$ 时, $v(f+g)=\min\{v(f),v(g)\}$.

事实上, 不妨设 $v(f)<v(g)$, 则

$$\begin{aligned}v(f)=v(f+g-g)&\geqslant \min\{v(f+g),v(-g)\}\\&\geqslant \min\{\min\{v(f),v(g)\},v(g)\}\\&=\min\{v(f),v(g)\}=v(f).\end{aligned}$$

因此上述不等号均为等号. 特别地, 有

$$v(f)=\min\{v(f+g),v(g)\}=v(f+g).$$

(3) 如果 $\mathbb{C}\subset K$, 则 $v(c)=0, \forall\, c\in\mathbb{C}^*$.

这可由等式 $v(c)=n\cdot v(c^{1/n})$ 推出, 因为: 若 $v(c)\neq 0$, 则 $v(c^{1/n})\neq 0$. 令 $n\to\infty$ 可导出矛盾.

下面我们来刻画亚纯函数域上的赋值.

命题 3.4.8 设 M 为紧致黎曼曲面, v 为亚纯函数域 $\mathfrak{M}(M)$ 上的赋值, 则存在唯一的 $p\in M$, 使得 $v=\nu_p$.

证明 取亚纯函数 h, 使得 $v(h)=1$. 显然 h 不是常值函数. 根据赋值映射的性质, 如果 $a\in\mathbb{C}^*$, 则 $v(h-a)=0$. 因此, 如果 r 为有理函数, 则

$$v(r(h))=\nu_0(r).$$

记 h 的零点为 $p_1,p_2,\cdots,p_n$. 任取亚纯函数 f, 则 f 满足方程

$$f^n+r_1(h)f^{n-1}+\cdots+r_n(h)=0,$$

其中 $r_i\ (i=1,2,\cdots,n)$ 为有理函数. 这说明

$$nv(f)\geqslant \min\{\nu_0(r_i)+(n-i)v(f)\ (i=1,2,\cdots,n)\}.$$

如果 $v(f)<0$, 则存在 i, 使得 $\nu_0(r_i)<0$. 因为 $r_i(0)$ 是 f 在 $p_1,p_2,\cdots,p_n$ 处取值的初等对称函数, 因而 f 必以某个 p_j 为极点. 同理, 讨论

$1/f$ 即知, 如果 $v(f) > 0$, 则 f 以某个 p_k 为零点. 将 $\{p_1, p_2, \cdots, p_n\}$ 中互不相同的点重新记为 $q_1, q_2, \cdots, q_m$. 选取亚纯函数 g, 使得 g 在 $\{q_i\}$ 处均全纯, $g(q_i)$ 为互不相同的非零复数, 且 $dg(q_i)$ 均不为零 (见第六小节中的引理 3.4.17). 刚才的讨论表明 $v(g) = 0$. 考虑函数

$$h\prod_{i=1}^{m}(g - g(q_i))^{-\nu_{q_i}(h)}.$$

它在 $\{q_i\}$ 处均全纯, 且取值非零, 因而其赋值为零. 因此

$$1 = v(h) = \sum_{i=1}^{m}\nu_{q_i}(h)v(g - g(q_i)).$$

因为 $v(g - g(q_i)) \geqslant 0$, 故存在唯一的 q_k, 使得

$$v(g - g(q_k)) = 1 = \nu_{q_k}(h), \quad v(g - g(q_j)) = 0, \quad j \neq k.$$

对任意的亚纯函数 f, 考虑函数

$$f\prod_{i=1}^{m}(g - g(q_i))^{-\nu_{q_i}(f)}.$$

其赋值为零, 因此

$$v(f) = \sum_{i=1}^{m}\nu_{q_i}(f)v(g - g(q_i)) = \nu_{q_k}(f).$$

这就证明了命题 (命题中 p 的唯一性是显然的). □

定理 3.4.9 设 M, N 为紧致黎曼曲面, $\varphi: \mathfrak{M}(N) \to \mathfrak{M}(M)$ 为域同态, 且限制在 $\mathbb{C}$ 上为恒同同态, 则存在唯一的全纯映射 $h: M \to N$, 使得

$$\varphi = h^*.$$

证明 设 $p \in M$, 在 $\mathfrak{M}(N)$ 上定义赋值 v_p 为

$$v_p(f) = \nu_p(\varphi(f)), \quad f \in \mathfrak{M}(N).$$

根据命题 3.4.8, 存在唯一的点 $h(p) \in N$, 使得 $v_p = \nu_{h(p)}$, 即

$$\nu_p(\varphi(f)) = \nu_{h(p)}(f), \quad f \in \mathfrak{M}(N). \tag{3.2}$$

这样就得到了映射 $h: M \to N$. 我们说明

$$\varphi(f)(p) = f(h(p)), \quad f \in \mathfrak{M}(N),\ p \in M.$$

由 (3.2) 式知, 当 $h(p)$ 为 f 的零点或极点时, 上式成立. 一般地, 设 $c \in \mathbb{C}$, 有

$$\begin{aligned} f(h(p)) = c &\Longleftrightarrow \nu_{h(p)}(f-c) > 0 \\ &\Longleftrightarrow \nu_p(\varphi(f-c)) = \nu_p(\varphi(f)-c) > 0 \\ &\Longleftrightarrow \varphi(f)(p) = c. \end{aligned}$$

下面说明 h 为连续映射. 如果不然, 则存在点列 $\{p_n\} \subset M$, 使得 $p_n \to p_0 \in M$, $h(p_n) \to q \in N$ 且 $q \neq h(p_0) = q_0$. 而对 N 上任意的亚纯函数 f, 均有

$$\begin{aligned} f(q) &= \lim_{n\to\infty} f(h(p_n)) = \lim_{n\to\infty} \varphi(f)(p_n) \\ &= \varphi(f)(p_0) = f(h(p_0)) = f(q_0), \end{aligned}$$

从而 f 不能区分 q 与 q_0. 这和推论 3.4.3 相矛盾.

h 也是全纯映射. 事实上, 任取 $p \in M$, 选择 N 上的亚纯函数 f, 使得 f 在 $h(p)$ 的某坐标圆盘 U 内是一一全纯的. 显然 $\varphi(f)$ 不是常值函数 (φ 作为域同态是单的, 且在 $\mathbb{C}$ 上为恒同映射). 选取 p 在 M 中的开邻域 V, 使得 $h(V) \subset U$, 且 $\varphi(f)(V) \subset f(U)$, 于是由 (3.2) 式得

$$h(p') = f^{-1} \circ \varphi(f)(p'), \quad \forall\, p' \in V.$$

因此 h 是全纯的. □

推论 3.4.10 如果 φ 为域同构, 则 h 为黎曼曲面之间的全纯同构.

四、 椭圆函数

定义 3.4.3 设 $M = \mathbb{C}/\Lambda$ 为黎曼环面, 亚纯函数域 $\mathfrak{M}(M)$ 中的函数称为**椭圆函数**.

我们也可以这样来描述椭圆函数: 设 $\Lambda = \langle 1, \tau \rangle$ 是由 1 和 τ ($\mathrm{Im}\tau > 0$) 生成的 $\mathbb{C}$ 中的离散加群, $\pi: \mathbb{C} \to \mathbb{C}/\Lambda$ 为商投影. $\mathbb{C}/\Lambda$ 上的椭圆函

数 f 也可以看成 $\mathbb{C}$ 上的满足下面条件的亚纯函数：

$$f(z)=f(1+z)=f(\tau+z).$$

满足上述条件的函数也称为**双周期函数**. 也就是说, $\mathbb{C}$ 上的双周期亚纯函数也称为椭圆函数.

现在我们考虑 $\mathbb{C}/\Lambda$ 上的一个特殊的椭圆函数. 根据前一小节的讨论, 存在亚纯函数 $\mathfrak{p}$, 使得它以 $[0]$ 为唯一极点, 极点重数为 2. $\mathfrak{p}$ 看成 $\mathbb{C}$ 上的双周期亚纯函数时以 Λ 为极点集, 且都是双极点. 在原点 0 附近, $\mathfrak{p}$ 有如下 Laurent 展开：

$$\mathfrak{p}=a_{-2}z^{-2}+a_{-1}z^{-1}+a_0+a_1z+a_2z^2+\cdots.$$

由于在 $\mathbb{C}/\Lambda$ 上 $[0]$ 为 $\mathfrak{p}$ 的唯一极点, dz 为 $\mathbb{C}/\Lambda$ 上处处非零的全纯微分, 故由留数公式, 有

$$0=\sum_p \mathrm{Res}_p(\mathfrak{p}dz)=a_{-1}.$$

因此, 通过减去常数 a_0 及除以 a_{-2}, $\mathfrak{p}$ 可以归化为下面的样子：

$$\mathfrak{p}=z^{-2}+a_1z+a_2z^2+\cdots.$$

下面来说明, 上述表达式中奇数次幂的系数 a_{2i-1} $(i=1,2,\cdots)$ 全为零. 事实上, $\mathbb{C}$ 上的亚纯函数 $\mathfrak{p}(z)-\mathfrak{p}(-z)$ 没有极点, 同时又是双周期函数, 因而是有界全纯函数. 这说明 $\mathfrak{p}(z)-\mathfrak{p}(-z)$ 为常数. 由于在原点 0 处它取值为零, 故 $\mathfrak{p}(z)-\mathfrak{p}(-z)\equiv 0$. 这说明 $a_{2i-1}=0$ $(i=1,2,\cdots)$.

这些讨论表明, $\mathfrak{p}$ 有如下展开式：

$$\mathfrak{p}=z^{-2}+a_2z^2+a_4z^4+\cdots+a_{2n}z^{2n}+\cdots.$$

对 z 求导数, 我们得到

$$\begin{aligned}\mathfrak{p}'(z)&=-2z^{-3}+2a_2z+4a_4z^3+\cdots,\\ [\mathfrak{p}'(z)]^2&=4z^{-6}-8a_2z^{-2}-16a_4+\cdots,\\ [\mathfrak{p}(z)]^3&=z^{-6}+3a_2z^{-2}+3a_4+\cdots,\end{aligned}$$

而因此, $(\mathfrak{p}')^2-4\mathfrak{p}^3+20a_2\mathfrak{p}+28a_4$ 是没有极点的双周期函数. 因它在原点 0 处为零, 故恒为零, 即

$$(\mathfrak{p}')^2=4\mathfrak{p}^3-20a_2\mathfrak{p}-28a_4.$$

定理 3.4.11 (Weierstrass 定理)　$\mathbb{C}/\Lambda$ 上的亚纯函数由 $\mathfrak{p}$ 和 $\mathfrak{p}'$ 生成, 即

$$\mathfrak{M}(\mathbb{C}/\Lambda)=\mathbb{C}(\mathfrak{p},\mathfrak{p}').$$

证明　一方面, 根据定理 3.4.4, 我们有

$$[\mathfrak{M}(\mathbb{C}/\Lambda):\mathbb{C}(\mathfrak{p})]=2.$$

另一方面, $\mathfrak{p}'$ 是奇函数, 因此 $\mathfrak{p}'\notin\mathbb{C}(\mathfrak{p})$. 刚才的讨论说明 $\mathfrak{p}'$ 对于 $\mathbb{C}(\mathfrak{p})$ 的极小多项式为 $f(y)=y^2-4\mathfrak{p}^3+20a_2\mathfrak{p}+28a_4$, 从而有

$$[\mathbb{C}(\mathfrak{p})(\mathfrak{p}'):\mathbb{C}(\mathfrak{p})]=2.$$

这说明

$$\mathfrak{M}(\mathbb{C}/\Lambda)=\mathbb{C}(\mathfrak{p})(\mathfrak{p}')=\mathbb{C}(\mathfrak{p},\mathfrak{p}'),$$

即椭圆函数都是由 $\mathfrak{p}$ 和 $\mathfrak{p}'$ 生成的. □

为了方便起见, 记 $g_2=20a_2$, $g_3=28a_4$. 从上面的讨论我们知道, 椭圆函数 $\mathfrak{p}$ 是由 g_2, g_3 完全决定的. 下面来说明 g_2, g_3 不能是任意的复数. 同样地, 为了方便起见, 以下记 $\Lambda=\langle\omega_1,\omega_2\rangle$.

引理 3.4.12　设 $\mathfrak{p}$ 是如上讨论的椭圆函数, 则

(i) $\mathfrak{p}'$ 的零点为 $\dfrac{\omega_1}{2}$, $\dfrac{\omega_2}{2}$ 及 $\dfrac{\omega_1+\omega_2}{2}$, 且它们都是单零点;

(ii) $\mathfrak{p}\left(\dfrac{\omega_1}{2}\right)$, $\mathfrak{p}\left(\dfrac{\omega_2}{2}\right)$ 及 $\mathfrak{p}\left(\dfrac{\omega_1+\omega}{2}\right)$ 为互不相同的复数.

证明　(i) 由 $\mathfrak{p}(z)=\mathfrak{p}(-z)=\mathfrak{p}(-z+\omega_i)$ $(i=1,2)$ 知

$$\mathfrak{p}\left(\frac{\omega_i}{2}+z\right)=\mathfrak{p}\left(\omega_i-\left(\frac{\omega_i}{2}+z\right)\right)=\mathfrak{p}\left(\frac{\omega_i}{2}-z\right).$$

上式在 $z=0$ 处即给出

$$\mathfrak{p}'\left(\frac{\omega_i}{2}\right)=0,\quad i=1,2.$$

同理, $\wp'\Big(\dfrac{\omega_1+\omega_2}{2}\Big)=0$. 由于 $\wp'$ 以 $[0]$ 为 3 重极点, 故 $\wp'$ 的零点个数为 3. 这说明 $\dfrac{\omega_1}{2}$, $\dfrac{\omega_2}{2}$ 及 $\dfrac{\omega_1+\omega_2}{2}$ 均为单零点.

(ii) 记 e_1, e_2, e_3 为 3 次多项式 $4w^3-g_2w-g_3$ 的 3 个根, 则

$$(\wp')^2=4\wp^3-g_2\wp-g_3=4(\wp-e_1)(\wp-e_2)(\wp-e_3).$$

由 (i) 知

$$\Big\{\wp\Big(\frac{\omega_1}{2}\Big),\ \wp\Big(\frac{\omega_2}{2}\Big),\ \wp\Big(\frac{\omega_1+\omega}{2}\Big)\Big\}\subset\{e_1,\ e_2,\ e_3\}.$$

不妨设 $\wp\left(\dfrac{\omega_1}{2}\right)=e_1$. 因为 $\wp'\left(\dfrac{\omega_1}{2}\right)=0$, 故 $\dfrac{\omega_1}{2}$ 在 $\wp$ 下覆盖 e_1 两次. 又因为 $\wp$ 是双叶分歧覆盖, 故 $e_1\neq e_2, e_3$. 同理, $e_2\neq e_3$. □

根据此引理可知, 多项式 $4w^3-g_2w-g_3$ 的 3 个根互不相同, 因此其判别式 $\Delta_0=g_2^3-27g_3^2\neq 0$. 反之, 椭圆函数的理论告诉我们, 如果 $g_2^3-27g_3^2\neq 0$, 则一定存在黎曼环面 $\mathbb{C}/\Lambda$, 使得其对应的椭圆函数 $\wp_\Lambda$ 有展开式

$$\wp_\Lambda=\frac{1}{z^2}+a_2z^2+a_4z^4+\cdots,$$

其中 $g_2=20a_2$, $g_3=28a_4$.

五、 嵌入定理

定义 3.4.4 设 M 为具有可数拓扑基和 Hausdorff 性质的拓扑空间. 若存在 M 的开覆盖 $\{U_\alpha\}_{\alpha\in\Gamma}$ 及每个开集 U_α 上的连续映射 $\phi_\alpha: U_\alpha\to\mathbb{C}^n$, 它们满足如下条件:

(i) $\phi_\alpha(U_\alpha)$ 为 $\mathbb{C}^n$ 中的开集, $\phi_\alpha:\ U_\alpha\to\phi_\alpha(U_\alpha)$ 为同胚;

(ii) 如果 $U_\alpha\cap U_\beta\neq\varnothing$, 那么转换映射 $\phi_\alpha\circ\phi_\beta^{-1}:\phi_\beta(U_\alpha\cap U_\beta)\to\phi_\alpha(U_\alpha\cap U_\beta)$ 为全纯映射,

则称 M 为 n **维复流形**.

这里的转换映射 $\phi_\alpha\circ\phi_\beta^{-1}$ 是 $\mathbb{C}^n$ 中开集之间的映射, 它为全纯映射是指它的每一个分量为多复变的全纯函数, 而一个多复变函数为全纯函数是指它关于每一个变量为单变量全纯函数.

显然, 黎曼曲面就是 1 维复流形. 和黎曼曲面的情形一样, 我们可以完全类似地定义复流形之间的全纯映射和双全纯映射 (全纯同构) 的概念.

例 3.4.1 $\mathbb{C}^n$ 及 $\mathbb{C}^n$ 中的开集显然都是 n 维复流形.

特别地,

$$B^n = \left\{ (z_1, z_2, \cdots, z_n) \in \mathbb{C}^n \,\middle|\, \sum_{i=1}^{n} |z_i|^2 < 1 \right\}$$

和 $\mathbb{D}^n = \mathbb{D} \times \mathbb{D} \cdots \times \mathbb{D}$ (n 个圆盘之积) 都是 n 维复流形, 它们都是单连通的. 然而, 当 $n > 1$ 时, 这两个单连通的 n 维复流形不是全纯同构的. 因此, 单值化定理不能直接地推广到一般维数的复流形上.

例 3.4.2 复投影空间 $\mathbb{C}P^n$.

我们定义

$$\mathbb{C}P^n = \mathbb{C}^{n+1} - \{0\}/\sim,$$

其中等价关系 $\sim$ 定义如下:

$$z \sim w \Longleftrightarrow \exists\ \lambda \in \mathbb{C}^*, \text{ s.t. } z = \lambda \cdot w.$$

记 $\pi: \mathbb{C}^{n+1} - \{0\} \to \mathbb{C}P^n$ 为商投影, $\mathbb{C}P^n$ 上的拓扑为商拓扑. 对于 $0 \leqslant i \leqslant n$, 定义 $\mathbb{C}P^n$ 中的开集 U_i 如下:

$$U_i = \{[z_0, z_1, \cdots, z_n] = [z] \in \mathbb{C}P^n \mid z_i \neq 0\}.$$

U_i 上的局部坐标映射定义为

$$\begin{aligned} \phi_i : U_i &\to \mathbb{C}^n, \\ [z] &\mapsto (z_0/z_i, z_1/z_i, z_2/z_i, \cdots, z_{i-1}/z_i, z_{i+1}/z_i, \cdots, z_n/z_i). \end{aligned}$$

容易验证, 在开覆盖 $\{U_i\}_{i=0}^n$ 和坐标映射 $\{\phi_i\}_{i=0}^n$ 之下 $\mathbb{C}P^n$ 成为一个 n 维紧致复流形.

下面我们讨论黎曼曲面如何嵌入到复投影空间中去的问题.

定义 3.4.5 设 M, N 分别是维数为 m 和 n ($m \leqslant n$) 的复流形, $f: M \to N$ 为全纯映射. 任取 $x \in M$, 如果存在 x 附近的局部坐标

映射 ϕ 及 $f(x)$ 附近的局部坐标映射 ψ, 使得复合映射 $\psi\circ f\circ\phi^{-1}$ 的 Jacobi 矩阵在 $\phi(x)$ 处的秩为 m, 则称 x 为 f 的一个**非奇异点**, 或称 f 在 x 处**非退化**. 如果 f 在 M 上处处非退化, 则称 f 为**全纯浸入**. 单的全纯浸入称为**全纯嵌入**.

易见, 上述定义和局部坐标映射的选取无关.

例 3.4.3 乘积嵌入.

定义映射 $\sigma:\mathbb{C}P^2\times\mathbb{C}P^1\to\mathbb{C}P^5$ 如下:

$$\sigma([z],[w])=[z_0w_0,z_0w_1,z_1w_0,z_1w_1,z_2w_0,z_2w_1],$$

$$\forall\ [z]=[z_0,z_1,z_2]\in\mathbb{C}P^2,\quad [w]=[w_0,w_1]\in\mathbb{C}P^1.$$

按定义不难验证 σ 为全纯映射, 且为全纯嵌入 (留作习题).

为了讨论黎曼曲面到复投影空间的嵌入, 我们首先要构造从黎曼曲面到投影空间的全纯映射. 设 M 为黎曼曲面, $f_0,f_1,\cdots,f_n$ 为 M 上的非零亚纯函数, 用如下方式定义全纯映射 $(f_0:f_1:\cdots:f_n):M\to\mathbb{C}P^n$:

任取 $p\in M$, 如果 p 不是任何 f_i 的极点, 也不是 f_i 的公共零点, 则令

$$(f_0:f_1:\cdots:f_n)(p)=[f_0(p),f_1(p),\cdots,f_n(p)].$$

显然, 上式在 p 附近都可以如此定义, 并且在 p 附近这样定义的映射是全纯的. 如果 p 为某个 f_i 的极点或为 f_i 的公共零点, 则令 $\nu=\min\{\nu_p(f_0),\nu_p(f_1),\cdots,\nu_p(f_n)\}$, 再取 p 附近的局部坐标映射 z, 使得 $z(p)=0$, 并定义

$$(f_0:f_1:\cdots:f_n)(p)=[(z^{-\nu}f_0)(p),(z^{-\nu}f_1)(p),\cdots,(z^{-\nu}f_n)(p)].$$

易见, 这个定义与坐标映射的选取无关, 并且在 p 附近都可以这样定义, 定义出来的映射还是全纯的.

引理 3.4.13 设 $f_0,f_1,\cdots,f_n$ 为黎曼曲面 M 上的非零亚纯函数, 在 $p\in M$ 附近全纯. 如果存在 $i\neq j$, 使得 $f_i(p)\neq 0$, $\nu_p(f_j)=1$, 则 p 是如上构造的全纯映射 $(f_0:f_1:\cdots:f_n):M\to\mathbb{C}P^n$ 的一个非奇异点.

证明 不失一般性, 假设 $f_0(p) \neq 0$, $\nu_p(f_1) = 1$. 选取 p 附近的局部坐标映射 z, 使得 $z(p) = 0$. 记 $f = (f_0 : f_1 : \cdots : f_n)$. 由 f 的构造可知 $f(p) \in U_0$, 其中

$$U_0 = \{[z_0, z_1, \cdots, z_n] \in \mathbb{C}P^n \mid z_0 \neq 0\}.$$

在 U_0 上取坐标映射 ϕ:

$$\phi([z_0, z_1, \cdots, z_n]) = (z_1/z_0, z_2/z_0, \cdots, z_n/z_0).$$

f 在坐标映射 z 和 ϕ 下有如下局部表示:

$$\phi \circ f(z) = (f_1(z)/f_0(z), f_2(z)/f_0(z), \cdots, f_n(z)/f_0(z)),$$

并且

$$\left.\frac{\partial}{\partial z}\right|_0 (f_1/f_0) = \frac{1}{f_0(p)} \frac{\partial}{\partial z} f_1(p) \neq 0.$$

这说明 p 为 f 的一个非奇异点. □

这个引理给出了一个判断非奇异点的有效办法. 下面的引理给出了判断非奇异点和单射的办法.

引理 3.4.14 (i) 设 M, N, N' 为复流形, $f : M \to N$ 为全纯映射, $\phi : N \to N'$ 为全纯嵌入. 如果 $p, q \in M$, $f(p) \neq f(q)$, 则 $\phi \circ f(p) \neq \phi \circ f(q)$; 如果 p 是 f 的非奇异点, 则 p 也是 $\phi \circ f$ 的非奇异点.

(ii) 设 M 为黎曼曲面, $B \subset \mathfrak{M}(M)$ 为子向量空间, $\{g_i\}_{i=0}^n$ 和 $\{h_i\}_{i=0}^n$ 为 B 的两组基, 则当

$$(g_0 : g_1 : \cdots : g_n)(p) \neq (g_0 : g_1 : \cdots : g_n)(q)$$

时, 也有

$$(h_0 : h_1 : \cdots : h_n)(p) \neq (h_0 : h_1 : \cdots : h_n)(q),$$

且当 p 为 $(g_0 : g_1 : \cdots : g_n)$ 的非奇异点时, p 也为 $(h_0 : h_1 : \cdots : h_n)$ 的非奇异点.

证明 (i) 根据定义, 结论都是显然的.

(ii) 设 $(h_0, h_1, \cdots, h_n)^{\mathrm{T}} = A \cdot (g_0, g_1, \cdots, g_n)^{\mathrm{T}}$, 则 A 为 $n+1$ 阶复的非退化方阵, 它可以看成线性变换 $A : \mathbb{C}^{n+1} \to \mathbb{C}^{n+1}$, 从而诱导了双全纯映射 $A' : \mathbb{C}P^n \to \mathbb{C}P^n$. 容易验证

$$(h_0 : h_1 : \cdots : h_n) = A' \circ (g_0 : g_1 : \cdots : g_n),$$

因此要证明的结论由 (i) 即可导出. □

有了这些准备, 我们可以把任何紧致黎曼曲面全纯地嵌入到复投影空间中.

定理 3.4.15 (嵌入定理) *设 M 为紧致黎曼曲面, 其亏格为 g, 则存在全纯嵌入 $\varphi : M \to \mathbb{C}P^{g+1}$.*

证明 任取 $p \in M$, 考虑因子 $D = (2g+1)p$. 由定理 3.4.2, 有

$$\dim l(D) = d(D) + (1-g) = g+2.$$

设 $\{h_0, h_1, \cdots, h_{g+1}\}$ 为 $l(D)$ 的一组基, 定义 $\varphi = (h_0 : h_1 : \cdots : h_{g+1}) : M \to \mathbb{C}P^{g+1}$. 下面说明 φ 为全纯嵌入. 注意, 当 $g=0$ 时, 可以取 $h_0 = 1$, h_1 为 $l(p)$ 中非平凡亚纯函数, 此时 $\varphi = h_1$ 为全纯同构. 因此下面假设 $g \geqslant 1$.

设 $q, q' \in M$, $q \neq q'$. 首先来证明 $\varphi(q) \neq \varphi(q')$. 为此, 令 $D_1 = D - q$, $D_2 = D - q - q'$, 则

$$l(D_2) \subset l(D_1) \subset l(D), \quad \dim l(D_2) = g = \dim l(D_1) - 1.$$

取 $f_1 \in l(D_1) - l(D_2)$. 不妨假设 $q \neq p$. 此时 $f_1(q) = 0$, $f_1(p) = \infty$, 从而 f_1 为非平凡亚纯函数, 因此可以把 $\{1, f_1\}$ 扩充成 $l(D)$ 的一组基 $\{f_0 = 1, f_1, \cdots, f_{g+1}\}$. 令 $\psi = (1 : f_1 : \cdots : f_{g+1})$, 由引理 3.4.14, 只要证明 $\psi(q) \neq \psi(q')$ 即可. 我们分两种情况讨论:

(1) $q' \neq p$. 此时, $f_1(q) = 0$, $f_1(q') = a \neq 0$. 而 $i \geqslant 2$ 时, f_i 在 q, q' 附近全纯. 因此

$$\psi(q) = [1, 0, \cdots] \neq [1, a, \cdots] = \psi(q').$$

(2) $q' = p$. 此时, f_i 在 q 附近全纯, 以 p 为极点, 故

$$\psi(q) = [1, \cdots] \neq [0, \cdots] = \psi(p).$$

总之, φ 为单射.

其次, 我们证明 M 上的点都是非奇异点. 任取 $q \in M$, 令 $D_1 = D - q$, $D_2 = D - 2q$, 同理, 存在 $f_1 \in l(D_1) - l(D_2)$, f_1 为非平凡亚

纯函数. 扩充 $\{1, f_1\}$ 为 $l(D)$ 的基 $\{f_0 = 1, f_1, \cdots, f_{g+1}\}$. 令 $\psi = (1 : f_1 : \cdots : f_{g+1})$, 我们要证明 q 为 ψ 的非奇异点. 讨论如下:

(1) $q \neq p$. 由 f_1 的定义知, f_1 以 q 为单零点. 根据引理 3.4.13 知, q 是 ψ 的非奇异点.

(2) $q = p$. 此时, $D_1 = (2g)p$, $D_2 = (2g-1)p$. 由 f_1 的定义知 $\nu_p(f_1) = -2g$. 在扩充 $\{1, f_1\}$ 时, 不妨取 $f_2 \in l(D) - l(D_1)$, 则 $\nu_p(f_2) = -(2g+1)$. 设 z 为 p 附近的局部坐标映射, $z(p) = 0$. 由定义, ψ 在 p 附近可写成

$$\psi = [z^{2g+1}, z^{2g+1} f_1, z^{2g+1} f_2, \cdots, z^{2g+1} f_{g+1}].$$

由于 $z^{2g+1} f_1$ 以 p 为单零点, $z^{2g+1} f_2$ 在 p 处非零, 由引理 3.4.13 知, p 为 ψ 的非奇异点. □

六、 平面曲线

定义 3.4.6 设 P 为 $\mathbb{C}^3$ 中的齐次多项式, 则 $\{[z] \in \mathbb{C}P^2 \mid P(z) = 0\}$ 是 $\mathbb{C}P^2$ 中的子集, 称为**平面曲线**.

下面我们证明任何紧致黎曼曲面都可实现为 $\mathbb{C}P^2$ 中的平面曲线, 并由此进一步把任何紧致黎曼曲面全纯嵌入到 $\mathbb{C}P^5$ 中.

设 M 为紧致黎曼曲面, $z : M \to \mathbb{S}$ 为 M 上有 n 个极点的亚纯函数, 则存在亚纯函数 f, 使得 $\mathfrak{M}(M) = \mathbb{C}(z, f)$, 且 f 对于 $\mathbb{C}(z)$ 的极小多项式 Q 的次数为 n:

$$Q(f) = f^n + r_1(z) f^{n-1} + \cdots + r_n(z) = 0, \quad r_i(z) \in \mathbb{C}(z),\ i = 1, 2, \cdots, n.$$

利用通分, 我们可以得到互素的复系数多项式 $S_i(z)$, 使得

$$P(z, f) = S_0(z) f^n + S_1(z) f^{n-1} + \cdots + S_n(z) = 0,$$

其中 $P(x, y) = S_0(x) y^n + S_1(x) y^{n-1} + \cdots + S_n(x) \in \mathbb{C}[x, y]$. 定义 P 的齐次化多项式 $P_0(w, x, y)$ 为

$$P_0(w, x, y) = w^m \cdot P(x/w, y/w),$$

其中 m 为 P 的次数, P_0 为 m 次齐次多项式, 且 $P_0(1, x, y) = P(x, y)$. 下面我们来研究由 P_0 决定的平面曲线.

记 $U_0 = \{[z_0, z_1, z_2] \mid z_0 \neq 0\} = \{[1, z_1, z_2] \mid z_1, z_2 \in \mathbb{C}\} \subset \mathbb{C}P^2$，定义

$$M^* = \{[w, x, y] \in \mathbb{C}P^2 \mid P_0(w, x, y) = 0\},$$
$$M_0^* = M^* \cap U_0 = \{[1, x, y] \in \mathbb{C}P^2 \mid P(x, y) = 0\}.$$

我们有如下结论：

(1) $P_0(w, x, y)$在 $\mathbb{C}P^2$ 中无孤立零点. 事实上, 如果 $P_0(w_1, x_1, y_1) = 0$, 不妨设 $x_1 \neq 0$, 由 P_0 的齐次性知, $(w_1/x_1, 1, y_1/x_1)$ 也是 P_0 的零点, 即 $(w_1/x_1, y_1/x_1)$ 是多项式 $R(w, y) = P_0(w, 1, y)$ 的零点. R 在 $\mathbb{C}^2$ 中没有孤立零点, 因此 $[w, x, y]$ 也不是 P_0 的孤立零点.

(2) $M^* - M_0^*$ 只含有有限多个点. 特别地, 有 $\overline{M_0^*} = M^*$. 用反证法. 如果不然, 则齐次多项式 $P_0(0, x, y)$ 在 $\mathbb{C}P^2$ 中有无穷多个解, 因此多项式 $P_0(0, x, 1)$ 或 $P_0(0, 1, x)$ 有无穷多个根. 这说明 $P_0(0, x, y) \equiv 0$, 与 P_0 的定义相矛盾.

(3) 记 $A = \{z, f \text{ 的极点}\} \cup \{dz, df \text{ 的零点}\}$, A 为有限集合. 任给 $p, q \in M - A, p \neq q$, 必有 $z(p) \neq z(q)$ 或 $f(p) \neq f(q)$. 用反证法. 如果不然, 设 $z(p) = z(q)$, $f(p) = f(q)$. 由 A 的定义知, z 和 f 在 p 和 q 上的重数都为 1. 任取 $h \in \mathfrak{M}(M) = \mathbb{C}(z, f)$, 存在多项式 $\alpha(x, y)$, $\beta(x, y) \in \mathbb{C}[x, y]$, 使得 $h = \alpha(z, f)/\beta(z, f)$. 此时有

$$h(p) = \frac{\alpha(z(p), f(p))}{\beta(z(p), f(p))} = \frac{\alpha(z(q), f(q))}{\beta(z(q), f(q))} = h(q).$$

这与任何两点均可由亚纯函数区分的结论 (推论 3.4.3) 相矛盾!

(4) 设 A 如上定义, 记 $B = z(A) \subset \mathbb{S}$, 显然 B 也是有限集. 如果 $c \in \mathbb{C} - B$, $z^{-1}(c) = \{p_1, p_2, \cdots, p_n\}$, 则 $\{f(p_1), f(p_2), \cdots, f(p_n)\}$ 是 $P(c, y) = 0$ 的 n 个不同的根. 事实上, 因为 $z(p_i) = c$, 故

$$P(c, f(p_i)) = P(z(p_i), f(p_i)) = P(z, f)(p_i) = 0,$$

即每个 $f(p_i)$ 都是 $P(c, y) = 0$ 的根. 而每个 $p_i \in M - A$, 且 $z(p_1) = z(p_2) = \cdots = z(p_n) = c$, 由 (3) 就知道 $f(p_i) \neq f(p_j)$, $\forall\, i \neq j$.

有了这些性质, 我们就可以证明下面的定理了.

定理 3.4.16 设 M 为紧致黎曼曲面, 则存在平面曲线 M^* 和全纯映射 $\varphi: M \to \mathbb{C}P^2$, 使得 $\varphi(M) = M^*$, 且存在有限点集 A, 使得 φ 限制在 $M - A$ 上是全纯嵌入.

证明 我们沿用上面的所有记号, 定义全纯映射 $\varphi: M \to \mathbb{C}P^2$, $\varphi = (1 : z : f)$. 当 $p \in M - A$ 时, $dz(p) \neq 0$, 因此 p 为 φ 的一个非奇异点. 而由上面的结论 (3) 即知, φ 限制在 $M - A$ 上为全纯嵌入. 我们还需证明 $\varphi(M) = M^*$. 一方面, 由 M^* 和 M_0^* 的定义知 $\varphi(M - A) \subset M_0^* \subset M^*$, 因此

$$\varphi(M) = \varphi(\overline{M - A}) \subset \overline{\varphi(M - A)} \subset M^*.$$

另一方面, 令 $E = \{[1, x, y] \,|\, x \in B, P(x, y) = 0\}$, 则 E 是 $\mathbb{C}P^2$ 中的有限子集. 设 $[1, x_0, y_0] \in M_0^* - E$, 则 $x_0 \in \mathbb{C} - B$. 由上面的结论 (4) 可知, 如果 $z^{-1}(x_0) = \{p_1, p_2, \cdots, p_n\}$, 则 $\{f(p_1), f(p_2), \cdots, f(p_n)\}$ 是多项式 $P(x_0, y)$ 的所有根. 由 $[1, x_0, y_0] \in M_0^*$ 知 $P(x_0, y_0) = 0$, 故 y_0 必定等于某个 $f(p_i)$, 即

$$[1, x_0, y_0] = [1, z(p_i), f(p_i)] = \varphi(p_i).$$

由 B 的定义可知 $p_i \in M - A$, 从而 $M_0^* - E \subset \varphi(M - A)$. 这说明

$$M^* = \overline{M_0^*} = \overline{M_0^* - E} \subset \overline{\varphi(M - A)} = \varphi(M).$$

因此 $\varphi(M) = M^*$. □

我们以黎曼环面为例来说明这个定理. 对于黎曼环面 $\mathbb{C}/\Lambda$, 上面的 z 取为第四小节中的椭圆函数 $\mathfrak{p}$, f 取为 $\mathfrak{p}'$. $\mathfrak{p}'$ 关于 $\mathbb{C}(\mathfrak{p})$ 的极小多项式为 $P(y) = y^2 - (4\mathfrak{p}^3 - g_2\mathfrak{p} - g_3)$, 齐次化以后得到多项式 $P_0(w, x, y) = wy^2 - 4x^3 + g_2w^2x + g_3w^3$. 按照刚才的定理, 全纯映射 $\varphi = (1 : \mathfrak{p} : \mathfrak{p}')$ 的像为平面曲线 $\{[w, x, y] \in \mathbb{C}P^2 \,|\, P_0(w, x, y) = 0\}$. 另外, 注意到 $l(3[0]) = \mathrm{span}\{1, \mathfrak{p}, \mathfrak{p}'\}$, 因此 φ 又是第五小节中定理 3.4.15 的全纯映射. 故 φ 是从 $\mathbb{C}/\Lambda$ 到 $\mathbb{C}P^2$ 的全纯嵌入, 其像为平面曲线.

下面我们来改进定理 3.4.15.

引理 3.4.17 设 $\{p_1, p_2, \cdots, p_n\}$ 是紧致黎曼曲面 M 上 n 个互不相同的点, 则存在亚纯函数 h, 使得

(i) 当 $i \neq j$ 时, $h(p_i) \neq h(p_j)$;

(ii) h 在每个 p_i 附近全纯;

(iii) $dh(p_i) \neq 0, i = 1, 2, \cdots, n$.

证明 任取 $q \in M - \{p_1, p_2, \cdots, p_n\}$, 对于固定的 i, 令

$$D_1 = (2g + 2n)q - 2(p_1 + p_2 + \cdots + p_n) + 3p_i,$$
$$D_2 = (2g + 2n)q - 2(p_1 + p_2 + \cdots + p_n) + 2p_i,$$

则 $l(D_2) \subset l(D_1)$, 且 $\dim l(D_1) = 1 + \dim l(D_2) = g + 4$. 取 $f_i \in l(D_1) - l(D_2)$, 则 f_i 以 p_i 为单极点, 以 p_j $(j \neq i)$ 为零点, 且零点重数至少为 2. 令 $h_i = f_i(1 + f_i)^{-1}$, 则 $h_i(p_j) = \delta_{ij}$, $dh_i(p_i) \neq 0$, $dh_i(p_j) = 0$ $(j \neq i)$. 任取 n 个不同的非零复数 $c_i \in \mathbb{C}^*$, 则 $h = \sum\limits_{i=1}^{n} c_i h_i$ 即为所求的亚纯函数, 它满足引理中的三个条件. □

定理 3.4.18 设 M 为紧致黎曼曲面, 则存在全纯嵌入 $\psi : M \to \mathbb{C}P^5$.

证明 根据定理 3.4.16, 存在全纯映射 $\varphi : M \to \mathbb{C}P^2$ 及 M 上的有限集合 A, 使得 φ 限制在 $M - A$ 上为全纯嵌入. 令 $A_0 = \varphi^{-1}(\varphi(A))$, 则 A_0 仍为有限子集, 记为 $A_0 = \{p_1, p_2, \cdots, p_n\}$. 根据引理 3.4.17, 存在 M 上的亚纯函数 h, 满足其三个条件. 定义全纯映射

$$\xi : M \to \mathbb{C}P^2 \times \mathbb{C}P^1,$$
$$p \mapsto (\varphi(p), h(p)).$$

可以证明 ξ 为单射. 事实上, 如果 $p, q \in M - A_0, p \neq q$, 则 $\varphi(p) \neq \varphi(q) \Longrightarrow \xi(p) \neq \xi(q)$; 如果 $p \in A_0$, $q \in M - A_0$, 则 $\varphi(A_0) \cap \varphi(M - A_0) = \varnothing \Longrightarrow \varphi(p) \neq \varphi(q) \Longrightarrow \xi(p) \neq \xi(q)$; 如果 $p \neq q \in A_0$, 则由 h 的定义知 $\xi(p) = (\varphi(p), [1, h(p)]) \neq (\varphi(q), [1, h(q)]) = \xi(q)$.

下面证明 ξ 是处处非退化的. 只要证明每个点 $p \in M$ 都是 φ 或 $(1 : h)$ 的非奇异点即可. 如果 $p \in M - A_0$, 则 p 是 φ 的非奇异点; 如果 $p \in A_0$, 则 p 是 $(1 : h)$ 的非奇异点.

综上, ξ 为全纯嵌入. 由第五小节中的例子知, $\mathbb{C}P^2 \times \mathbb{C}P^1$ 可以全

纯嵌入到 $\mathbb{C}P^5$ 中. 通过复合我们就得到从 M 到 $\mathbb{C}P^5$ 的全纯嵌入 ψ.

□

注 通过向低维的投影空间做进一步的投影, 可以证明, 任何紧致黎曼曲面均可全纯嵌入到 $\mathbb{C}P^3$ 中.

七、 Riemann-Hurwitz 定理

设 $f: M \to N$ 为紧致黎曼曲面之间的非常值全纯映射. 我们知道, f 为分歧覆盖. 在任何一点 $p \in M$ 附近, 选取适当的局部坐标后, f 的局部表示可写为

$$f(z) = z^{\nu_p},$$

其中 ν_p 为 f 在 p 处的重数. 如果 $\nu_p > 1$, 则 p 为 f 的一个分歧点. 记

$$b_p(f) = \nu_p - 1,$$

称为 f 在 p 处的**分歧数**. 因为 f 的分歧点只有有限多个, 因此 f 的所有分歧数之和是有限的非负整数, 记为 B_f, 称为 f 的**总分歧数**. 下面我们来计算这个总分歧数.

定理 3.4.19 (Riemann-Hurwitz 定理) 设 $f: M \to N$ 为紧致黎曼曲面之间的非常值全纯映射, 则

$$B_f = 2(g_M - 1) - 2n(g_N - 1),$$

其中 g_M 和 g_N 分别为 M, N 的亏格, n 为 f 的重数 (即任意一点原像的个数).

证明 我们先看一个简单的情形: $N = \mathbb{S}$, f 为 M 上的非常值亚纯函数. 不妨设 $\infty \in \mathbb{S}$ 不是 f 的分歧值 (即 $f^{-1}(\infty)$ 不含分歧点). 考虑 $\mathbb{S}$ 上的亚纯微分 $\omega = dz$, 其中 z 为复平面 $\mathbb{C}$ 上的标准复坐标, 则 $f^*\omega = df$ 为 M 上的亚纯微分. 我们来计算由 $f^*\omega$ 所诱导的典范因子.

当 $p \in f^{-1}(\infty)$ 时, p 也是 $f^*\omega$ 的极点, 其重数为 2. 如果 $f(p) \in \mathbb{C}$, 且 p 不是分歧点, 则 $f^*\omega$ 在 p 处全纯, 且 p 不是其零点; 如果 p 为分歧点, 则 p 为 $f^*\omega$ 的零点, 重数为 $b_p(f)$. 因此

$$(f^*\omega) = \sum_p b_p(f) \cdot p - \sum_{p \in f^{-1}(\infty)} 2p.$$

因为典范因子的次数为 $2g_M-2$, 所以由上式得

$$2g_M-2=\sum_p b_p(f)-2n=B_f-2n,$$

其中 n 为 f 的极点个数 (重数).

一般地, 如果 N 的亏格 $g_N\geqslant 1$, 则取 N 的一个非零全纯微分 ω, 于是 $f^*\omega$ 为 M 上的全纯微分. 我们来讨论它的零点. 记 A 为 ω 的零点集, B 为 f 的分歧点集. 当 $p\in B-f^{-1}(A)$ 时, p 为 $f^*\omega$ 的零点, 重数为 $b_p(f)$; 当 $p\in f^{-1}(A)-B$ 时, p 为 $f^*\omega$ 的 $n_{f(p)}$ 重零点, 其中 $n_{f(p)}$ 为 ω 在 $f(p)\in A$ 处的零点重数; 当 $p\in B\cap f^{-1}(A)$ 时, p 为 $f^*\omega$ 的 $b_p(f)+[b_p(f)+1]n_{f(p)}$ 重零点. 其他的点 $p\in M$ 均不是 $f^*\omega$ 的零点. 因此, 有

$$\begin{aligned}
2g_M-2=d((f^*\omega))&=\sum_{p\in B-f^{-1}(A)}b_p(f)+\sum_{p\in f^{-1}(A)-B}n_{f(p)}\\
&\quad+\sum_{p\in B\cap f^{-1}(A)}(b_p(f)+[b_p(f)+1]n_{f(p)})\\
&=\sum_{p\in B}b_p(f)+\sum_{p\in f^{-1}(A)}[b_p(f)+1]n_{f(p)}\\
&=B_f+\sum_{q\in A}n_q\sum_{p\in f^{-1}(q)}[b_p(f)+1]\\
&=B_f+n\cdot\sum_{q\in A}n_q=B_f+n\cdot d(\omega)\\
&=B_f+n(2g_N-2).
\end{aligned}$$

这就得到了总分歧数 B_f 的表达式. 注意我们用到了这样的事实: 非常值全纯映射 f 任何一点原像的个数 (含重数) 是常数 n. □

从 Riemann-Hurwitz 定理我们知道, 总分歧数是个偶数. 我们还可立即得到下面的简单推论:

推论 3.4.20 设 $f:M\to N$ 为紧致黎曼曲面之间的非常值全纯映射, 则 M 的亏格不小于 N 的亏格.

证明 如果 N 的亏格为零, 则推论无需证明. 如果 $g_N\geqslant 1$, 则由 Riemann-Hurwitz 定理即知

$$(g_M - 1) = B_f/2 + n(g_N - 1) \geqslant n(g_N - 1) \geqslant (g_N - 1),$$

因此 $g_M \geqslant g_N$. □

推论 3.4.21 设 $f: M \to \mathbb{S}$ 为紧致黎曼曲面上的非常值亚纯函数. 如果 f 无分歧点, 则 f 必为全纯同构.

证明 当 f 无分歧点时, $B_f = 0$. 由 Riemann-Hurwitz 定理知

$$g_M = 1 - n,$$

其中 n 为 f 的重数. 由于亏格 $g_M \geqslant 0$, 上式表明 $n = 1$. 这时 $g_M = 0$ 且 f 为单射, 从而必为全纯同构. □

利用 Riemann-Hurwitz 定理, 我们还可以计算代数曲线 (黎曼曲面) 的亏格. 我们以一个简单的例子来说明这一点.

设 $n \geqslant 2$, 考虑 3 元齐次多项式 $P(z_0, z_1, z_2) = z_0^n + z_1^n + z_2^n$. 易见 $P = 0$ 定义了 $\mathbb{C}P^2$ 中的一条光滑平面曲线, 因此可以看成紧致黎曼曲面. 我们计算其亏格如下：令

$$f: M = \{[z_0, z_1, z_2] \in \mathbb{C}P^2 \mid P(z) = 0\} \to \mathbb{C}P^1$$

定义为 $f([z_0, z_1, z_2]) = [z_0, z_1]$. 这是恰当地定义的一个亚纯函数. 显然,

$$f^{-1}([0, 1]) = \{[0, 1, z_2] \mid z_2^n = -1\},$$

因此 f 的重数为 n. 一般地, 如果 $z_0^n + z_1^n \neq 0$, 则 $f^{-1}([z_0, z_1])$ 由 n 个互不相同的点组成; 当 $z_0^n + z_1^n = 0$ 时, $f^{-1}([z_0, z_1]) = [z_0, z_1, 0]$. 这说明 f 有 n 个分歧点, 每个分歧点都是 n 重的, 从而 f 的总分歧数为

$$B_f = n(n - 1).$$

由 Riemann-Hurwitz 定理知, M 的亏格 g_M 为

$$g_M = \frac{B_f}{2} + 1 - n = \frac{1}{2}n(n - 1) + 1 - n = \frac{1}{2}(n - 1)(n - 2).$$

一般地, 可以证明, 如果次数为 d 的齐次多项式定义了一条光滑平面曲线, 则其亏格为 $\frac{1}{2}(d - 1)(d - 2)$.

八、典范映射及应用

我们下面考虑亏格 $g \geqslant 2$ 的紧致黎曼曲面.

定义 3.4.7 设 M 为亏格大于 1 的紧致黎曼曲面. 如果 M 上存在重数为 2 的亚纯函数, 则称 M 为**超椭圆型**的; 否则, 称 M 为**非超椭圆型**的.

对于亏格 $g \geqslant 2$ 的紧致黎曼曲面来说, 下面构造的典范映射是一个重要的工具: 取 M 的全纯微分空间 $\mathcal{H}$ 的一组基 $\{\omega_1, \omega_2, \cdots, \omega_g\}$, 定义映射 $\varphi: M \to \mathbb{C}P^{g-1}$ 为

$$\varphi(p) = [\omega_1(p), \omega_2(p), \cdots, \omega_g(p)] = [f_1(p), f_2(p), \cdots, f_g(p)],$$

其中 ω_i 在 p 附近的局部坐标下的局部表示形如 $\omega_i = f_i(z)dz$. 根据第一小节知 φ 是全纯映射, 称为**典范映射**. 容易看出, 典范映射不是常值映射 (见习题).

命题 3.4.22 如果典范映射 φ 不是单射, 则 M 为超椭圆型的黎曼曲面.

证明 设 $p, q \in M, p \neq q$, 且 $\varphi(p) = \varphi(q)$, 则存在 $\lambda \in \mathbb{C}^*$, 使得

$$f_i(p) = \lambda g_i(q), \quad i = 1, 2, \cdots, g,$$

其中 ω_i 在 p 和 q 附近的局部表示分别为 $f_i dz$ 和 $g_i dw$. 任取 $\omega \in \mathcal{H}$, 则

$$\omega = \sum_{i=1}^{g} c_i \omega_i, \quad c_i \in \mathbb{C},$$

从而

$$\omega(p) = 0 \Longleftrightarrow \sum_{i=1}^{g} c_i f_i(p) = 0 \Longleftrightarrow \sum_{i=1}^{g} c_i g_i(q) = 0 \Longleftrightarrow \omega(q) = 0.$$

这说明

$$i(p+q) = \{\omega \in \mathcal{M} \,|\, (\omega) - p - q \geqslant 0\} = i(p).$$

根据第一小节中的证明, $i(p)$ 的维数为 $g-1$, 从而由 Riemann-Roch 公式有

$$\dim l(p+q) = \dim i(p+q) + d(p+q) + 1 - g = 2.$$

这说明 $l(p+q)$ 中存在非常值亚纯函数 f. f 的重数不能为 1 (否则 M 与黎曼球面同构, 其亏格为 0), 因此其重数只能为 2. □

推论 3.4.23 亏格为 2 的紧致黎曼曲面均为超椭圆型的.

证明 设紧致黎曼曲面 M 的亏格为 2, 则典范映射 $\varphi: M \to \mathbb{C}P^1$ 为 M 上的亚纯函数. 如果 φ 重数为 1, 则 φ 必为全纯同构. 当 φ 重数大于 1 时, φ 不是单射, 根据上面的命题, M 是超椭圆型的. □

命题 3.4.24 如果 M 为非超椭圆型的紧致黎曼曲面, 则其典范映射 φ 为全纯嵌入.

证明 设 M 是亏格为 g 的非超椭圆型黎曼曲面. 下面只要说明典范映射 φ 处处非退化即可. 任取 $p \in M$, 我们已经知道 $\dim i(0) = g$, $\dim i(p) = g-1$. 下面说明 $\dim i(2p) = g-2$. 事实上, 一方面, 由定义易见

$$\dim i(2p) \leqslant \dim i(p) \leqslant \dim i(2p) + 1.$$

另一方面, 由 Riemann-Roch 公式可得

$$\dim l(2p) = \dim i(2p) + 3 - g.$$

如果 $\dim i(2p) = g-1$, 则 $\dim l(2p) = 2$, 从而 $l(2p)$ 中存在非常值亚纯函数. 这和 M 是非超椭圆型的相矛盾. 因此只能 $\dim i(2p) = g-2$.

以上我们说明了在 M 上存在以 p 为单零点的全纯微分. 因此, 在定义典范映射时, 我们可以选取 $\mathcal{H}$ 的基, 使得 $\omega_1(p) \neq 0$, ω_2 以 p 为单零点. 由第五小节中引理 3.4.13 的证明即知 p 为典范映射的非奇异点. □

推论 3.4.25 亏格为 3 的非超椭圆型黎曼曲面均可全纯嵌入 $\mathbb{C}P^2$ 中.

最后, 我们来考虑超椭圆型的黎曼曲面在 $\mathbb{C}P^2$ 中的浸入问题. 设 M 是亏格为 g 的超椭圆型黎曼曲面. 类似亏格为 1 的情形, 我们将构造从 M 到 $\mathbb{C}P^2$ 的全纯映射, 使得它的像是次数为 $2g+2$ 的平面曲线.

事实上, 由于 M 是超椭圆型的, 故存在亚纯函数 $x: M \to \mathbb{C}P^1$, 使得 x 的重数为 2. 由 Riemann-Hurwitz 定理知, x 的总分歧数为

$$B_x = (2g-2) - 2(0-2) = 2g+2.$$

由于 x 的重数为 2, x 的每个分歧点都只能是 2 重的, 因此 x 的分歧点由 $2g+2$ 个不同点组成, 记为 $p_1, p_2, \cdots, p_{2g+2}$. 不妨设 q_1, q_2 $(q_1 \neq q_2)$ 为 x 的极点, $x(p_i) = a_i$ $(i = 1, 2, \cdots, 2g+2)$.

定义映射 $j : M \to M$ 如下：如果 $p = p_i$ 为某个分歧点, 则令 $j(p) = p$; 如果 p 不是分歧点, 则存在唯一的 $p' \neq p$, 使得 $x(p') = x(p)$, 此时令 $j(p) = p'$. 不难证明, $j : M \to M$ 为全纯映射, 且

$$j^2 = 1, \quad j^*x = x \circ j = x.$$

考虑拉回映射 j^* 在 $\mathcal{H}$ 上的作用. 由于 $j^* \circ j^* = 1$, 因此 j^* 的特征值只能为 1 或 -1. 如果 $j^*\omega = \omega$, 则 ω 诱导了 $\mathbb{C}P^1$ 上的全纯微分. 这说明 $\omega = 0$, 因此 j^* 的特征值只能为 -1, 即

$$j^*\omega = -\omega, \quad \forall\, \omega \in \mathcal{H}.$$

考虑 M 上的因子 $D = (g+1)(q_1 + q_2)$. 由 Riemann-Roch 公式, 有

$$\dim l(D) = d(D) + 1 - g = g + 3.$$

由于 $j(D) = D$, j^* 可以视为 $l(D)$ 上的一个线性变换, 按照其特征值 1 和 -1, $l(D)$ 可分解为

$$l(D) = l^+(D) \oplus l^-(D),$$

其中 $l^+(D)$ 中的函数都是关于 x 的有理函数, 其极点只能为 q_1, q_2. 极点的阶不超过 $g+1$. 由此易见

$$l^+(D) = \mathrm{span}\{1, x, x^2, \cdots, x^{g+1}\},$$

所以 $\dim l^+(D) = g + 2$. 这说明 $\dim l^-(D) = 1$, 因此存在非平凡的亚纯函数 $y \in l(D)$, 使得

$$j^*y = y \circ j = -y.$$

由 $j(p_i) = p_i$ 及上式知 $y(p_i) = 0$ $(i = 1, 2, \cdots, 2g+2)$. 由 $y \in l(D)$ 知 y 的极点个数不超过 $2g+2$, 因此其零点个数也不超过 $2g+2$, 从而可以看出

$$(y) = p_1 + p_2 + \cdots + p_{2g+2} - (g+1)(q_1 + q_2).$$

另外, 直接的计算表明, 亚纯函数

$$g=(x-a_1)(x-a_2)\cdots(x-a_{2g+2})$$

诱导的因子满足等式

$$(g)=2p_1+2p_2+\cdots+2p_{2g+2}-(2g+2)(q_1+q_2).$$

这说明 $(y^2)=(g)$, 从而存在常数 $c\in\mathbb{C}^*$, 使得

$$y^2=cg(x).$$

定义全纯映射 $f=(1:x:y):M\to\mathbb{C}P^2$, 则 $f(M)$ 是多项式

$$P(x,y)=y^2-cg(x)\in\mathbb{C}[x,y]$$

的齐次化所定义的平面曲线.

总结一下, 有

定理 3.4.26 亏格为 g 的超椭圆型黎曼曲面可表示为次数为 $2g+2$ 的平面曲线.

利用亚纯函数 x,y, 我们可以写出超椭圆型黎曼曲面的全纯微分的一组基.

命题 3.4.27 设 M 是亏格为 g 的超椭圆型黎曼曲面, x,y 如上, 则

$$\omega_1=\frac{dx}{y},\quad \omega_2=\frac{xdx}{y},\quad \cdots,\quad \omega_g=\frac{x^{g-1}dx}{y}$$

构成 $\mathcal{H}$ 的一组基.

证明 显然 $\{\omega_i\}$ 关于 $\mathbb{C}$ 线性无关. 下面只要说明它们没有极点即可. 事实上, 如前面所述, 记

$$(x)=p_1'+p_2'-q_1-q_2,$$

则 x 的分歧点 $\{p_i\}$ 为 dx 的单零点, q_1,q_2 为 dx 的双极点. 因此

$$(dx)=\sum_{i=1}^{2g+2}p_i-2(q_1+q_2),$$

从而有

$$\begin{aligned}(\omega_i) &= (i-1)(x) + (dx) - (y)\\ &= (i-1)(p_1' + p_2' - q_1 - q_2) + \sum_{i=1}^{2g+2} p_i - 2(q_1+q_2)\\ &\quad - \sum_{i=1}^{2g+2} p_i + (g+1)(q_1+q_2)\\ &= (i-1)(p_1'+p_2') + (g-i)(q_1+q_2) \geqslant 0.\end{aligned}$$

因此, 当 $1 \leqslant i \leqslant g$ 时, ω_i 为全纯微分. □

推论 3.4.28 设 M 是亏格为 g 的超椭圆型黎曼曲面, $f: M \to \mathbb{S}$ 为亚纯函数. 如果 f 的重数不超过 g, 则该重数为偶数.

证明 设 $(f) = Z - P$, 其中 P 为由 f 的极点组成的因子. 由 Riemann-Roch 公式, 有

$$\dim l(P) = \dim i(P) + d(P) + (1-g).$$

如果 $d(P) \leqslant g$, 则

$$\dim i(P) \geqslant \dim l(P) - 1 \geqslant 1,$$

其中 $\dim l(P) \geqslant 2$ 是因为 $\mathrm{span}\{1, f\}$ 包含于 $l(P)$. 这说明存在非零的全纯微分 $\omega \in i(P)$, 从而 $f\omega$ 仍为全纯微分. 由上面的命题, 存在 $\alpha_i, \beta_i \in \mathbb{C}$, 使得

$$\omega = \sum_{i=0}^{g-1} \alpha_i \frac{x^i dx}{y}, \quad f\omega = \sum_{i=0}^{g-1} \beta_i \frac{x^i dx}{y}.$$

因此

$$f = \frac{\sum_{i=0}^{g-1} \beta_i x^i}{\sum_{i=0}^{g-1} \alpha_i x^i} \triangleq r(x),$$

即 f 是关于 x 的有理函数, 从而 f 的重数是 $r \in \mathfrak{M}(\mathbb{S})$ 重数的两倍. □

九、 Weierstrass 点

设 M 是亏格为 g 的紧致黎曼曲面, $p \in M$. 我们知道

$$\mathbb{C} = l(0) = l(p) \subset l(2p) \subset l(3p) \subset \cdots \subset l((2g-1)p),$$

$$\dim l((2g-1)p) = g.$$

因为 $\dim l(ip) - \dim l((i-1)p) = 0$ 或 1, 所以上式表明, 当 $g > 0$ 时, 正好存在 g 个数

$$1 = n_1 < n_2 < \cdots < n_g \leqslant 2g-1,$$

使得 $\dim l(n_i p) - \dim l((n_i - 1)p) = 0$ $(i = 1, 2, \cdots, g)$. 我们把这些 n_i 称为 p 处的**间隙数**. 显然, k 不是间隙数当且仅当存在以 p 为 k 重极点的亚纯函数. 由 Riemann-Roch 公式, 有

$$\dim i((k-1)p) - \dim i(kp) = 1 + \dim l((k-1)p) - \dim l(kp),$$

于是 k 是间隙数当且仅当存在以 p 为 $k-1$ 重零点的全纯微分.

如果 $n_g > g$, 则称 p 为 M 的 **Weierstrass 点**. 因此 p 为 Weierstrass 点当且仅当 $i(gp) \neq \{0\}$, 即存在非零全纯微分, 使得 p 为至少 g 重零点.

假设 p 为 Weierstrass 点, ω 为全纯微分, p 为 ω 的至少 g 重零点. 在 p 附近取局部坐标映射 z, 使得 $z(p) = 0$. 设 $\{\omega_i\}_{i=1}^g$ 为 $\mathcal{H}$ 的一组基, 则

$$\omega_i = \varphi_i dz, \quad \omega = \sum_{i=1}^g c_i \omega_i = \left(\sum_{i=1}^g c_i \varphi_i\right) dz, \ c_i \in \mathbb{C}, \ i = 1, 2, \cdots, g.$$

因此

$$c_1 \varphi_1^{(j)}(p) + c_2 \varphi_2^{(j)}(p) + \cdots + c_g \varphi_g^{(j)}(p) = 0, \quad j = 0, 1, \cdots, g-1.$$

这说明 p 是行列式全纯函数 (**Wronski 行列式**)

$$\Phi = \begin{vmatrix} \varphi_1 & \cdots & \varphi_g \\ \varphi_1' & \cdots & \varphi_g' \\ \vdots & & \vdots \\ \varphi_1^{(g-1)} & \cdots & \varphi_g^{(g-1)} \end{vmatrix}$$

的零点. 因此得到

命题 3.4.29 亏格大于零的紧致黎曼曲面上只有有限多个 Weierstrass 点.

为了研究 Weierstrass 点, 我们考查上面的行列式函数. 用 $\det[\psi_1, \cdots, \psi_g]$ 表示 g 个全纯函数 $\{\psi_i\}$ 的 Wronski 行列式, 我们有

(1) 如果 f 为全纯函数, 则

$$\det[f\psi_1, \cdots, f\psi_g] = f^g \det[\psi_1, \cdots, \psi_g];$$

(2) 如果 A 为 g 阶方阵, $(\phi_1, \cdots, \phi_g) = (\psi_1, \cdots, \psi_g)A$, 则

$$\det[\phi_1, \cdots, \phi_g] = \det A \det[\psi_1, \cdots, \psi_g].$$

为了研究 Wronski 行列式 $\Phi = \det[\varphi_1, \cdots, \varphi_g]$, 我们以如下的方式选取 $\mathcal{H}$ 的一组基: 任取 $p \in M$, p 处有 g 个间隙数 $\{n_i\}$. 再取 $\omega_1 \in \mathcal{H}$, 使得 $\omega_1(p) \neq 0$, 而当 $i > 1$ 时, 取 $\omega_i \in \mathcal{H}$ 为以 p 为 $n_i - 1$ 重零点的全纯微分. 这些 $\{\omega_i\}_{i=1}^g$ 显然组成了 $\mathcal{H}$ 的一组基.

引理 3.4.30 设 $\phi_1, \phi_2, \cdots, \phi_n$ 为 p 附近的全纯函数, 且

$$\nu_p(\phi_1) < \nu_p(\phi_2) < \cdots < \nu_p(\phi_n),$$

则

$$\nu_p(\det[\phi_1, \cdots, \phi_n]) = \sum_{i=1}^{n} [\nu_p(\phi_i) - i + 1].$$

证明 对 n 用数学归纳法. 当 $n = 1$ 时, 结论显然成立. 设结论对 $n = k$ 成立. 当 $n = k + 1$ 时, 有

$$\begin{aligned}
\det[\phi_1, \cdots, \phi_{k+1}] &= (\phi_1)^{k+1} \det[1, \phi_2/\phi_1, \cdots, \phi_{k+1}/\phi_1] \\
&= (\phi_1)^{k+1} \det[(\phi_2/\phi_1)', \cdots, (\phi_{k+1}/\phi_1)'].
\end{aligned}$$

由归纳假设可得

$$\begin{aligned}
&\nu_p(\det[\phi_1, \cdots, \phi_{k+1}]) \\
&\quad = (k+1)\nu_p(\phi_1) + \sum_{j=2}^{k+1} [(\nu_p(\phi_j) - \nu_p(\phi_1) - 1) - (j - 2)] \\
&\quad = \nu_p(\phi_1) + \sum_{j=2}^{k+1} [\nu_p(\phi_j) - j + 1].
\end{aligned}$$

这说明等式对所有 n 都成立. □

对我们在上面构造的 $\mathcal{H}$ 的一组基应用此引理即得

推论 3.4.31　设 $n_1, n_2, \cdots, n_g$ 为 p 处的间隙数, 则

$$\nu_p(\Phi) = \sum_{i=1}^{g}(n_i - i).$$

我们记 $\tau(p) = \sum_{i=1}^{g}(n_i - i)$, 称为 p 处的 **权重**. 显然, p 为 M 上的 Weierstrass 点当且仅当 p 的权重大于零.

为了进一步研究 Weierstrass 点的个数, 我们引入 q 次全纯微分的概念. q **次全纯微分**是一个映射, 它在 M 的每一个坐标邻域 U 中指定一个全纯函数 f_U, 且当 $U \cap V \neq \varnothing$ 时, 有

$$f_V = f_U \left(\frac{\partial z_U}{\partial z_V}\right)^q,$$

其中 z_U, z_V 分别表示 U, V 中的坐标函数. 我们记 $f_U(dz_U)^q$ 为 q 次全纯微分的局部表示. 显然, 1 次全纯微分就是全纯 1 形式. 我们把 q 次全纯微分全体组成的线性空间记为 $\mathcal{H}^q$. 当 $q=1$ 时, $\mathcal{H}^1 = \mathcal{H}$. 完全类似地, 我们可以定义 q 次亚纯微分的概念. 如果 $\omega = fdz$ 为全纯 (亚纯) 微分, 则 $\omega^q = f^q(dz)^q$ 为 q 次全纯 (亚纯) 微分.

命题 3.4.32　设 $\{\omega_i\}_{i=1}^{g}$ 为 $\mathcal{H}$ 的一组基, ω_i 的局部表示为

$$\omega_i = \varphi_i dz, \quad i = 1, 2, \cdots, g,$$

则 $\Phi(dz)^m = \det[\varphi_1, \cdots, \varphi_g](dz)^m$ 为 M 上的 $m = \dfrac{1}{2}g(g+1)$ 次全纯微分.

证明　在另一局部坐标 w 下, 设 $\omega_i = \phi_i dw$ $(i = 1, 2, \cdots, g)$.

$$\phi_i = \varphi_i \left(\frac{\partial z}{\partial w}\right).$$

由 Wronski 行列式的性质和函数的复合求导法则, 不难求出

$$\det[\phi_1, \cdots, \phi_g] = \left(\frac{\partial z}{\partial w}\right)^m \det[\varphi_1, \cdots, \varphi_g],$$

其中 $m=\frac{1}{2}g(g+1)$. 根据 m 次全纯微分的定义即知 $\Phi(dz)^m$ 是 M 上的 m 次全纯微分. □

对于 q 次亚纯微分, 和通常的亚纯微分一样, 我们也可以定义诱导因子.

命题 3.4.33 设 Ψ 为 M 上的 q 次非零亚纯微分.

(i) Ψ 诱导的因子 (Ψ) 线性等价于 qK, 其中 K 为典范因子.

(ii) M 上所有点的权重之和满足等式

$$\sum_{p\in M}\tau(p)=g(g-1)(g+1).$$

(iii) 设 K 为 M 上的典范因子, 则有线性空间之间的同构 $l(qK)\cong\mathcal{H}^q$. 特别地, 当 $g=1$ 时, 有 $\dim\mathcal{H}^q=1$ $(q\geqslant 1)$; 当 $g>1$ 时, 有

$$\dim\mathcal{H}^q=\begin{cases} g, & q=1,\\ (2q-1)(g-1), & q>1.\end{cases}$$

证明 (i) 取全纯微分 ω, 使得 $K=(\omega)$. 当 Ψ 为 q 次亚纯微分时, $f=\Psi/\omega^q$ 为 M 上的亚纯函数, 因此

$$(\Psi)=(\omega^q)+(f)=qK+(f).$$

(ii) 由 (i) 知

$$d(\Phi(dz)^m)=md(K)=\frac{1}{2}g(g+1)(2g-2)=g(g-1)(g+1).$$

根据前面的结论, 有

$$\sum_{p\in M}\tau(p)=\sum_{p\in M}\nu_p(\Phi)=d(\Phi(dz)^m)=g(g-1)(g+1).$$

(iii) 取全纯微分 ω, 使得 $K=(\omega)$, 则

$$f\in l(qK)\Longleftrightarrow (f)+qK\geqslant 0\Longleftrightarrow f(\omega)^q\in\mathcal{H}^q.$$

这就得到了两个线性空间之间的同构. 其他的结论可以由 Riemann-Roch 公式求出, 留作习题. □

从这个命题立即得到下面的推论:

推论 3.4.34 亏格为 g 的紧致黎曼曲面 M 上至多有 $g(g-1)(g+1)$ 个 Weierstrass 点; 当 $g \geqslant 2$ 时, M 上总存在 Weierstrass 点.

这个推论给出了 Weierstrass 点的一个上界估计. 为了得到其下界估计, 我们需要进一步讨论间隙数. 假设

$$\alpha_1 < \alpha_2 < \cdots < \alpha_g, \quad \alpha_1 > 1, \quad \alpha_g = 2g$$

是 $p \in M$ 处的前 g 个非间隙数.

命题 3.4.35 对 $1 \leqslant j < g$, 有

$$\alpha_j + \alpha_{g-j} \geqslant 2g.$$

证明 如果 $\alpha_j + \alpha_{g-j} < 2g$, 则对任意 $k \leqslant j$, 仍有 $\alpha_k + \alpha_{g-j} < 2g$. 我们注意到, 如果 α, β 不是间隙数, 则分别存在亚纯函数 f, g, 它们分别以 p 为 α 重和 β 重极点, 从而 fg 以 p 为 $\alpha+\beta$ 重极点. 因此 $\alpha+\beta$ 也不是间隙数. 这说明至少有 j 个间隙数严格地位于 α_{g-j} 和 α_g 之间. 于是至少有 $(g-j)+j+1 = g+1$ 个非间隙数在 1 与 $2g$ 之间, 这是不可能的. □

命题 3.4.36 如果 $\alpha_1 = 2$, 则 $\alpha_j = 2j$, 从而对 $1 \leqslant j < g$, 有

$$\alpha_j + \alpha_{g-j} = 2g.$$

证明 如果 $\alpha_1 = 2$, 则 $\alpha_1, 2\alpha_1, \cdots, g\alpha_1$ 仍为非间隙数. 因此它们构成了不超过 $2g$ 的全部非间隙数. □

命题 3.4.37 如果 $\alpha_1 > 2$, 则存在 j $(1 \leqslant j < g)$, 使得

$$\alpha_j + \alpha_{g-j} > 2g.$$

证明 用反证法. 假设 $\alpha_j + \alpha_{g-j} = 2g$ 总成立. 我们约定 $\alpha_0 = 0$. 于是

$$\alpha_1, \quad 2\alpha_1, \quad \cdots, \quad [2g/\alpha_1]\alpha_1$$

是不超过 $2g$ 的非间隙数. 由于 $\alpha_1 > 2$, 这些非间隙数最多有 $\frac{2}{3}g < g$ 个, 因此还有其他不超过 $2g$ 的非间隙数. 取一个这样的最小数, 记为 α, 则存在 l, 使得

$$1 \leqslant l \leqslant [2g/\alpha_1] < g, \quad l\alpha_1 < \alpha < (l+1)\alpha_1.$$

因此不超过 α 的非间隙数为

$$\alpha_1,\ \alpha_2=2\alpha_1,\ \cdots,\ \alpha_l=l\alpha_1,\ \alpha_{l+1}=\alpha.$$

由假设, 有

$$\begin{aligned}\alpha_1+\alpha_{g-(l+1)}&=\alpha_1+2g-\alpha_{l+1}=2g-(\alpha-\alpha_1)\\&>2g-l\alpha_1=\alpha_{g-l}.\end{aligned}$$

因此非间隙数 $\alpha_1+\alpha_{g-(l+1)}=\alpha_{g-r}\ (r<l)$. 这就给出了等式

$$\alpha_1+2g-\alpha=2g-\alpha_r=2g-r\alpha_1,$$

从而 $\alpha=(1+r)\alpha_1$. 这和 α 的选取相矛盾. □

推论 3.4.38 对于非间隙数 $\alpha_1,\alpha_2,\cdots,\alpha_{g-1}$, 有

$$\sum_{j=1}^{g-1}\alpha_j\geqslant g(g-1),$$

且等号成立当且仅当 $\alpha_1=2$.

证明留作习题.

定理 3.4.39 设 $g\geqslant 2$, 则 $p\in M$ 处的权重满足不等式

$$\tau(p)\leqslant\frac{1}{2}g(g-1),$$

且等号成立当且仅当 p 处的最小非间隙数为 2.

证明 设 p 处的间隙数为

$$1=n_1<n_2<\cdots<n_g<2g,$$

其前 g 个非间隙数为

$$2\leqslant\alpha_1<\alpha_2<\cdots<\alpha_g=2g,$$

则

$$\begin{aligned}\tau(p)&=\sum_{j=1}^{g}(n_j-j)=\sum_{j=1}^{2g}j-\sum_{j=1}^{g}\alpha_j-\sum_{j=1}^{g}j\\&=\sum_{j=g+1}^{2g-1}j-\sum_{j=1}^{g-1}\alpha_j\leqslant\frac{3}{2}g(g-1)-g(g-1)\end{aligned}$$

$$= \frac{1}{2}g(g-1),$$

其中等号成立当且仅当 $\alpha_1 = 2$. □

推论 3.4.40 设 $g \geqslant 2$, 则 M 至少有 $2g+2$ 个 Weierstrass 点, 且 M 有 $2g+2$ 个 Weierstrass 点当且仅当它是超椭圆型的.

证明 设 M 的 Weierstrass 点个数为 W, 则

$$\frac{1}{2}g(g-1)W \geqslant \sum_{p \in M} \tau(p) = g(g-1)(g+1).$$

因此 $W \geqslant 2g+2$. 如果等号成立, 则对于每一个 Weierstrass 点 p, 均有

$$\tau(p) = \frac{1}{2}g(g-1).$$

这时 p 的最小非间隙数为 2, 从而存在 M 上的亚纯函数, 它以 p 为双极点. 因此, M 是超椭圆型的.

反之, 设 M 是超椭圆型的, $x : M \to \mathbb{S}$ 是重数为 2 的亚纯函数. 在第八小节中我们已经证明 x 有 $2g+2$ 个分歧点 $p_1, p_2, \cdots, p_{2g+2}$. 我们来说明这些分歧点就是 M 的 Weierstrass 点. 事实上, 如果 p_i 为 x 的极点, 则 p_i 必为 2 重极点, x 无其他极点, 从而 p_i 的第 2 个间隙数大于 2, 它的第 g 个间隙数就大于 g, 即 p_i 为 Weierstrass 点. 如果 $x(p_i) \in \mathbb{C}$, 则 p_i 是函数 $[x - x(p_i)]^{-1}$ 的 2 重极点, 同理可知 p_i 为 Weierstrass 点. 这些 Weierstrass 点的最小非间隙数为 2, 因此它们的权重均满足

$$\tau(p_i) = \frac{1}{2}g(g-1),$$

从而

$$\sum_{i=1}^{2g+2} \tau(p_i) = (2g+2)\frac{1}{2}g(g-1) = g(g-1)(g+1) = \sum_{p \in M} \tau(p).$$

这说明 $\{p_i\}$ 为所有的 Weierstrass 点. □

从推论的证明过程可以得到以下事实: 设 x_1 和 x_2 均为超椭圆型黎曼曲面上的重数为 2 的亚纯函数, 则 x_1 和 x_2 仅相差黎曼球面的一个全纯同构 (分式线性变换). 事实上, 取 p 为一个 Weierstrass 点, 则 p

是 x_1 和 x_2 的分歧点. 利用上述推论中的做法, 在经过适当的分式线性变换后, 可以假设 p 为 x_1 和 x_2 的 2 重极点, 即

$$x_1, x_2 \in l(2p).$$

因为 $\mathbb{C} \subset l(2p)$, $\dim l(2p) = 2$, 因此 x_1 和 x_2 只相差一个分式线性变换.

十、 曲面的全纯自同构

设 M 为黎曼曲面, 我们用 $\mathrm{Aut}(M)$ 表示 M 的全纯自同构群. 我们在前面的章节中已经能计算出 $\mathrm{Aut}(\mathbb{D})$, $\mathrm{Aut}(\mathbb{C})$ 及 $\mathrm{Aut}(\mathbb{S})$. 现在我们对一般的紧致黎曼曲面的全纯自同构群略作探讨.

设 G 为 $\mathrm{Aut}(M)$ 的有限子群, $p \in M$. 令

$$G_p = \{\varphi \in G \,|\, \varphi(p) = p\},$$

则 G_p 为 G 的子群, 称为 p 处的**迷向子群**. 我们来说明迷向子群均为循环群.

引理 3.4.41 *设 $M = \mathbb{D}, \mathbb{C}$ 或 $\mathbb{S}$, 则 $\mathrm{Aut}(M)$ 的有限子群在 $p \in M$ 处的迷向子群 G_p 为循环群.*

证明 当 $M = \mathbb{D}$ 时, 不妨设 $p = 0$. 对任意 $\varphi \in G_p$, 存在 n, 使得 $\varphi^n(z) \equiv z$. 这说明 $|\varphi'(0)| = 1$. 由 Schwarz 引理知, φ 是一个旋转. 易见旋转群的有限子群必为循环群, 从而 G_p 为循环群.

当 $M = \mathbb{C}$ 时, 不妨设 $p = 0$, 此时 $\varphi \in G_p$ 形如 $\varphi(z) = \lambda z$. 同理, φ 也是一个旋转, 从而 G_p 为循环群.

当 $M = \mathbb{S}$ 时, 不妨设 $p = \infty$, 此时 $\varphi \in G_p$ 形如 $\varphi(z) = az + b$, $a \in \mathbb{C}^*$. 如果 $a = 1$, 则 $\varphi^n(z) = z + nb$. 因此 $b = 0$, 即 $\varphi = id$. 当 $a \neq 1$ 时, $\varphi(z)$ 除了 ∞ 以外还有一个不动点. 我们断言, 这些不动点都是同一个点. 事实上, 如果 $\varphi, \psi \in G_p$, 则

$$\varphi\psi\varphi^{-1}\psi^{-1}(z) = z + b, \quad \varphi\psi\varphi^{-1}\psi^{-1} \in G_p.$$

根据刚才的讨论可得 $b = 0$, 即 $\varphi\psi = \psi\varphi$. 如果 $z_0 \in \mathbb{C}$ 是 φ 的不动点, 则

$$\varphi(\psi(z_0)) = \psi(\varphi(z_0)) = \psi(z_0),$$

即 $\psi(z_0)\in\mathbb{C}$ 也是 φ 的不动点, 因而 $\psi(z_0)=z_0$.

现在设 $z_0\in\mathbb{C}$ 是 G_p 的公共不动点, 令 $\psi(z)=z+z_0$, 则 $\psi^{-1}G_p\psi$ 保持 0 和 ∞ 不动. 这就转化成了 $M=\mathbb{C}$ 的情形. 这说明 $\psi^{-1}G_p\psi$ 为循环群, 从而 G_p 也是循环群. □

对于一般的黎曼曲面 M, 通过将全纯同构提升到 M 的万有复迭空间 $\widetilde{M}$ 上去, 再根据单值化定理和此引理, 我们同样得到有限迷向子群 G_p 必为循环群.

设 G 为 $\mathrm{Aut}(M)$ 的有限子群. 我们在 M 中定义等价关系 $\sim$ 如下: $p\sim q$ 当且仅当存在 $\varphi\in G$, 使得 $q=\varphi(p)$. 这种等价类的全体记为 M/G. 在 M/G 上定义商拓扑, 使得商投影

$$\pi: M\to M/G$$

为连续的开映射. 易见 M/G 仍为 Hausdorff 空间. 我们在 M/G 上定义复结构如下: 设 $p\in M$, 如果迷向子群 G_p 为平凡群, 则 π 在 p 附近是一一的, 将 M 在 p 附近的局部坐标通过 π^{-1} 拉回就成为 M/G 在 $\pi(p)$ 附近的局部坐标. 如果 G_p 非平凡, 则在 p 的适当坐标 z 下, $\varphi\in G_p$ 可局部表示为

$$\varphi(z)=e^{\frac{2\pi\sqrt{-1}}{n}}z.$$

此时 z^n 可视为 M/G 在 $\pi(p)$ 附近的局部坐标. 总之, 商空间 M/G 仍为黎曼曲面, 而 π 为全纯映射, 其分歧点是那些迷向子群的非平凡点.

利用上面的构造, 我们有

命题 3.4.42 *设 M 是紧致黎曼曲面, 则 M 是超椭圆型的当且仅当存在 $J\in\mathrm{Aut}(M)$, 使得 $J^2=1$, 且 J 有 $2g+2$ 个不动点.*

证明 只要证明充分性即可. 设 J 为满足条件的自同构, 则 J 生成了 $\mathrm{Aut}(M)$ 中的 2 阶子群 $\langle J\rangle$. 考虑商空间 $M/\langle J\rangle$ 及商投影:

$$\pi: M\to M/\langle J\rangle.$$

π 的重数为 2, 其分歧点为 J 的不动点, 且每个分歧数皆为 1, 因此 π 的总分歧数为

$$B_\pi=2g+2.$$

由 Riemann-Hurwitz 定理容易求出 $M/\langle J\rangle$ 的亏格为 0. 这说明 π 为 M 上重数为 2 的亚纯函数, 因此 M 是超椭圆型的. □

满足条件 $J^2=1$ 的全纯自同构 J 称为**对合同构**. 根据第九小节中的讨论, 上述命题中对合自同构的不动点正好为 M 的所有 Weierstrass 点. 下面我们说明超椭圆型黎曼曲面上的这种对合同构是唯一的.

命题 3.4.43 设 M 是超椭圆型黎曼曲面, T 为非平凡全纯自同构. 如果 T 的不动点至少有 5 个, 则 $T=J$, 其中 J 是保持 Weierstrass 点不动的全纯对合同构.

证明 设 $x: M\to\mathbb{S}$ 是 M 上重数为 2 的亚纯函数, 则 $x\circ T$ 也是 M 上重数为 2 的亚纯函数. 根据第九小节中的讨论, 存在分式线性变换 $A\in\mathrm{Aut}(\mathbb{S})$, 使得

$$x\circ T=A\circ x.$$

记 T 的不动点集为 $\mu(T)$, 则 $x(\mu(T))$ 中的点均为 A 的不动点. 如果 $\mu(T)$ 中至少有 5 个点, 则 $x(\mu(T))$ 中至少有 3 个不同的点 (因为 x 重数为 2), 从而 A 至少有 3 个不动点. 因此 $A=1$. 这说明

$$x=x\circ T,$$

即 T 是由 x 决定的对合同构. □

注 从证明可以看出, 如果 $T\in\mathrm{Aut}(M)$ 的不动点含有一个 Weierstrass 点, 则 T 至多有两个其他不动点, 除非 $T=1$ 或 J; 如果 $T\neq 1, J$ 的不动点含有两个 Weierstrass 点, 则它至多还有一个其他不动点; 如果 $T\neq 1$ 的不动点含有 3 个 Weierstrass 点, 则 $T=J$.

推论 3.4.44 设 M 是亏格为 g 的超椭圆型黎曼曲面, 则 M 的具有 $2g+2$ 个不动点的全纯对合自同构是唯一的, 且它属于 $\mathrm{Aut}(M)$ 的中心.

证明 唯一性是前一命题的直接推论. 如果 J 为具有 $2g+2$ 个不动点的对合自同构, 则 $T^{-1}JT$ 亦然 $(T\in\mathrm{Aut}(M))$. 这说明

$$T^{-1}JT=J.$$ □

下面我们考虑亏格 $g\geqslant 2$ 的一般紧致黎曼曲面上的全纯自同构群.

命题 3.4.45 设 M 是亏格为 g 的紧致黎曼曲面, $T\in\mathrm{Aut}(M)$, $T\neq 1$, 则 T 至多有 $2g+2$ 个不动点.

证明 因为 T 为自同构, 特别地它是非退化的, 因此它的不动点集是离散的, 从而只有有限多个. 取 $p \in M$, 使得 $T(p) \neq p$. 在 $l((g+1)p)$ 中取非常值亚纯函数 f. 考虑函数

$$h = f - f \circ T.$$

h 的极点为 p 或 $T^{-1}(p)$, 因此重数不超过 $2(g+1)$. T 的不动点均为 h 的零点, 因此其个数不超过 $2g+2$. □

我们注意到, 全纯自同构将 Weierstrass 点映为 Weierstrass 点. 假设 W 为 M 的 Weierstrass 点集合, 则 M 的自同构诱导了 W 的一个置换. 因此有群同态:

$$\lambda : \mathrm{Aut}(M) \to S_W,$$

其中 S_W 表示 W 的置换群.

定理 3.4.46 (Schwarz 定理) 设 M 是亏格为 $g \geqslant 2$ 的紧致黎曼曲面, 则 $\mathrm{Aut}(M)$ 为有限群.

证明 我们已经得到从 $\mathrm{Aut}(M)$ 到有限群 S_W 的同态

$$\lambda : \mathrm{Aut}(M) \to S_W.$$

如果 M 是非超椭圆型的, 则它的 Weierstrass 点个数大于 $2g+2$. 因此由前一命题, 有 $\mathrm{Ker}\lambda = \{1\}$. 此时 λ 为单同态, 从而 $\mathrm{Aut}(M)$ 为有限群.

如果 M 是超椭圆型的, 则根据上面的讨论可知, $\mathrm{Ker}\lambda = \{1, J\}$, 其中 J 是 M 对合自同构. 此时 $\mathrm{Aut}(M)$ 也是有限群. □

下面我们来给出 $\mathrm{Aut}(M)$ 的阶的估计. 为了方便起见, 记 $G = \mathrm{Aut}(M)$, 用 $N = |G|$ 表示 G 的阶数 (元素个数). 考虑全纯投影

$$\pi : M \to M/G.$$

我们知道 π 的重数为 N. 设 M/G 的亏格为 δ. 点 $p \in M$ 为 π 的分歧点当且仅当 $|G_p| > 1$, 此时 p 处的分歧数为 $|G_p| - 1$, 因此 π 的总分歧数为

$$B_\pi = \sum_{p \in M} (|G_p| - 1).$$

与 p 等价的点个数为 $|G/G_p|$, 每一个这样的点的分歧数均为 $(|G_p|-1)$.

因此, 设 $\{p_1, p_2, \cdots, p_k\}$ 是互不等价的分歧点, 记 $\nu_j = |G_{p_j}| \geqslant 2$ $(j = 1, 2, \cdots, k)$, 则

$$B_\pi = \sum_{j=1}^{k} |G/G_{p_j}|(|G_{p_j}| - 1) = N \sum_{j=1}^{k} \Big(1 - \frac{1}{\nu_j}\Big).$$

由 Riemann-Hurwitz 定理, 有

$$2g - 2 = 2N(\delta - 1) + N \sum_{j=1}^{k} \Big(1 - \frac{1}{\nu_j}\Big). \tag{3.3}$$

以下分情况讨论:

(1) $\delta \geqslant 2$. 此时, 由 (3.3) 式即得

$$2g - 2 \geqslant 2N,$$

因此

$$|G| = N \leqslant g - 1.$$

(2) $\delta = 1$. 此时, (3.3) 式成为

$$2g - 2 = N \sum_{j=1}^{k} \Big(1 - \frac{1}{\nu_j}\Big).$$

因为上式左端大于零, 所以 $k \geqslant 1$. 这表明

$$2g - 2 \geqslant N\Big(1 - \frac{1}{2}\Big),$$

因此

$$|G| = N \leqslant 4(g - 1).$$

(3) $\delta = 0$. 此时, (3.3) 式成为

$$2g - 2 = N\left(\sum_{j=1}^{k} \Big(1 - \frac{1}{\nu_j}\Big) - 2\right). \tag{3.4}$$

因为上式左端为正, 故 $k \geqslant 3$. 如果 $k \geqslant 5$, 则

$$2g - 2 \geqslant N\Big(5 \cdot \frac{1}{2} - 2\Big) = \frac{1}{2}N,$$

从而 $|G| \leqslant 4(g - 1)$. 如果 $k = 4$, 则 ν_j 不能全为 2 (否则 (3.4) 式右端为零). 这说明

$$2g-2 \geqslant N\Big(3\cdot\frac{1}{2}+\frac{2}{3}-2\Big)=\frac{1}{6}N,$$

即 $|G|=N\leqslant 12(g-1)$. 最后我们考虑 $k=3$ 的情形. 将 (3.4) 式改写为

$$2g-2=N\Big(1-\sum_{j=1}^{3}\frac{1}{\nu_j}\Big). \tag{3.5}$$

不妨设 $\nu_1\leqslant\nu_2\leqslant\nu_3$.

如果 $\nu_1=2$, 则 $\nu_2\geqslant 3$. 当 $\nu_2=3$ 时, $\nu_3\geqslant 7$. 此时

$$2g-2\geqslant N\Big(1-\frac{1}{2}-\frac{1}{3}-\frac{1}{7}\Big)=\frac{1}{42}N,$$

因此 $|G|\leqslant 84(g-1)$.

如果 $\nu_1=2, \nu_2=4$, 则 $\nu_3\geqslant 5$. 此时

$$2g-2\geqslant N\Big(1-\frac{1}{2}-\frac{1}{4}-\frac{1}{5}\Big)=\frac{1}{20}N,$$

因此 $|G|\leqslant 40(g-1)$.

如果 $\nu_1=2, \nu_2\geqslant 5$, 则 $\nu_3\geqslant 5$. 此时

$$2g-2\geqslant N\Big(1-\frac{1}{2}-2\cdot\frac{1}{5}\Big)=\frac{1}{10}N,$$

因此 $|G|\leqslant 20(g-1)$.

如果 $\nu_1=3$, 则 ν_2, ν_3 中至少有一个比 3 大. 此时

$$2g-2\geqslant N\Big(1-2\cdot\frac{1}{3}-\frac{1}{4}\Big)=\frac{1}{12}N,$$

因此 $|G|\leqslant 24(g-1)$.

如果 $\nu_1\geqslant 4$, 则 $\nu_2, \nu_3\geqslant 4$. 此时

$$2g-2\geqslant N\Big(1-3\cdot\frac{1}{4}\Big)=\frac{1}{4}N,$$

因此 $|G|\leqslant 8(g-1)$.

综合上述这些估计, 我们得到

定理 3.4.47 (Hurwitz 定理) 亏格为 $g\geqslant 2$ 的紧致黎曼曲面的全纯自同构群的阶数不超过 $84(g-1)$.

我们注意到, 全纯投影 $\pi: M \to M/G$ 的总分歧数

$$B_\pi = \sum_{p\in M}(|G_p|-1)$$

可以解释为所有迷向子群 G_p 中非单位元的元素个数, 而一个非单位元出现的次数正好是它的不动点的个数, 因此上式也可写为

$$B_\pi = \sum_{\varphi\neq 1}\nu(\varphi e),$$

其中 $\nu(\varphi)$ 表示 $\varphi\in G$ 的不动点个数. 利用这个观察, 我们来改进全纯自同构不动点个数的估计.

命题 3.4.48 设紧致黎曼曲面 M 的亏格 $g\geqslant 2$, $T\in \mathrm{Aut}(M)$, $T\neq 1$, 则 T 的不动点个数 $\nu(T)$ 满足

$$\nu(T)\leqslant 2+\frac{2g}{|T|-1},$$

其中 $|T|$ 表示 T 的阶.

证明 记 T 生成的有限循环群为 $\langle T\rangle$, 其阶为 $|T|$. 考虑全纯投影

$$\pi: M\to M/\langle T\rangle.$$

设 $M/\langle T\rangle$ 的亏格为 δ. 由 Riemann-Hurwitz 定理, 有

$$2g-2 = 2|T|(\delta-1)+\sum_{j=1}^{|T|-1}\nu(T^j).$$

因为 T 的不动点皆为 T^j 的不动点, 故

$$2g-2\geqslant 2|T|(\delta-1)+\nu(T)(|T|-1),$$

从而易得 $\nu(T)$ 的估计. □

推论 3.4.49 如果 M 是亏格为 g 的非超椭圆型黎曼曲面, 则

$$\nu(T)\leqslant 2g-1.$$

证明　如果 $|T|=2$, 则由于 M 是非超椭圆型的, 所以 $M/\langle T\rangle$ 的亏格 $\delta\geqslant 1$. 此时

$$2g-2=2|T|(\delta-1)+\nu(T)\geqslant\nu(T).$$

如果 $|T|\geqslant 3$, 则

$$\nu(T)\leqslant 2+g\leqslant 2g-1.$$

其中后一个不等式成立是因为非超椭圆型黎曼曲面的亏格不小于 3. □

习　题　3.4

1. 证明: 紧致黎曼曲面 M 的亏格为 1 当且仅当 M 上存在处处非零的全纯微分.

2. 设 $f:M\to N$ 是亏格分别为 g_M, g_N 的紧致黎曼曲面 M 和 N 之间的全纯映照. 不用 Riemann-Hurwitz 定理, 直接证明: 如果 f 非平凡, 则必有 $g_M\geqslant g_N$.

3. 证明: 亏格大于 1 的紧致黎曼曲面的万有复迭空间必定全纯同构于 $\mathbb{D}$.

4. 设紧致黎曼曲面 M 的亏格 $g\geqslant 1$, D 为 M 上的因子. 证明: 当 $d(D)\geqslant 1$ 时, $\dim l(D)\leqslant d(D)$. 说明这个上界是最佳的.

5. 考虑 $\mathbb{C}/\Lambda$ 上的因子 $2[0], 3[0]$, 证明:

$$l(2[0])=\mathrm{span}\{1,\mathfrak{p}\},\quad l(3[0])=\mathrm{span}\{1,\mathfrak{p},\mathfrak{p}'\}.$$

6. 证明: 黎曼曲面 $\mathbb{C}/\Lambda$ 上的椭圆函数 $\mathfrak{p}$ 可表示为

$$\mathfrak{p}(z)=\frac{1}{z^2}-\sum_{\omega\in\Lambda-\{0\}}\left[\frac{1}{(z-\omega)^2}-\frac{1}{\omega^2}\right].$$

7. 设 M 为紧致黎曼曲面, $p_1,p_2,\cdots,p_n$ 为 M 上的 n 个不同点, 而 $c_1,c_2,\cdots,c_n$ 为黎曼球面 $\mathbb{S}$ 上的 n 个不同点. 证明: 存在 M 上的亚纯函数 f, 使得 $f(p_i)=c_i\ (i=1,2,\cdots,n)$.

8. 证明: 存在全纯嵌入 $f:\ \mathbb{C}P^m\times\mathbb{C}P^n\to\mathbb{C}P^{mn+m+n}$.

9. 证明: 亏格大于 1 的紧致黎曼曲面到自身的非常值全纯映射必为全纯同构.

10. 证明：平面曲线 $\{[z] \in \mathbb{C}P^2 \mid z_0z_1 + z_1z_2 + z_2z_0 = 0\}$ 与黎曼球面全纯同构.

11. 设 M 是亏格为 g 的紧致黎曼曲面. 证明：$p \in M$ 为 Weierstrass 点当且仅当存在 M 上的亚纯函数 f, 它以 p 为唯一极点, 且重数不超过 g.

12. 设 M 是紧致黎曼曲面, $f : M \to \mathbb{S}$ 为非平凡亚纯函数, $T \in \mathrm{Aut}(M)$, $T \neq 1$. 证明：如果 $\nu(T)$ 大于 f 的重数的两倍, 则 $f = f \circ T$, 且 f 的重数是 $|T|$ 的倍数 (提示：考虑 $f - f \circ T$).

13. 设 M 是紧致黎曼曲面. 证明：如果 $T \in \mathrm{Aut}(M)$ $(T \neq 1)$ 的不动点数超过 4 个, 则其不动点均为 Weierstrass 点.

§3.5 Abel-Jacobi 定理

本节我们讨论这样的问题：紧致黎曼曲面上的因子在什么条件下成为主要因子? 显然, 必要条件是该因子次数为零. 在黎曼球面上这也是充分条件. 为了获得亏格大于零情形的充分条件, 我们需要一些预备知识. 首先考虑闭曲线和闭形式之间的对偶关系.

命题 3.5.1 设 ω 为黎曼曲面 M 上的闭 1 形式. 如果对任意闭曲线 σ, 均有

$$\int_\sigma \omega = 0,$$

则 ω 为恰当形式.

证明 固定 $p_0 \in M$, 定义函数 $f : M \to \mathbb{C}$ 如下：

$$f(p) = \int_{\sigma_{p_0p}} \omega,$$

其中 σ_{p_0p} 是连接 p 和 p_0 的曲线. 由于 ω 在闭曲线上的积分为零, 因此 f 的定义与连接 p 和 p_0 的曲线的选取无关. 显然有 $df = \omega$. □

命题 3.5.2 设 σ 为紧致黎曼曲面 M 上的闭曲线, 则存在唯一的调和 1 形式 ω_σ, 使得对于任意的闭 1 形式 η, 均有

$$\int_\sigma \eta = \int_M \omega_\sigma \wedge \eta.$$

证明 设 $\sigma:[0,1]\to M$ 为 M 上的闭曲线, $\sigma(0)=\sigma(1)$. 选取 $[0,1]$ 的分割

$$0=t_0<t_1<\cdots<t_n=1,$$

使得对于 $j=1,2,\cdots,n$, $\sigma([t_{j-1},t_j])$ 包含于 M 的一个坐标圆盘 D^j 中. 其中, 在 D^j 上有坐标映射 z_j, 使得 $z_j(D^j)=\mathbb{D}$. 我们还可以选取 $0<r<1$, 使得

$$\sigma([t_{j-1},t_j])\subset D^j_r=\{p\in D^j\mid |z_j(p)|<r\}.$$

考虑 D^j_r 中的亚纯函数 $\psi_j=[z-z(\sigma(t_j))][z-z(\sigma(t_{j-1}))]^{-1}$. 它具有单零点 $\sigma(t_j)$ 与单极点 $\sigma(t_{j-1})$. 我们可以将它光滑地延拓到整个 M 上. 为此, 取 $1>r'>r$, 设 ϕ_j 是 M 上的光滑截断函数, 满足条件

$$\phi_j(p)=1,\ \ \forall\ p\in D^j_r;\quad \phi_j(p)=0,\ \ \forall\ p\in M-D^j_{r'}.$$

另外, 取定函数 $\ln\psi_j$ 在 $D^j-D^j_r$ 上的一个单值化分支. 定义函数 $f_j:M-\{\sigma(t_{j-1})\}\to\mathbb{C}$ 如下:

$$f_j(p)=\begin{cases}\exp(\phi_j\psi_j), & p\in M-D^j_r,\\ \psi_j, & p\in D^j_r.\end{cases}$$

f_j 在 $M-D^j$ 上恒为 1, 因此是一个光滑函数. 令 $f=f_1f_2\cdots f_n$, 则 f 是整个 M 上都可以定义的且处处非零的光滑函数. 令

$$\omega'=\frac{1}{2\pi\sqrt{-1}}\frac{df}{f},$$

则 ω' 为 M 上的光滑 1 形式. 设 η 为 M 上的闭 1 形式, 我们证明

$$\int_\sigma\eta=\int_M\omega'\wedge\eta.$$

事实上, 选取以 $\sigma(t_j)$ 为中心的坐标圆盘 B^j, 并用 B^j_ε 表示中心为 $\sigma(t_j)$, 半径为 ε 的小圆盘. 在每个 D^j 内存在函数 g_j, 使得 $\eta=dg_j$. 我们计算如下:

$$\int_M\omega'\wedge\eta=\lim_{\varepsilon\to0}\int_{M-\bigcup\limits_j B^j_\varepsilon}\omega'\wedge\eta$$

$$
\begin{aligned}
&= \lim_{\varepsilon\to 0}\sum_{j=1}^{n}\frac{1}{2\pi\sqrt{-1}}\int_{M-\bigcup\limits_j B_\varepsilon^j}\frac{df_j}{f_j}\wedge\eta \\
&= \lim_{\varepsilon\to 0}\sum_{j=1}^{n}\frac{1}{2\pi\sqrt{-1}}\int_{D^j-B_\varepsilon^{j-1}-B_\varepsilon^j}\frac{df_j}{f_j}\wedge\eta \\
&= \lim_{\varepsilon\to 0}\sum_{j=1}^{n}\frac{1}{2\pi\sqrt{-1}}\int_{D^j-B_\varepsilon^{j-1}-B_\varepsilon^j}\frac{df_j}{f_j}\wedge dg_j \\
&= \lim_{\varepsilon\to 0}\sum_{j=1}^{n}\frac{1}{2\pi\sqrt{-1}}\int_{D^j-B_\varepsilon^{j-1}-B_\varepsilon^j}-d\left(g_j\frac{df_j}{f_j}\right) \\
&= \sum_{j=1}^{n}\lim_{\varepsilon\to 0}\frac{1}{2\pi\sqrt{-1}}\left(\int_{\partial B_\varepsilon^{j-1}}+\int_{\partial B_\varepsilon^j}\right)g_j\frac{df_j}{f_j} \\
&= \sum_{j=1}^{n}\left[g_j(\sigma(t_j))-g_j(\sigma(t_{j-1}))\right] \\
&= \sum_{j=1}^{n}\int_{\sigma|_{[t_{j-1},t_j]}}dg_j=\int_\sigma\eta.
\end{aligned}
$$

上面的计算过程用到了 Stokes 积分公式. 现在, 根据 Hodge 定理, 存在调和 1 形式 ω_σ, 使得

$$\omega'=\omega_\sigma+dg,$$

其中 g 为 M 上的光滑函数. 根据 Stokes 积分公式及前一命题可知, ω_σ 为所求的唯一调和 1 形式. □

我们把命题 3.5.2 中得到的调和 1 形式 ω_σ 称为闭曲线 σ 的**对偶形式**.

命题 3.5.3 设 σ 为闭曲线, f 为 σ 附近有定义的处处非零的光滑复函数, 则积分

$$\frac{1}{2\pi\sqrt{-1}}\int_\sigma\frac{df}{f}$$

为整数.

证明 我们可以用前一命题的证明方法证明, 也可以用下面的方法: 考虑 M 的万有复迭空间 $\widetilde{M}$ 及复迭映射 $\pi:\widetilde{M}\to M$. M 上的闭曲线 σ 可以提升为 $\widetilde{M}$ 上的曲线 $\tilde{\sigma}:[0,1]\to\widetilde{M}$, $\pi(\tilde{\sigma}(1))=\pi(\tilde{\sigma}(0))=\sigma(0)$.

单连通曲面 $\widetilde{M}$ 上的处处非零函数 $\pi^* f = f \circ \pi$ 可以求对数函数, 即

$$\pi^* f = e^g,$$

其中 g 为 $\widetilde{M}$ 上的光滑函数, 且

$$e^g(\tilde{\sigma}(1)) = f(\sigma(1)) = f(\sigma(0)) = e^g(\tilde{\sigma}(0)).$$

这说明 $g(\tilde{\sigma}(1)) - g(\tilde{\sigma}(0)) \in 2\pi\sqrt{-1}\,\mathbb{Z}$, 从而

$$\begin{aligned}\frac{1}{2\pi\sqrt{-1}}\int_\sigma \frac{df}{f} &= \frac{1}{2\pi\sqrt{-1}}\int_{\tilde{\sigma}} \pi^*\frac{df}{f} = \frac{1}{2\pi\sqrt{-1}}\int_{\tilde{\sigma}} dg \\ &= \frac{1}{2\pi\sqrt{-1}}[g(\tilde{\sigma}(1)) - g(\tilde{\sigma}(0))] \in \mathbb{Z}.\end{aligned}$$

□

现在, 假设闭曲线 σ 和 τ 的对偶形式分别为 ω_σ 和 ω_τ. 根据上述命题的证明, 我们知道积分

$$\int_M \omega_\sigma \wedge \omega_\tau = \int_\sigma \omega_\tau$$

总是整数, 称为这两条曲线 σ 和 τ 的**相交数**. 直观上来看, 相交数是这两条曲线互相穿越的 (几何) 次数. 根据闭曲面的光滑分类, 亏格为 g 的闭黎曼曲面 M 上总存在绕过给定点的 $2g$ 条闭曲线 $\sigma_1, \sigma_2, \cdots, \sigma_{2g}$, 使得这些闭曲线交于一个公共点, 且它们之间的相交数满足以下条件: σ_i 与 σ_{g+i} $(1 \leqslant i \leqslant g)$ 的相交数为 1, σ_{g+i} 与 σ_i 的相交数为 -1, 其他的相交数均为 0. 沿着这些闭曲线将曲面 M 割开后就得到一个有 $4g$ 条边的多边形. 或者说, M 可以看成从一个 $4g$ 边形将它的 $4g$ 条边两两叠合而来. 我们用 $\sigma_1\sigma_{g+1}\sigma_1^{-1}\sigma_{g+1}^{-1}\cdots\sigma_g\sigma_{2g}\sigma_g^{-1}\sigma_{2g}^{-1}$ 来表示这个多边形, 它也可以看成是 M 的万有复迭空间中的一个区域 P, P 的边界仍用这些 σ_i 和 σ_i^{-1} 来表示 (见图 3.1).

定理 3.5.4 设 M 是亏格为 g 的紧致黎曼曲面, η 为 M 上具有单极点 $\{p_1, p_2, \cdots, p_k\}$ 的亚纯微分, ω 为 M 上的全纯微分. 如上选取 $2g$ 条不经过这些极点的闭曲线 $\{\sigma_i\}$, 记

$$\Pi_i = \int_{\sigma_i} \omega, \quad N_i = \int_{\sigma_i} \eta, \quad i = 1, 2, \cdots, 2g,$$

则

$$\sum_{i=1}^{g}(\Pi_i N_{g+i} - \Pi_{g+i}N_i) = 2\pi\sqrt{-1}\sum_{j=1}^{k}\mathrm{Res}_{p_j}(\eta)\int_{p_0}^{p_j}\omega,$$

其中 p_0 是单连通区域 $M_0 = M - \{\sigma_1, \cdots, \sigma_2\}$ 中的一点, $\int_{p_0}^{p_j}\omega$ 表示 ω 沿着连接 p_0 与 p_j 且落在区域 M_0 中的曲线上的积分.

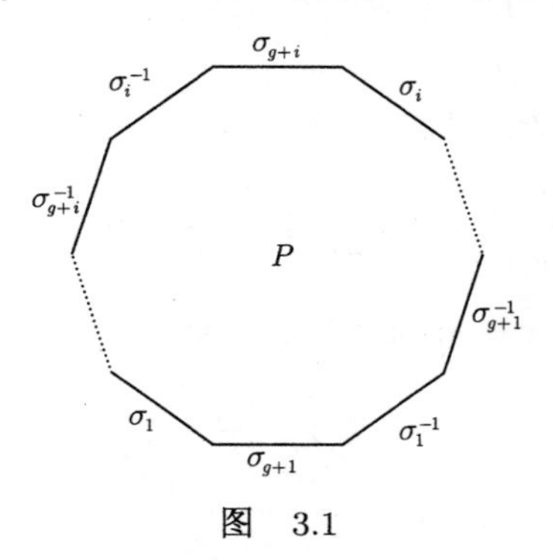

图 3.1

证明 定义映射 $I: M_0 \to \mathbb{C}$ 为

$$I(p) = \int_{p_0}^{p}\omega,$$

则 I 是恰当地定义的光滑函数, 且在 M_0 上有 $dI = \omega$. 根据留数定理的证明, 我们有

$$\begin{aligned}\int_{\partial M_0} I\eta &= 2\pi\sqrt{-1}\sum_{j=1}^{k}\mathrm{Res}_{p_j}(I\eta)\\ &= 2\pi\sqrt{-1}\sum_{j=1}^{k}\mathrm{Res}_{p_j}(\eta)\int_{p_0}^{p_j}\omega.\end{aligned} \tag{3.6}$$

我们也可在 P (见图 3.1) 上计算如下:

$$\int_{\sigma_i} I\eta + \int_{\sigma_i^{-1}} I\eta = \int_{\sigma_i}(I(z) - I(z^{-1}))\eta,$$

其中如果 z 表示 σ_i 上的点, 则用 z^{-1} 表示 σ_i^{-1} 上对应的点 (见图 3.2). 而由 ω 为闭形式得

$$I(z) - I(z^{-1}) = -\int_{\sigma_{g+i}} \omega = -\Pi_{g+i},$$

从而有

$$\int_{\sigma_i} I\eta + \int_{\sigma_i^{-1}} I\eta = -\Pi_{g+i}\int_{\sigma_i} \eta = -\Pi_{g+i}N_i.$$

同理可得

$$\int_{\sigma_{g+i}} I\eta + \int_{\sigma_{g+i}^{-1}} I\eta = \Pi_i N_{g+i}.$$

这两个等式结合起来就推出

$$\int_{\partial M_0} I\eta = \sum_{i=1}^{g}(\Pi_i N_{g+i} - \Pi_{g+i}N_i). \tag{3.7}$$

由 (3.6) 式和 (3.7) 式就得到了欲证结果. □

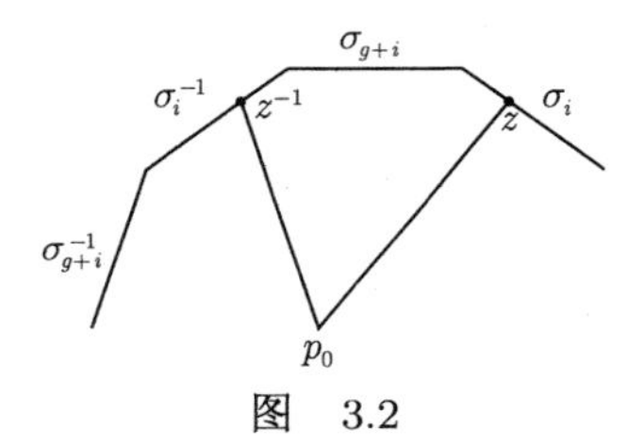

图 3.2

从上述定理的证明过程我们实际上可以得到下面的等式:

$$\int_M \omega\wedge\eta = \sum_{i=1}^{g}\left(\int_{\sigma_i}\omega\int_{\sigma_{g+i}}\eta - \int_{\sigma_{g+i}}\omega\int_{\sigma_i}\eta\right),$$

其中 ω, η 为任意光滑的闭 1 形式. 这也称为**双线性关系**. 下面我们来介绍双线性关系的简单应用.

命题 3.5.5 设 $\{\sigma_i\}$ 如上. 如果 ω 为全纯微分, 且

$$\int_{\sigma_i}\omega = 0, \quad i = 1, 2, \cdots, g,$$

则 ω 恒为零.

证明 由已知条件, 我们也有

$$\int_{\sigma_i}\overline{\omega} = 0, \quad i = 1, 2, \cdots, g,$$

从而由双线性关系得

$$\|\omega\|^2 = \int_M \omega \wedge *\overline{\omega} = \sqrt{-1}\int_M \omega \wedge \overline{\omega} = 0,$$

因此 $\omega = 0$. □

推论 3.5.6 *存在 $\mathcal{H}$ 的一组基 $\{\omega_i\}_{i=1}^g$, 使得*

$$\int_{\sigma_i} \omega_j = \delta_{ij}, \quad i,j = 1,2,\cdots,g.$$

证明 设 ω_i' $(i=1,2,\cdots,g)$ 为 $\mathcal{H}$ 的一组基. 我们断言 g 阶方阵

$$\left(\int_{\sigma_i} \omega_j'\right)_{g\times g}$$

是非退化的. 事实上, 设 $c_j \in \mathbb{C}$, 使得

$$\sum_{j=1}^n c_j \int_{\sigma_i} \omega_j' = 0, \quad i = 1,2,\cdots,g,$$

则

$$\int_{\sigma_i}\left(\sum_{j=1}^n c_j\omega_j'\right) = 0, \quad i=1,2,\cdots,g.$$

这说明 $\sum_{j=1}^n c_j\omega_j' = 0$, 从而 $c_j = 0$ $(j=1,2,\cdots,g)$. 现在对基 $\{\omega_i'\}$ 做适当的线性变换就可得到所需要的新的基. □

我们把满足上述推论条件的基 $\{\omega_i\}$ 称为 $\mathcal{H}$ 的一组**典则基**. 记

$$Z = \left(\int_{\sigma_{g+i}} \omega_j\right)_{g\times g},$$

则有

命题 3.5.7 *Z 为 g 阶对称方阵, 且其实部是正定对称的.*

证明 根据双线性关系, 我们有

$$\begin{aligned}0 = \int_M \omega_i \wedge \omega_j &= \sum_{k=1}^g \left(\delta_{ki}\int_{\sigma_{g+k}} \omega_j - \delta_{kj}\int_{\sigma_{g+k}} \omega_i\right)\\ &= \int_{\sigma_{g+i}} \omega_j - \int_{\sigma_{g+j}} \omega_i.\end{aligned}$$

这说明 Z 是对称矩阵. 同理, 有

$$\int_M \omega_i \wedge \bar{\omega_j} = -\sqrt{-1}\,\mathrm{Im}\Big(\int_{\sigma_{g+i}} \omega_j\Big).$$

因此, 当 $c_i \in \mathbb{R}$ 时, 令 $\omega = \sum_{i=1}^{g} c_i\omega_i$, 则

$$\begin{aligned} 0 \leqslant \|\omega\|^2 &= \sqrt{-1}\int_M \omega \wedge \overline{\omega} \\ &= \sqrt{-1}\sum_{j,k=1}^{g} c_j c_k \int_M \omega_j \wedge \bar{\omega_k} \\ &= \sum_{j,k=1}^{g} \mathrm{Im}\Big(\int_{\sigma_{g+j}} \omega_k\Big) c_j c_k. \end{aligned}$$

这说明 $\mathrm{Im}\, Z$ 为正定矩阵. □

下面我们来定义所谓的 Abel-Jacobi 映射.

命题 3.5.8 设 $\{\sigma_i\}$ 如前, 记 ω_{σ_i} 为闭曲线 σ_i 的对偶调和形式, 则

(i) $\{\omega_{\sigma_i}\}$ 是 M 上调和 1 形式空间 H^1 的一组基;

(ii) 如果 σ 为闭曲线, 那么其对偶形式可表示为

$$\omega_\sigma = \sum_{i=1}^{g} (n_{g+i}\,\omega_{\sigma_i} - n_i\,\omega_{\sigma_{g+i}}),$$

其中 n_i 是 σ 与 σ_i 的相交数.

证明 (i) 只要证明 $\{\omega_{\sigma_i}\}$ 线性无关即可. 设 $c_i \in \mathbb{C}$, 使得

$$\sum_{i=1}^{2g} c_i\omega_{\sigma_i} = 0,$$

则对 $j = 1, 2, \cdots, 2g$, 有

$$0 = \int_M \Big(\sum_{i=1}^{2g} c_i\omega_{\sigma_i} \wedge \omega_{\sigma_j}\Big).$$

由 $\{\sigma_i\}$ 的选取可知, 当 $j = 1, 2, \cdots, g$ 时, 上式给出 $0 = -c_{g+j}$; 当 $j = g+1, g+2, \cdots, 2g$ 时, 上式给出 $0 = c_{j-g}$. 总之 $c_j = 0\ (j = 1, 2, \cdots, 2g)$.

(ii) 的证明留作习题. □

对任意闭曲线 σ, 定义线性泛函 $\phi(\sigma):\mathcal{H}\to\mathbb{C}$ 为

$$\phi(\sigma)(\omega)=\int_\sigma\omega.$$

根据刚才的命题, 所有闭曲线所生成的泛函在 g 维复线性空间 $\mathcal{H}^*$ 中生成一格点群, 记为 $\mathrm{Im}\phi$. 我们把商空间 (群) $\mathcal{H}^*/\mathrm{Im}\phi$ 称为黎曼曲面 M 的 **Jacobi 簇**, 记为 $J(M)$. 它是一个 g 维紧致复流形 (复环面).

固定一点 $p_0\in M$, 设 ω_i $(i=1,2,\cdots,g)$ 为 $\mathcal{H}$ 的一组典则基. 对于 $p\in M$, 选择连接 p_0 和 p 的曲线, 令 $\mu(p)\in\mathcal{H}^*$ 为

$$\mu(p)(\omega)=\int_{p_0}^{p}\omega,\quad\forall\,\omega\in\mathcal{H}.$$

这个线性泛函跟连接 p_0 和 p 的曲线有关. 然而, $\mu(p)$ 在商空间 $J(M)$ 中的像与曲线的选取无关. 我们把这个像仍记为 $\mu(p)$. 这样就定义了映射 $\mu:M\to J(M)$, 称为 **Abel-Jacobi 映射**. 如果 $D=\sum\limits_k n_kp_k$ 为一个因子, 则规定

$$\mu(D)=\sum_k n_k\mu(p_k)\in J(M).$$

定理 3.5.9 (Abel 定理) 设 M 是亏格为 $g\geqslant 1$ 的紧致黎曼曲面, 因子 D 的次数为零, 即 $d(D)=0$, 则因子 D 为主要因子当且仅当 $\mu(D)=0\in J(M)$.

在证明这个定理之前先给出两个引理.

引理 3.5.10 设 p,q $(p\neq q)$ 为黎曼曲面 M 上的两点, 则存在唯一的亚纯微分 ω_{pq}, 使得

(i) ω_{pq} 以 p, q 为单极点, 它没有其他极点, 且 ω_{pq} 在 p 处的留数为 1, 在 q 处的留数为 -1;

(ii) 对于前述闭曲线 $\{\sigma_i\}$, 有

$$\int_{\sigma_i}\omega_{pq}=0,\quad i=1,2,\cdots,g.$$

证明 考虑因子 $-p-q$. 显然, $l(-p-q)=\varnothing$. 因此, 由 Riemann-Roch 公式, 有

$$0 = \dim l(-p-q) = \dim i(-p-q) + d(-p-q) + 1 - g.$$

这说明 $\dim i(-p-q) = g+1$. 因为 $\mathcal{H} \subset i(-p-q)$ 的维数为 g, 所以 $i(-p-q)$ 中存在非全纯的亚纯微分 ω_{pq}, 此亚纯微分的极点只能为 p 或 q, 且为单极点. 由留数定理知 p, q 正好都是 ω_{pq} 的极点. 通过规一化不妨假设 ω_{pq} 在 p 处的留数为 1, 在 q 处的留数为 -1. 剩下的证明留作习题. □

引理 3.5.11 设 ω_i $(i=1,2,\cdots,g)$ 为 $\mathcal{H}$ 的典则基, 则上述亚纯微分 ω_{pq} 满足条件

$$\int_{\sigma_{g+i}} \omega_{pq} = 2\pi\sqrt{-1}\int_q^p \omega_i, \quad i=1,2,\cdots,g,$$

其中积分所沿的从 q 到 p 的曲线在 M_0 (P) 内取.

证明 对全纯微分 ω_i 及亚纯微分 ω_{pq} 用双线性关系, 有

$$\sum_{j=1}^{g}\left(\int_{\sigma_j}\omega_i\int_{\sigma_{g+j}}\omega_{pq} - 0\right) = 2\pi\sqrt{-1}\left(\int_{p_0}^{p}\omega_i - \int_{p_0}^{q}\omega_i\right).$$

因为 $\{\omega_i\}$ 为典则基, 从而 $\displaystyle\int_{\sigma_j}\omega_i = \delta_{ij}$, 故由上式立即推出我们所需要的结论. □

Abel 定理的证明 当 D 是次数为 0 的因子时, 我们可以把 D 写为

$$D = \sum_{j=1}^{k}(p_j - q_j), \quad p_i \neq q_j.$$

如果 $D=(f)$ 为主要因子, 令

$$\int_{\sigma_i}\frac{df}{f} = 2\pi\sqrt{-1}\alpha_i, \quad \alpha_i \in \mathbb{Z}, \quad i=1,2,\cdots,2g.$$

由于亚纯微分 $\dfrac{df}{f}$ 和 $\displaystyle\sum_{j=1}^{k}\omega_{p_jq_j}$ 有相同的极点和留数, 从而 $\displaystyle\frac{df}{f} - \sum_{j=1}^{k}\omega_{p_jq_j} = \sum_{i=1}^{g}c_i\omega_i$ 为全纯微分. 我们有

$$c_i = \int_{\sigma_i} \sum_{j=1}^{g} c_j \omega_j = \int_{\sigma_i} \frac{df}{f} = 2\pi\sqrt{-1}\alpha_i, \quad i = 1, 2, \cdots, g.$$

另外, 有

$$\int_{\sigma_{g+i}} \frac{df}{f} - \sum_{j=1}^{k} \int_{\sigma_{g+i}} \omega_{p_j q_j} = \sum_{j=1}^{g} 2\pi\sqrt{-1}\alpha_j \int_{\sigma_{g+i}} \omega_j,$$

上式整理后成为

$$\alpha_{g+i} - \sum_{j=1}^{k} \int_{q_j}^{p_j} \omega_i = \sum_{j=1}^{g} \alpha_j \int_{\sigma_{g+j}} \omega_i.$$

利用 Abel-Jacobi 映射, 上式可进一步改写为

$$\begin{aligned} \mu(D)(\omega_i) &= \alpha_{g+i} - \sum_{j=1}^{g} \alpha_j \int_{\sigma_{g+j}} \omega_i \\ &= \sum_{j=1}^{g} \left(\alpha_{g+j} \int_{\sigma_j} - \alpha_j \int_{\sigma_{g+j}} \right) \omega_i, \end{aligned}$$

因此

$$\mu(D)(\omega) = \sum_{j=1}^{g} \left(\alpha_{g+j} \int_{\sigma_j} - \alpha_j \int_{\sigma_{g+j}} \right) \omega, \quad \forall\, \omega \in \mathcal{H}.$$

由 $\alpha_i \in \mathbb{Z}$ $(i = 1, 2, \cdots, 2g)$ 即知 $\mu(D) = 0 \in J(M)$.

反之, 如果 $\mu(D) = 0 \in J(M)$, 则存在整数 β_i $(i = 1, 2, \cdots, 2g)$, 使得

$$\mu(D)(\omega) = \left(\sum_{j=1}^{2g} \beta_j \int_{\sigma_j} \right) \omega, \quad \forall\, \omega \in \mathcal{H}.$$

令 $\eta = \sum_{j=1}^{k} \omega_{p_j q_j} - 2\pi\sqrt{-1} \sum_{j=1}^{g} \beta_{g+j} \omega_j$, 则

$$\int_{\sigma_i} \eta = -2\pi\sqrt{-1} \sum_{j=1}^{g} \beta_{g+j} \int_{\sigma_i} \omega_j = -2\pi\sqrt{-1}\beta_{g+i}.$$

同理, 有

$$\begin{aligned}\int_{\sigma_{g+i}}\eta &= 2\pi\sqrt{-1}\sum_{j=1}^{k}\int_{q_j}^{p_j}\omega_i - 2\pi\sqrt{-1}\sum_{j=1}^{g}\beta_{g+j}\int_{\sigma_{g+i}}\omega_j\\ &= 2\pi\sqrt{-1}\left(\sum_{j=1}^{2g}\beta_j\int_{\sigma_j}\right)\omega_i - 2\pi\sqrt{-1}\sum_{j=1}^{g}\beta_{g+j}\int_{\sigma_{g+j}}\omega_i\\ &= 2\pi\sqrt{-1}\left(\sum_{j=1}^{g}\beta_j\int_{\sigma_j}\right)\omega_i\\ &= 2\pi\sqrt{-1}\beta_i.\end{aligned}$$

这说明, 对任意不经过 D 的闭曲线 σ, 均有

$$\int_{\sigma}\eta \in 2\pi\sqrt{-1}\,\mathbb{Z}.$$

因此, 如下函数 $f: M \to \mathbb{S}$ 是恰当地定义的亚纯函数:

$$f(p) = \exp\left(\int_{p_0}^{p}\eta\right), \quad p \in M.$$

显然有 $(f) = D$. □

我们知道, 次数同态 $d: \overline{\mathcal{D}} \to \mathbb{Z}$ 是从因子群到整数加群的同态, 主要因子群 $\mathcal{P}$ 为 $\operatorname{Ker} d$ 的子群. 我们称商群 $\operatorname{Ker} d/\mathcal{P}$ 为 M 的 **Picard 群**, 记为 $\operatorname{Pic}_0(M)$. Abel-Jacobi 映射自然诱导了加群同态:

$$j: \operatorname{Pic}_0(M) \to J(M), \quad j([D]) = \mu(D).$$

Abel 定理告诉我们, 这是一个单同态. 下面我们来说明 j 实际上也是一个满同态.

引理 3.5.12 设 M 是亏格为 g 的紧致黎曼曲面, (U, z) 为 M 的一个局部坐标系, 则存在 U 中 g 个不同的点 $p_1, p_2, \cdots, p_g$ 及 $\mathcal{H}$ 的一组基 $\varphi_1, \varphi_2, \cdots, \varphi_g$, 使得矩阵

$$\big(f_i(p_j)\big)_{g\times g}$$

是非退化的, 其中 $f_i\,dz$ 是 φ_i 的局部表示.

证明 先取 M 上的非零全纯微分 φ_1. φ_1 在 U 中不能恒为零, 因此存在一点, 记为 $p_1 \in U$, 使得 φ_1 在 p_1 处非零. 由于 $\dim i(p_1) = g-1$,

我们可以在 $i(p_1) \subset \mathcal{H}$ 中取全纯微分 φ_2, 使得 φ_2 在某点 $p_2 \in U$ 处非零. 这说明 $\dim i(p_1+p_2) = g-2$, 因此又可以在 $i(p_1+p_2)$ 中取全纯微分 φ_3, 使得 φ_3 在某点 $p_3 \in U$ 处非零. 如法炮制, 我们就得到 g 个点 $p_1, p_2, \cdots, p_g \in U$ 及 g 个非零全纯微分 $\varphi_1, \varphi_2, \cdots, \varphi_g$, 使得

$$\varphi_i(p_j) = 0, \quad j = 1, 2, \cdots, i-1; \quad \varphi_i(p_i) \neq 0.$$

如果在 U 内 $\varphi_i = f_i\, dz\ (i = 1, 2, \cdots, g)$, 则 g 阶方阵

$$\big(f_i(p_j)\big)_{g \times g}$$

为下三角形的, 且对角线元素不为零, 因而为非退化的矩阵. 显然, $\{\varphi_i\}$ 为 $\mathcal{H}$ 的一组基. □

现在设 $p_1, p_2, \cdots, p_g$ 是这个引理中的 g 个点, 我们定义一个新的映射如下：设 $M^g = M \times \cdots \times M$ (乘积流形), 定义

$$\Psi : M^g \to \mathrm{Pic}_0(M), \quad \Psi(x_1, \cdots, x_g) = \sum_{i=1}^{g}(x_i - p_i) \bmod \mathcal{P}.$$

记复合映射 $j \circ \Psi$ 为 J. 显然 Jacobi 簇 $J(M)$ 是复合映射 J 的像, 我们有

定理 3.5.13 (Jacobi 定理) 映射 $\Psi : M^g \to \mathrm{Pic}_0(M)$ 为满射, $j : \mathrm{Pic}_0(M) \to J(M)$ 为加群同构, 因而 $J : M^g \to J(M)$ 也是满射.

证明 设 D 是次数为零的因子. 考虑次数为 g 的因子

$$D' = D + p_1 + p_2 + \cdots + p_g.$$

由 Riemann-Roch 公式, 有

$$\dim l(D') \geqslant d(D') + (1-g) = 1,$$

因此存在非零亚纯函数 $f \in l(D')$. 此时, $(f) + D'$ 是次数为 g 的有效因子, 因而可以写为

$$(f) + D' = x_1 + x_2 + \cdots + x_g, \quad x_i \in M,\ i = 1, 2, \cdots, g.$$

这说明 $\Psi(x_1, \cdots, x_g) = [D] \in \mathrm{Pic}_0(M)$, 即 Ψ 为满射.

根据 Abel 定理, j 为单射. 由于 j 为加群同态, 为了说明 j 为同构, 只要证明 j 的像包含 $[0] \in J(M)$ 的一个开邻域即可. 我们只需证明, $J = j \circ \Psi$ 的像包含这样的一个开邻域. 为此, 取 $[0] \in J(M)$ 附近的一个局部坐标映射如下: 它将 $\lambda \in \mathcal{H}^*$ 映为 $(\lambda(\varphi_1), \cdots, \lambda(\varphi_g)) \in \mathbb{C}^g$, 其中 $\{\varphi_i\}$ 是引理 3.5.12 中 $\mathcal{H}$ 的一组基. 在 U 中取以 p_i 为中心的两两不交的坐标圆盘 B_i, B_i 上的坐标函数仍取为 z. 在这些坐标之下, J 的局部表示为

$$F(z_1, \cdots, z_g) = \left(\sum_{j=1}^{g} \int_{p_j}^{z_j} f_1 \, dz, \cdots, \sum_{j=1}^{g} \int_{p_j}^{z_j} f_g \, dz \right),$$

其中积分所用曲线都在各自坐标圆盘中选取. 如果 F 的第 i 个分量记为 F_i, 则

$$\frac{\partial F_i}{\partial z_j} = f_i(z_j).$$

因此, 根据引理 3.5.12, J 在 $(p_1, \cdots, p_g) \in M^g$ 处的 Jacobi 矩阵是非退化的. 由逆映射定理即知 J 的像包含了一个开邻域. 这就证明了所需结论. □

当紧致黎曼曲面 M 的亏格为 1 时, 我们可以得到一个明确的从 M 到一个黎曼环面的全纯同构映射, 即有

定理 3.5.14 当紧致黎曼曲面 M 的亏格 $g = 1$ 时, 映射 $\mu : M \to J(M)$ 和 $J : M \to J(M)$ 均为全纯同构.

证明 注意到亏格为 1 时 μ 和 J 是同一类映射. 以 μ 为例, 我们说明 μ 为单射: 如果 $p \neq q$, 且 $\mu(p) = \mu(q)$, 则 $\mu(p - q) = 0$. 由 Abel 定理知, $p - q = (f)$, $f : M \to \mathbb{S}$ 为亚纯函数. 此时 f 仅有一个极点, 且为单极点, 从而 f 为全纯同构. 这与 $g = 1$ 相矛盾. 现在 $\mu : M \to J(M)$ 是从 M 到黎曼环面的全纯单射, 因此必为全纯同构. □

如同亚纯函数域那样, 紧致黎曼曲面 M 的 Jacobi 簇 $J(M)$ 也完全决定了 M. 这是 Torelli 定理的结论, 它的证明超出了本书的范围.

习 题 3.5

1. 证明: 亏格为 g 的紧致黎曼曲面上存在 g 个不同的点, 使得在这些点处为零的全纯微分必恒为零.

2. 设 $\{p_i\}$ 为紧致黎曼曲面 M 上 n $(n \geqslant 2)$ 个互不相同的点, $\{a_i\}$ 为 n 个复数, 它们的和为零. 证明: 存在 M 上的亚纯微分 ω, 使得它以 $\{p_i\}$ 为单极点, 且在 p_i 处留数为 a_i.

3. 设 f, g 为紧致黎曼曲面 M 上的亚纯函数, 且 (f) 与 (g) 无公共点. 用双线性关系的证明办法证明:

$$\prod_{p \in M} [f(p)]^{\nu_p(g)} = \prod_{p \in M} [g(p)]^{\nu_p(f)}.$$

这个结果称为 **Weil 定理**.

4. 对于任给复数 c_i $(i = 1, 2, \cdots, g)$, 证明: 存在全纯微分 ω, 使得

$$\int_{\sigma_i} \omega = c_i, \quad i = 1, 2, \cdots, g.$$

5. 证明: Jacobi 映射 $\mu : M \to J(M)$ 是全纯的.

6. 设 a_i, b_i $(i = 1, 2, \cdots, n)$ 为黎曼环面 $\mathbb{C}/\Lambda$ 上的点, $a'_i, b'_i \in \mathbb{C}$ 是同一基本四边形中投影到 a_i, b_i 的对应点. 证明: 因子 $D = \sum\limits_{i=1}^{n}(a_i - b_i)$ 为主要因子当且仅当 $\sum\limits_{i=1}^{n}(a'_i - b'_i) \in \Lambda$.

第四章　曲面与上同调

在前一章中, 利用 Hodge 定理, 我们用较为初等的方法证明了重要的 Riemann-Roch 公式. 我们在本章中将引入曲面上的全纯线丛, 层及层的上同调等概念, 并把 Riemann-Roch 公式重新解释为一个指标公式.

§4.1　全纯线丛的定义

在第二章 §2.2 中介绍切向量场和微分形式的时候我们其实已经遇到了丛的概念. 现在我们稍加详细地予以研究. 首先, 从先前的例子出发, 我们回顾一下切丛.

设 M 为黎曼曲面, 任给 $p \in M$, p 处的切空间是一个实的 2 维向量空间, 其复化 $T_pM \otimes \mathbb{C}$ 是一个复 2 维向量空间, 并且有分解

$$T_pM \otimes \mathbb{C} = T_{ph}M \oplus \overline{T_{ph}M}.$$

如果 $z = x + \sqrt{-1}\,y$ 为 p 附近的局部复坐标, 则

$$T_pM = \mathrm{span}\left\{ \frac{\partial}{\partial x}\bigg|_p, \frac{\partial}{\partial y}\bigg|_p \right\},$$

这里

$$T_{ph}M = \mathrm{span}\left\{ \frac{\partial}{\partial z}\bigg|_p \right\}, \quad \overline{T_{ph}M} = \mathrm{span}\left\{ \frac{\partial}{\partial \bar{z}}\bigg|_p \right\}.$$

令 $T_hM = \bigcup\limits_{p\in M} T_{ph}M$, 在 T_hM 上定义拓扑如下: 设 U_α 为局部坐标邻域, 定义映射

$$\psi_\alpha : \bigcup_{p\in U} T_{ph}M \to U_\alpha \times \mathbb{C},$$

$$X_p = a\frac{\partial}{\partial z}\bigg|_p \mapsto (p, a),$$

并规定 ψ_α 为同胚, 而 T_hM 的拓扑就是由

$$\Big\{\bigcup_{p\in U_\alpha} T_{ph}M \text{ 中的开集}\,\Big|\,U_\alpha\subset M\Big\}$$

这些开集所生成的. 在这个拓扑之下, 投影 $\pi: T_hM\to M$, $\pi(X_p)=p$ 为连续的开映射, 且显然

$$\pi^{-1}(U_\alpha)=\bigcup_{p\in U_\alpha} T_{ph}M.$$

不只如此, 拓扑空间 T_hM 还具有其他好的性质:

(1) T_hM 为 2 维复流形. 事实上, 设 $\{U_\alpha\}$ 为 M 的坐标覆盖, $z_\alpha=x_\alpha+\sqrt{-1}\,y_\alpha$ 为 U_α 上的坐标函数, 则 $\{\pi^{-1}(U_\alpha)\}$ 为 T_hM 的开覆盖, 并且 $(z_\alpha, id)\circ\psi_\alpha$ 为 $\pi^{-1}(U_\alpha)$ 上的坐标映射. 当 $U_\alpha\cap U_\beta\neq\varnothing$ 时, 转换映射形如

$$(z_\beta, id)\circ\psi_\beta\circ\psi_\alpha^{-1}\circ(z_\alpha, id)^{-1}(a,b)=\Big(z_\beta\circ z_\alpha^{-1}, \Big(\frac{\partial}{\partial z_\alpha}z_\beta\Big)\cdot b\Big),$$

其中 $a\in z_\alpha(U_\alpha\cap U_\beta)$, $b\in\mathbb{C}$. 转换映射为全纯映射, 因此 T_hM 为复流形, ψ_α 为双全纯映射.

(2) 投影 $\pi: T_hM\to M$ 为全纯的满射. 这从上一条性质立即可以得到.

(3) 考虑映射 $g_{\beta\alpha}: U_\alpha\cap U_\beta\to\mathbb{C}^*$, $g_{\beta\alpha}(p)=\dfrac{\partial}{\partial z_\alpha}\Big|_p z_\beta$. 这是全纯函数, 并且满足关系

$$g_{\alpha\alpha}=1,\quad g_{\beta\alpha}\cdot g_{\alpha\gamma}\cdot g_{\gamma\beta}=1.$$

我们将 T_hM 称为 M 的**全纯切丛**, ψ_α 称为全纯切丛的**局部平凡化**, $g_{\beta\alpha}$ 称为**连接函数**.

一般地, 我们可以如下定义黎曼曲面上的全纯线丛:

定义 4.1.1 设 M 为黎曼曲面, L 为 2 维复流形, $\pi: L\to M$ 为全纯满射. 如果存在 M 的开覆盖 $\{U_\alpha\}$ 及双全纯映射 $\psi_\alpha:\pi^{-1}(U_\alpha)\to U_\alpha\times\mathbb{C}$ 满足条件

(i) $\psi_\alpha(\pi^{-1}(p))=\{p\}\times\mathbb{C},\ \forall\, p\in U_\alpha$;

(ii) 当 $U_\alpha\cap U_\beta\neq\varnothing$ 时, 存在全纯函数 $g_{\beta\alpha}: U_\alpha\cap U_\beta\to\mathbb{C}^*$, 使得

$$\psi_\beta \circ \psi_\alpha^{-1}(p,a) = (p, g_{\beta\alpha}(p)\cdot a), \quad \forall\, p \in U_\alpha \cap U_\beta,\ a \in \mathbb{C},$$

则称 L 为 M 上的**全纯线丛**, 并称 π 为**丛投影**.

如同全纯切丛那样, 称 ψ_α 为局部平凡化, $g_{\beta\alpha}$ 为连接函数. 我们还称 $\pi^{-1}(p)$ 为点 p 上的**纤维**. 由定义中的条件 (i) 知, 任何纤维都和 $\mathbb{C}$ 同胚; 进一步, 由条件 (ii) 知, 纤维 $\pi^{-1}(p)$ 中还可自然地定义复线性结构, 使之线性同构于 $\mathbb{C}$. 有时也用 L_p 表示纤维 $\pi^{-1}(p)$.

在全纯线丛的定义中, 连接函数处于非常重要的位置. 直观地看, 一个全纯线丛就是由这些连接函数把若干乘积空间 "粘结" 在一起形成的, 在 "粘结" 的过程中, 要始终保持每一根纤维的线性性. 我们对这个过程用数学的语言描述如下: 首先, 注意到连接函数满足下面的性质:

$$g_{\alpha\alpha} = 1,\ \forall\, U_\alpha; \quad g_{\beta\alpha}\cdot g_{\alpha\gamma}\cdot g_{\gamma\beta} = 1,\ \forall\, U_\alpha \cap U_\beta \cap U_\gamma \neq \varnothing. \tag{4.1}$$

特别地, $g_{\alpha\beta} = (g_{\beta\alpha})^{-1}$. 反之, 如果有这样一族全纯函数 $\{g_{\alpha\beta}\}$ 满足条件 (4.1), 则定义商空间

$$L = \coprod_\alpha (U_\alpha \times \mathbb{C})\Big/ \sim,$$

其中等价关系 $\sim$ 定义如下: 任给 $(p,a) \in U_\alpha \times \mathbb{C}$, $(q,b) \in U_\beta \times \mathbb{C}$, 规定

$$(p,a) \sim (q,b) \Longleftrightarrow p = q,\ b = g_{\beta\alpha}(p)a.$$

L 的拓扑由商拓扑给出. 用 $[p,a]$ 表示 (p,a) 的等价类, 定义投影 $\pi : L \to M$ 为 $\pi([p,a]) = p$, 则不难验证 L 在投影 π 之下成为 M 上的全纯线丛.

例 4.1.1 平凡线丛.

令 $L = M \times \mathbb{C}$, $\pi : L \to M$ 是向第一个分量的投影. 显然, L 为 M 上的全纯线丛, 其局部平凡化为恒同映射, 连接函数恒为 1. 这一全纯线丛称为**平凡线丛**.

例 4.1.2 全纯余切丛 T_p^*M.

和全纯切丛完全类似, 我们可以定义全纯余切丛. 设 M 为黎曼曲面, 任给 $p \in M$, 余切空间 T_p^*M 复化后有直和分解

$$T_p^*M \otimes \mathbb{C} = T_{ph}^*M \oplus \overline{T_{ph}^*M}.$$

如果 $z = x + \sqrt{-1}\,y$ 是 p 附近的局部复坐标, 则 $T_{ph}^*M = \mathrm{span}\{dz|_p\}$. 令

$$T_h^*M = \bigcup_{p \in M} T_{ph}^*M.$$

如同切丛那样, 我们可以在 T_h^*M 上定义复结构使之成为 2 维复流形. 定义投影 $\pi : T_h^*M \to M$ 为 $\pi(\omega_p) = p$, $\forall\, \omega_p \in T_{ph}^*M$. 如果 U_α 为 M 的局部坐标邻域, 则令 U_α 上的平凡化为

$$\psi_\alpha : \pi^{-1}(U) \to U_\alpha \times \mathbb{C}, \quad \psi(\omega_p) = (p, a),$$

其中 a 是 ω_p 的局部表示 $\omega_p = adz|_p$ 的系数. 如果 $U_\alpha \cap U_\beta \neq \varnothing$, 则

$$\psi_\beta \circ \psi_\alpha^{-1}(p, a) = \left(p, \left(\left.\frac{\partial}{\partial z_\beta}\right|_p z_\alpha\right) \cdot a\right).$$

因此, 此时连接函数 $h_{\beta\alpha} : U_\alpha \cap U_\beta \to \mathbb{C}^*$ 为

$$h_{\beta\alpha}(p) = \left.\frac{\partial}{\partial z_\beta}\right|_p z_\alpha, \quad \forall\, p \in U_\alpha \cap U_\beta.$$

例 4.1.3 $\mathbb{C}P^1$ **上的全纯线丛.**

令 $E = \{([z], w) \in \mathbb{C}P^1 \times \mathbb{C}^2 \mid \exists \lambda \in \mathbb{C},\ \text{s.t. } w = \lambda z\}$, 则 E 是乘积流形 $\mathbb{C}P^1 \times \mathbb{C}^2$ 的子集, 它的拓扑为诱导的子拓扑. 定义

$$\begin{aligned} \pi : E &\to \mathbb{C}P^1, \\ ([z], w) &\mapsto [z], \end{aligned}$$

则 π 为连续满射. 考虑 $\mathbb{C}P^1$ 的标准坐标覆盖

$$U_0 = \{[z_0, z_1] \mid z_0 \neq 0\}, \quad U_1 = \{[z_0, z_1] \mid z_1 \neq 0\}.$$

定义映射

$$\begin{aligned} \psi_0 : \pi^{-1}(U_0) &\to U_0 \times \mathbb{C}, \\ ([z], w) &\mapsto ([z], w_0), \end{aligned}$$

其中 $w = (w_0, w_1) \in \mathbb{C}$. 同理, 定义映射

$$\begin{aligned} \psi_1 : \pi^{-1}(U_1) &\to U_1 \times \mathbb{C}, \\ ([z], w) &\mapsto ([z], w_1). \end{aligned}$$

不难验证, ψ_0 和 ψ_1 均为同胚, 并且有

$$\psi_1 \circ \psi_0^{-1}([z], a) = \left([z],\ \frac{z_1}{z_0} \cdot a\right), \quad \forall\ [z] \in U_1 \cap U_0,\ a \in \mathbb{C}.$$

由此即知, E 是 2 维复流形, 并且在投影 $\pi : E \to \mathbb{C}P^1$ 之下成为 $\mathbb{C}P^1$ 上的全纯线丛. 此全纯线丛的连接函数为

$$g_{10}([z]) = z_1/z_0, \quad g_{01}([z]) = z_0/z_1.$$

定义 4.1.2 设 L 为黎曼曲面 M 上的全纯线丛, $\pi : L \to M$ 为丛投影. 如果连续映射 $s : M \to L$ 满足条件 $\pi \circ s = id$, 即 $s(p) \in \pi^{-1}(p)$, $\forall\ p \in M$, 则称 s 为全纯线丛 L 的**一个截面**. 特别地, 当 s 光滑时, 称为**光滑截面**; 当 s 为全纯映射时, 称为**全纯截面**.

全纯截面的全体记为 $\Gamma_h(L)$. $\Gamma_h(L)$ 中有一个特殊的截面, 它把任何一点 p 均映为 $\pi^{-1}(p)$ 中的零向量, 称这个截面为**零截面**. 由于纤维具有线性结构, 因此 $\Gamma_h(L)$ 也有自然的线性结构, 即截面之间有加法和数乘运算, 使之成为复向量空间. 以后我们将看到, 如果 M 为紧致黎曼曲面, 则 $\Gamma_h(L)$ 是有限维的复向量空间.

例 4.1.4 平凡线丛的截面.

映射 $s : M \to M \times \mathbb{C}$ 为截面当且仅当 s 形如

$$s(p) = (p, f(p)),$$

其中 $f : M \to \mathbb{C}$ 为 M 上的连续函数; s 为全纯截面当且仅当 f 为全纯函数. 因此, 截面实际上是函数的推广.

例 4.1.5 全纯切丛和全纯余切丛的截面.

按照我们先前的定义, 切丛的截面就是切向量场, 余切丛的截面为余切向量场, 即微分形式. 特别地, 全纯余切丛的全纯截面就是全纯微分.

我们知道, 平凡线丛上的截面等同于函数. 由于任何线丛都是局部平凡的, 因此我们可以把截面 s 表示为局部函数. 具体来讲, 如果 U_α 属于 M 的开覆盖, ψ_α 为对应的局部平凡化, 则有

$$\psi_\alpha(s(p)) = (p, s_\alpha(p)), \quad \forall\ p \in U_\alpha, \tag{4.2}$$

其中 s_α 为 U_α 上的函数. 当 $U_\alpha \cap U_\beta \neq \varnothing$ 时, 有

$$s_\beta(p) = g_{\beta\alpha}(p) \cdot s_\alpha(p), \quad \forall\ p \in U_\alpha \cap U_\beta, \tag{4.3}$$

其中 $g_{\beta\alpha}$ 为全纯线丛的连接函数. 我们把这一组函数 $\{s_\alpha\}$ 称为截面 s 的**局部表示**. 反之, 如果一组函数 $\{s_\alpha\}$ 满足条件 (4.3), 则利用 (4.2) 式就可以定义一个截面. 这样做的好处是, 我们可以定义全纯线丛的亚纯截面.

定义 4.1.3 一组亚纯函数 $s_\alpha : U_\alpha \to \mathbb{S}$ 如果满足条件 (4.3), 则称为全纯线丛 L 上的一个**亚纯截面**, 记为 $s = \{s_\alpha\}$. L 上的亚纯截面的全体用 $\mathfrak{M}(L)$ 表示.

按照这个定义, 黎曼曲面上的亚纯微分就是全纯余切丛的亚纯截面.

定义 4.1.4 设 L_1, L_2 分别为黎曼曲面 M, N 上的全纯线丛, π_1, π_2 分别为丛投影. 如果全纯映射对 $(F, f) : (L_1, M) \to (L_2, N)$ 满足条件 $\pi_2 \circ F = f \circ \pi_1$, 即 $F(\pi_1^{-1}(p)) \subset \pi_2^{-1}(f(p)), \forall\, p \in M$, 并且 F 限制在每个纤维 $\pi^{-1}(p)$ 上均为线性同态, 则称 (F, f) 为全纯线丛 L_1 和 L_2 之间的**丛同态**.

显然, 丛同态 (F, f) 中的映射 f 完全由 F 决定. 我们来看丛同态的一个例子. 设 $f : M \to N$ 为黎曼曲面之间的全纯映射, L 为 N 上的全纯线丛, π 为丛投影. 令 $f^*L = \{(m, l) \in M \times L \,|\, f(m) = \pi(l)\}$, 则 f^*L 是乘积空间 $M \times L$ 的子拓扑空间. 不仅如此, 它还具有丛的结构. 事实上, 令 $\pi_f : f^*L \to M$, $\pi_f(m, l) = m$, 则 π_f 为连续满射. 设 U_α 为 N 中的开集, $\psi_\alpha : \pi^{-1}(U_\alpha) \to U_\alpha \times \mathbb{C}$ 为一个局部平凡化, 则映射

$$\begin{aligned}\psi_{\alpha f} : \pi_f^{-1}(f^{-1}(U_\alpha)) &\to f^{-1}(U_\alpha) \times \mathbb{C}, \\ (m, l) &\mapsto (m, \pi_{\mathbb{C}}(\psi_\alpha(l)))\end{aligned}$$

为同胚, 其中 $\pi_{\mathbb{C}} : U_\alpha \times \mathbb{C} \to \mathbb{C}$ 是向第二个分量的投影. 如果 ψ_α, ψ_β 分别为 U_α, U_β 上的平凡化, 则有

$$\psi_{\beta f} \circ \psi_{\alpha f}^{-1}(m, a) = \big(m,\ g_{\beta\alpha}(f(m)) \cdot a\big),$$

其中 $g_{\beta\alpha}$ 为 L 的连接函数. 这说明 f^*L 具有复结构, 并且是 M 上的全纯线丛, 其连接函数为 $h_{\beta\alpha} : f^{-1}(U_\alpha \cap U_\beta) \to \mathbb{C}^*$, $h_{\beta\alpha} = g_{\beta\alpha} \circ f$. 令 $F : f^*L \to L$, $F(m, l) = l$, 则 (F, f) 为全纯线丛 f^*L 和 L 之间的丛同态. 我们将 f^*L 称为**拉回丛**. 紧致黎曼曲面上存在很多亚纯函数, 通

过拉回映射把 $\mathbb{C}P^1$ 上的全纯线丛拉回就得到了紧致黎曼曲面上的许多全纯线丛. 为了区分全纯线丛, 我们还要引入丛同构的概念.

定义 4.1.5 设 (F,f) 为全纯线丛 L_1, L_2 之间的丛同态. 如果存在从 L_2 到 L_1 的丛同态 (G,g), 使得 F,G 为互逆的双全纯映射, f,g 为互逆的双全纯映射, 则称全纯线丛 L_1 与 L_2**同构**. 此时称 (F,f), (G,g) 为**丛同构**.

丛同构显然是一个等价关系. 如果 $f: M \to N$ 为双全纯同构, 则拉回丛 f^*L 和 L 同构. 如果 (F,f) 是全纯线丛 L_1 和 L_2 之间的同构, 定义映射 $F': L_1 \to f^*L_2$:

$$F'(l_1) = (\pi_1(l_1), F(l_1)), \quad \forall\, l_1 \in L_1,$$

则 (F', id) 是全纯线丛 L_1 和 f^*L_2 之间的同构. 由于这个原因, 当黎曼曲面 M 上的两个全纯线丛同构时, 我们可以假设丛同构在 M 上诱导的映射为恒同映射. 以下如果不加说明, 我们都做这样的假设.

下面我们用连接函数来描述丛同构. 设 L_1, L_2 为黎曼曲面 M 上的两个同构的全纯线丛, (F,f) 为 L_1 和 L_2 之间的丛同构. 我们注意到, 全纯线丛 L_1 和 L_2 的局部平凡化对应的开覆盖不必相同. 但是, 通过对开覆盖取公共的加细, 我们可以假设 L_1 和 L_2 同时以 $\{U_\alpha\}$ 为局部平凡化开覆盖. 设 φ_α 和 ψ_α 分别为 L_1, L_2 在 U_α 上的平凡化, 则 F 在 φ_α 和 ψ_α 下有局部表示 $F_\alpha = \psi_\alpha \circ F \circ \varphi_\alpha^{-1}: U_\alpha \times \mathbb{C} \to U_\alpha \times \mathbb{C}$:

$$F_\alpha(p,a) = (p,\ f_\alpha(p)\cdot a), \quad \forall\, p \in U_\alpha,\ a \in \mathbb{C},$$

其中 $f_\alpha: U_\alpha \to \mathbb{C}^*$ 为全纯映射. 当 $U_\alpha \cap U_\beta \neq \varnothing$ 时, 有

$$g_{\beta\alpha} = f_\beta^{-1} h_{\beta\alpha} f_\alpha, \tag{4.4}$$

其中 $g_{\beta\alpha}$, $h_{\beta\alpha}$ 分别为 L_1, L_2 的连接函数. 反之, 如果存在满足条件 (4.4) 的一组函数 $\{f_\alpha\}$, 则 L_1 和 L_2 同构. 特别地, 有

推论 4.1.1 黎曼曲面 M 上的全纯线丛 L 同构于平凡线丛当且仅当存在局部平凡化开覆盖 $\{U_\alpha\}$ 及全纯函数 $f_\alpha: U_\alpha \to \mathbb{C}^*$, 使得 L 的连接函数 $g_{\beta\alpha} = f_\beta^{-1} f_\alpha$.

黎曼曲面 M 上全纯线丛在同构下的等价类的全体记为 $\mathcal{L}(M)$. 全纯线丛 L 的同构类记为 $[L]$. 在 $\mathcal{L}(M)$ 中可以引入群的运算. 事实上,

设全纯线丛 L 由连接函数 $g_{\beta\alpha}$ 决定, 则 $h_{\beta\alpha}=(g_{\beta\alpha})^{-1}$ 仍然满足连接函数的条件 (4.1), 因此也决定了一个全纯线丛, 记为 $-L$ 或 L^*, 称为 L 的**对偶丛**. 对偶丛可以看成是把 L 的每一根纤维换成它的对偶空间得到. 例如, 黎曼曲面的全纯余切丛就是全纯切丛的对偶丛. 如果 L_1, L_2 为两个全纯线丛, 在某个公共的局部平凡化开覆盖上, 它们分别有连接函数 $g^1_{\beta\alpha}$ 和 $g^2_{\beta\alpha}$, 则 $g_{\beta\alpha}=g^1_{\beta\alpha}g^2_{\beta\alpha}$ 满足连接函数的条件 (4.1), 因此决定了一个全纯线丛, 记为 L_1+L_2 或 $L_1\otimes L_2$, 称为 L_1 和 L_2 的**张量积**. 显然, L_1+L_2 与 L_2+L_1 同构. 容易验证, 对偶运算和张量积运算在 $\mathcal{L}(M)$ 上也是定义好的, 并且在这些运算下, $\mathcal{L}(M)$ 成为一个交换群, 称为 M 上的**线丛类群**. 以后我们将不区分同构的全纯线丛.

习 题 4.1

1. 利用局部平凡化在全纯线丛的纤维中定义复线性结构, 并验证此定义不依赖于局部平凡化的选取.

2. 验证我们用连接函数构造的 L 是全纯线丛, 并且该全纯线丛的连接函数就是给定的那一族函数.

3. 写出黎曼球面 $\mathbb{S}$ 的全纯切丛和全纯余切丛的局部平凡化和连接函数, 并研究它们和例 4.1.3 中全纯线丛的关系.

4. 证明: 全纯线丛的零截面是全纯的.

5. 证明: 全纯线丛同构于平凡丛当且仅当它存在处处非零的全纯截面.

6. 证明: 如果 f 为常值映射, 则拉回丛 f^*L 为平凡丛; 如果 L 为平凡丛, 则拉回丛 f^*L 为平凡丛.

7. 证明: 同构的全纯线丛在拉回映射下仍为同构的全纯线丛.

§4.2 因子与线丛

在前一节中, 通过亚纯函数和丛的拉回, 我们可以得到黎曼曲面上的许多全纯线丛. 在本节中, 我们要给出全纯线丛的另外一个很自然的构造方法.

设 $D=\sum_i n_i\cdot p_i$ 为黎曼曲面 M 上的一个因子. 取 M 的一个局部坐标覆盖 $\{U_\alpha\}$, 因子 D 属于坐标邻域 U_α 的部分记为 $D|_{U_\alpha}$. 在 U_α 内存在亚纯函数 f_α, 使得它在 U_α 内诱导的因子 $(f_\alpha)=D|_{U_\alpha}$. 如果 $U_\alpha\cap U_\beta\neq\varnothing$, 则在 $U_\alpha\cap U_\beta$ 上 f_β/f_α 既无极点, 又无零点, 因此是非零全纯函数, 记为 $f_{\beta\alpha}$. 显然, $\{f_{\beta\alpha}\}$ 满足连接函数要求的条件 (4.1), 因此决定了 M 上的全纯线丛, 记为 $\lambda(D)$. 对于 $\lambda(D)$, 我们有

(1) $\lambda(D)$ 的定义是合理的. 事实上, 如果在 U_α 中另取亚纯函数 g_α, 使得 $(g_\alpha)=D|_{U_\alpha}$, 则 $h_\alpha=f_\alpha/g_\alpha$ 在 U_α 中没有极点及零点, 因而为非零全纯函数. 记 $g_{\beta\alpha}=g_\beta/g_\alpha$, 则 $g_{\beta\alpha}=h_\beta^{-1}f_{\beta\alpha}h_\alpha$. 因此连接函数 $\{g_{\beta\alpha}\}$ 决定的全纯线丛和 $\{f_{\beta\alpha}\}$ 决定的全纯线丛同构. 如果我们选取的局部坐标覆盖不同, 则通过适当的加细就得到公共的局部坐标覆盖, 这一过程同样不影响 $\lambda(D)$ 的同构类.

(2) $\lambda(D)$ 同构于平凡线丛当且仅当 D 为主要因子. 事实上, 如果 $D=(f)$ 为主要因子, 则可以选取 $f_\alpha=f|_{U_\alpha}$. 此时 $f_{\beta\alpha}\equiv 1$, 因此 $\lambda(D)$ 为平凡线丛. 反之, 如果 $\lambda(D)$ 同构于平凡线丛, 则由推论 4.1.1 可知, 存在平凡化开覆盖 (通过适当加细不妨设为局部坐标覆盖 $\{U_\alpha\}$) 及全纯函数族 $\phi_\alpha:U_\alpha\to\mathbb{C}^*$, 使得在 $U_\alpha\cap U_\beta$ 上 $f_{\beta\alpha}=\phi_\beta^{-1}\phi_\alpha$. 因此, 在 $U_\alpha\cap U_\beta$ 上, $f_\beta\phi_\beta=f_\alpha\phi_\alpha$, 即 $\{f_\alpha\phi_\alpha\}$ 定义了 M 上一个整体亚纯函数, 且在每个 U_α 上, $(f_\alpha\phi_\alpha)=(f_\alpha)+(\phi_\alpha)=(f_\alpha)=D|_{U_\alpha}$, 从而有 $(f)=D$, 即 D 为主要因子.

(3) $\lambda(-D)=-\lambda(D)$, $\lambda(D_1)+\lambda(D_2)=\lambda(D_1+D_2)$. 这由定义可立即得到.

这说明, λ 诱导了因子类群 $\mathcal{D}$ 到线丛类群 $\mathcal{L}$ 的同态, 仍记为 $\lambda:\mathcal{D}\to\mathcal{L}$, 并且这是单同态.

例 4.2.1 考虑黎曼球面 $\mathbb{S}$ 上的因子 $D=0$, 其中 $0\in\mathbb{C}\subset\mathbb{S}$ 为复平面的原点. 取 $\mathbb{S}$ 的局部坐标覆盖为 $U_0=\mathbb{C}$ 和 $U_1=\mathbb{S}-\{0\}$, 分别在 U_0 和 U_1 上取全纯函数 $f_0=z$, $f_1=1$, 则 $\lambda(0)$ 由连接函数 $\{f_{10}=1/z, f_{01}=z\}$ 给出.

下面的引理给出了复向量空间 $l(D)$ 的一个新的解释.

引理 4.2.1 对任何因子 D 均有线性同构 $l(D)\cong\Gamma_h(\lambda(D))$.

证明 任取 $\lambda(D)$ 的一个全纯截面 s. s 有局部表示 $\{s_\alpha : U_\alpha \to \mathbb{C}\}$, 且在 $U_\alpha \cap U_\beta$ 上, s_α 满足关系

$$s_\beta = f_{\beta\alpha} s_\alpha = \frac{f_\beta}{f_\alpha} s_\alpha.$$

因此, s_α / f_α 在 M 上决定了一个整体的亚纯函数, 记为 $i(s)$. 在每个 U_α 上, 有

$$[(i(s)) + D]|_{U_\alpha} = (s_\alpha) - (f_\alpha) + D|_{U_\alpha} = (s_\alpha) \geqslant 0.$$

这说明 $i(s) \in l(D)$. 因此我们就定义了线性映射 $i : \Gamma_h(\lambda(D)) \to l(D)$.

给定亚纯函数 $f \in l(D)$, 令 $s_\alpha = f \cdot f_\alpha$. 由于

$$(s_\alpha) = (f)|_{U_\alpha} + (f_\alpha) = (f)|_{U_\alpha} + D|_{U_\alpha} = [(f) + D]|_{U_\alpha} \geqslant 0,$$

s_α 为 U_α 上的全纯函数, 并且满足条件 (4.3), 因此 $\{s_\alpha\}$ 决定了全纯线丛 $\lambda(D)$ 的一个全纯截面, 记为 $j(s)$. 我们就得到了线性映射 $j : l(D) \to \Gamma_h(\lambda(D))$. 显然, i, j 为互逆线性映射, 因而均为线性同构. □

类似地, 我们也可以给出 $i(D)$ 的另一个解释. 在此之前, 我们定义由亚纯截面诱导的因子. 为此, 设 s 为全纯线丛 L 的亚纯截面, 并设其局部表示为 $\{s_\alpha\}$. 在 U_α 上, s_α 诱导了因子 (s_α). 在 $U_\alpha \cap U_\beta$ 上, 连接函数 $g_{\beta\alpha}$ 是处处非零的全纯函数, 因此有

$$(s_\beta) = (g_{\beta\alpha} s_\alpha) = (g_{\beta\alpha}) + (s_\alpha) = (s_\alpha).$$

这说明在 M 上存在因子 D, 使得 $D|_{U_\alpha} = (s_\alpha)$. D 称为由亚纯截面 s 诱导的因子, 记为 (s). 显然, s 为全纯截面当且仅当 $(s) \geqslant 0$. 我们注意到, 黎曼曲面上的亚纯微分可以看成全纯余切丛的亚纯截面, 而亚纯微分诱导的因子和我们现在定义的作为亚纯截面诱导的因子是一致的.

引理 4.2.2 如果 L 为全纯线丛, 则有线性同构

$$\Gamma_h(L - \lambda(D)) \cong \{S \in \mathfrak{M}(L) \mid (S) - D \geqslant 0\}.$$

特别地, 有 $i(D) \cong \Gamma_h(T_h^* M - \lambda(D))$.

这个引理的证明和上一引理的证明完全类似, 留作习题.

下面的引理揭示了亚纯截面和全纯线丛的关系.

引理 4.2.3 设 s 为全纯线丛 L 的非零亚纯截面, 则 $L=\lambda((s))$; 反之, 任给因子 D, 存在全纯线丛 $\lambda(D)$ 的亚纯截面 s, 使得 $D=(s)$.

证明 设 s 为全纯线丛 L 的非零亚纯截面, 其局部表示为 $\{s_\alpha\}$. 一方面, 根据 (s) 的定义, $\lambda((s))$ 是由连接函数 $\left\{s_{\beta\alpha}=\dfrac{s_\beta}{s_\alpha}\right\}$ 决定的全纯线丛. 另一方面, $\{s_\alpha\}$ 满足条件 (4.3), 这说明 $s_{\beta\alpha}=g_{\beta\alpha}$ 就是 L 的连接函数. 因此 $L=\lambda((s))$.

反之, 任给因子 D, 按照 $\lambda(D)$ 的构造, $\lambda(D)$ 由连接函数 $\left\{f_{\beta\alpha}=\dfrac{f_\beta}{f_\alpha}\right\}$ 决定, 其中 f_α 为 U_α 上的亚纯函数, 且 $(f_\alpha)=D|_{U_\alpha}$. 现在, 亚纯函数族 $\{f_\alpha\}$ 满足条件 (4.3), 因而决定了全纯线丛 $\lambda(D)$ 的一个亚纯截面, 记为 s. 由 (s) 的定义, 显然有 $(s)=D$. □

例 4.2.2 设 M 为黎曼曲面, ω 为 M 上的非零亚纯微分, 其诱导的因子为 $K=(\omega)$. 上面的引理说明 M 的全纯余切丛 T_h^*M 同构于 $\lambda(K)$. 因此有 $i(D)\cong\Gamma_h(\lambda(K-D))$.

推论 4.2.4 设 L 为全纯线丛.

(i) 如果 $\dim\Gamma_h(L)>0$, 则存在有效因子 D, 使得 $L=\lambda(D)$;

(ii) 如果存在因子 D_1, 使得 $\dim\Gamma_h(L-\lambda(D_1))>0$, 则存在因子 D, 使得 $L=\lambda(D)$.

证明 (i) 如果 $\dim\Gamma_h(L)>0$, 则存在 L 的非零全纯截面 s. 由引理 4.2.3 立知 $L=\lambda((s))$.

(ii) 如果存在因子 D_1, 使得 $\dim\Gamma_h(L-\lambda(D_1))>0$, 则由 (i) 知, 存在因子 D_2, 使得 $L-\lambda(D_1)=\lambda(D_2)$. 此时 $L=\lambda(D_1+D_2)$. □

推论 4.2.5 设 L 为紧致黎曼曲面 M 上的全纯线丛, 则

$$\dim\Gamma_h(L)<\infty.$$

证明 如果 $\dim\Gamma_h(L)=0$, 则没有什么好证的. 如果 $\dim\Gamma_h(L)>0$, 则由前一推论, 存在因子 D, 使得 $L=\lambda(D)$. 此时, 由引理 4.2.1 得

$$\dim\Gamma_h(L)=\dim\Gamma(\lambda(D))=\dim l(D)<\infty,$$

其中由第三章中的引理 3.1.1 知 $l(D)$ 为有限维向量空间. □

以后我们将证明, 如果 M 为紧致黎曼曲面, 则 λ 是满同态, 即对任何全纯线丛 L, 都存在因子 D, 使得 $L=\lambda(D)$.

习 题 4.2

1. 证明: 将 $\mathbb{C}P^1$ 等同于黎曼球面 $\mathbb{S}$ 后, 前一节例 4.1.3 中的全纯线丛 E 同构于 $\lambda(-0)$.

2. 证明: $\mathbb{S}$ 的全纯切丛 $T_h(\mathbb{S})$ 同构于 $\lambda(-2\cdot 0)$, 全纯余切丛 $T_h^*(\mathbb{S})$ 同构于 $\lambda(2\cdot 0)$.

3. 设 $f:M\to N$ 为黎曼曲面之间的全纯映射, $D=\sum\limits_i n_i\cdot p_i$ 为 N 上的因子. 定义 $f^*D=\sum\limits_i n_i\cdot f^*(p_i)$, 其中 $f^*(p_i)=\sum\limits_{q_j\in f^{-1}(p_i)} q_j$ 是带有的重数之和. 证明：$f^*(\lambda(D))=\lambda(f^*D)$.

4. 证明：设 s_1, s_2 为全纯线丛的两个非零亚纯截面, 则可以自然地定义除法, 使得 s_1/s_2 为亚纯函数.

5. 详细证明引理 4.2.2.

6. q 次全纯微分是什么全纯线丛的截面?

§4.3 层 和 预 层

在第二章 §2.2 中引入切向量时, 我们考虑过在某一点附近光滑函数的全体. 在本节中, 我们将这样的对象整体化, 所得结果就是层的概念. 首先回顾一下先前的构造. 设 M 为黎曼曲面, U 为 M 上的开集. 记 $A^0(U)$ 为 U 上的光滑函数的全体. 沿用先前的记号, 对 $p\in M$, 有

$$C^\infty(p)=\coprod_{U\ni p} A^0(U)\Big/\sim.$$

其中等价关系 $\sim$ 定义如下 (W 也是开集):

$$f\in A^0(U)\sim g\in A^0(V)\Longleftrightarrow \exists\, W\subset U\cap V,\ \text{s.t. } p\in W,\ f|_W=g|_W.$$

f 在 $C^\infty(p)$ 中的等价类记为 $[f]_p$. $C^\infty(p)$ 中可以自然地定义加法和数乘运算使之成为线性空间. 记 $\mathcal{S}^0=\bigcup\limits_{p\in M} C^\infty(p)$. 我们在 $\mathcal{S}^0$ 上如下定义

拓扑: 任取 M 的开集 U 及 U 上的光滑函数 f, 令 $O_f = \{[f]_p \mid p \in U\}$, 则 O_f 为 $\mathcal{S}^0$ 中的子集. 而 $\{O_f \mid f \in A^0(U),\ U \subset M\}$ 形成一个拓扑基, 因此导出了 $\mathcal{S}^0$ 上的一个拓扑. 令 $\pi : \mathcal{S}^0 \to M$, $\pi([f]_p) = p$. 我们有

(1) π 为连续满射, 且为局部同胚. 事实上, 任给 $p \in M$ 及包含 p 的开集 U, 取光滑函数 $f \in A^0(U)$, 则 O_f 为 $\mathcal{S}^0$ 中的开集, 且 $\pi(O_f) = U$, 从而 π 限制在 O_f 上是到 U 的同胚.

(2) $\pi^{-1}(p) = C^\infty(p)$ 为交换群. 这是显然的.

(3) 考虑映射 $\mathcal{S}^0 \to \mathcal{S}^0$, $[f]_p \mapsto [-f]_p$. 这是恰当地定义的连续映射. 事实上, 从 $\mathcal{S}^0$ 的拓扑的定义可以看出这个映射是一个自同胚映射.

(4) 考虑乘积空间 $\mathcal{S}^0 \times \mathcal{S}^0$ 的子拓扑空间 $\mathcal{S}^0 \circ \mathcal{S}^0 = \{(s_1, s_2) \mid \pi(s_1) = \pi(s_2)\}$ 和映射 $\mathcal{S}^0 \circ \mathcal{S}^0 \to \mathcal{S}^0$, $(s_1, s_2) \mapsto s_1 + s_2$. 此映射为连续映射. 事实上, 设 $\pi(s_1) = \pi(s_2) = p$, 则存在 p 附近的光滑函数 f, g, 使得 $s_1 = [f]_p$, $s_2 = [g]_p$. 映射 $([f]_p, [g]_p) \mapsto [f+g]_p$ 关于我们定义的拓扑显然是连续的.

我们称 $\mathcal{S}^0$ 为 M 上**光滑函数的芽层**, π 为**层投影**, $C^\infty(p) = \pi^{-1}(p)$ 为 p 处**光滑函数的芽**, 记为 $\mathcal{S}^0_p$.

一般地, 我们可以讨论关于交换群的层 (sheaf)的概念.

定义 4.3.1　设 $\pi : \mathcal{S} \to M$ 是从拓扑空间 $\mathcal{S}$ 到黎曼曲面 M 的连续满射. 如果满足以下条件:

(i) π 为局部同胚;

(ii) 任给 $m \in M$, $\pi^{-1}(m)$ 为交换群;

(iii) 群的运算诱导的映射

$$\mathcal{S} \to \mathcal{S}, \quad s \mapsto -s, \ \forall\, s \in \mathcal{S}$$

和

$$\mathcal{S} \circ \mathcal{S} \to \mathcal{S}, \quad (s_1, s_2) \mapsto s_1 + s_2$$

均为连续映射, 其中 $\mathcal{S} \circ \mathcal{S} = \{(s_1, s_2) \in \mathcal{S} \times \mathcal{S} \mid \pi(s_1) = \pi(s_2)\}$ 为乘积空间 $\mathcal{S} \times \mathcal{S}$ 的子拓扑空间,

则称 $\mathcal{S}$ 为 M 上的**层**, π 为**层投影**, $\mathcal{S}_m = \pi^{-1}(m)$ 为 m 上的**茎**(stalk).

例 4.3.1　平凡层.

设 G 为交换群, 赋以离散拓扑. 令 $\mathcal{S} = M\times G$, 映射 $\pi : M\times G \to M$ 为向第一个分量的投影. 显然, π 满足上述定义中的条件, 因此 $\mathcal{S}$ 为 M 上的层, 称为**平凡层**. 特别地, 分别取 G 为 $0, \mathbb{Z}, \mathbb{R}, \mathbb{C}$ 得到的平凡层在不引起混淆的情况下分别记为 $0, \mathbb{Z}, \mathbb{R}, \mathbb{C}$.

例 4.3.2 *摩天大厦层*.

设 G 为交换群, $p \in M$. 令 $\mathcal{S}_p = M \coprod G \big/ \sim$, 其中 $p \sim 0, 0 \in G$, 这是一个商空间, 其拓扑由两类开集组成: 一类是原 M 中不含 p 的开集; 另一类是 M 中含 p 的开集去掉点 p 后和 G 中若干元素的并集. 令 $\pi : \mathcal{S}_p \to M$ 为

$$\pi(m) = m, \ \forall\, m \in M; \quad \pi(g) = p, \ \forall\, g \in G.$$

容易由定义验证 $\mathcal{S}_p$ 为 M 上的层; $\mathcal{S}_p$ 在 p 上的茎为 G, 在其他点的茎为 0. 称 $\mathcal{S}_p$ 为关于 p 的**摩天大厦层**.

类似地, 给定 M 上的有效因子 $D = \sum_i n_i \cdot p_i$, 我们也可以定义一个层 $\mathcal{S}_D$, 使得这个层在 p_i 上的茎为 $G \oplus G \oplus \cdots \oplus G$ (n_i 个 G 的直和), 而在其他点的茎为 0. 这也称为摩天大厦层.

例 4.3.3 *全纯函数的芽层*.

在本节开头我们定义了光滑函数的芽层. 在定义的过程中, 如果把 "光滑函数" 都换成 "全纯函数", 则也得到一个层, 称为全纯函数的芽层. 具体来说, 设 U 为黎曼曲面 M 中的开集, 记 $\mathcal{O}(U)$ 为 U 上的全纯函数的全体. 任给 $p \in M$, 定义 p 处**全纯函数的芽**为

$$\mathcal{O}_p = \coprod_{U \ni p} \mathcal{O}(U) \Big/ \sim,$$

其中等价关系 $\sim$ 定义如下 (W 是开集):

$$f \in \mathcal{O}(U) \sim g \in \mathcal{O}(V) \iff \exists\, W \subset U \cap V, \ \text{s.t. } p \in W, \ f|_W = g|_W.$$

如同光滑函数的芽层那样, 令 $\mathcal{O} = \bigcup_{p \in M} \mathcal{O}_p$. 可在 $\mathcal{O}$ 上定义适当的拓扑使之成为 M 上的层, 称为**全纯函数的芽层或结构层**.

类似地, 如果考虑 p 形式或 (p, q) 形式, 我们就可得到相应的层,

分别记为 $\mathcal{S}^p$ 和 $\mathcal{S}^{p,q}$. 这样的构造其实可以一般化. 为此, 我们先引入层的截面的概念.

定义 4.3.2 (层的截面) 设 $\mathcal{S}$ 为黎曼曲面 M 上的层, π 为层投影, U 为 M 中的开集, $f: U \to \mathcal{S}$ 为连续映射. 如果 f 满足条件 $\pi \circ f = id_U$, 即 $f(m) \in \mathcal{S}_m$, $\forall\, m \in U$, 则称 f 为层 $\mathcal{S}$ 在 U 上的**截面**. U 上截面的全体记为 $\Gamma(\mathcal{S}, U)$. 在 $\Gamma(\mathcal{S}, U)$ 中可以引入自然的加法运算使之成为交换群. 当 $U = M$ 时, 截面的全体简记为 $\Gamma(\mathcal{S})$. $\Gamma(\mathcal{S})$ 中的零元称为**零截面** (它是从 M 到 $\mathcal{S}$ 的映射, 把 $m \in M$ 映为交换群 $\mathcal{S}_m$ 中的零元).

例 4.3.4 平凡层的截面.

设 G 为交换群, M 为连通黎曼曲面, $\mathcal{S} = M \times G$ 为平凡层, $f: M \to M \times G$ 为层的截面. 给定 $m_0 \in M$, 设 $f(m_0) = (m_0, g_0)$, 则必有 $f(m) = (m, g_0)$, $\forall\, m \in M$. 事实上, 设 $\pi_G : M \times G \to G$ 是向第二分量的投影, 则复合映射 $\pi_G \circ f : M \to G$ 为连续映射. 由于 G 的拓扑是离散拓扑, 因此 $\pi_G \circ f$ 为常值映射. 这就说明, $\Gamma(\mathcal{S})$ 和交换群 G 是自然同构的.

例 4.3.5 摩天大厦层的截面.

设 $\mathcal{S}_p$ 是摩天大厦层, $f: M \to \mathcal{S}_p$ 为层的截面. 显然, 当 $m \neq p$ 时, $f(m) = m$; 当 $m = p$ 时, $f(m) = f(p) \in G$, $f(p)$ 可以是 G 中任意元素. 因此 $\Gamma(\mathcal{S}_p)$ 和交换群 G 也是自然同构的. 类似地, 对于因子 D, 有 $\Gamma(\mathcal{S}_D) \cong \bigotimes\limits_i n_i G$.

例 4.3.6 光滑函数芽层的截面.

设 U 为黎曼曲面 M 中的开集, $f: U \to \mathcal{S}^0$ 为 U 上的截面. 下面我们来说明, 存在 U 上的光滑函数 $i(f)$, 使得 $f(p) = [i(f)]_p$, $\forall\, p \in U$. 事实上, 任给 $p \in U$, 设 $f(p) = [g_p]_p$, 其中 g_p 为 p 附近定义的光滑函数. 由 f 的连续性知, 存在 p 的开邻域 $V_p \subset U$, 使得 $f(V_p) \subset \mathcal{O}_{g_p}$, 因此 $f(r) = [g_p]_r$, $\forall\, r \in V_p$, 从而 $g_p \in \mathcal{O}(V_p)$. 当 $V_p \cap V_q \neq \varnothing$ 时, 任取 $r \in V_p \cap V_q$, 则有

$$[g_p]_r = f(r) = [g_q]_r.$$

特别地, 有 $g_p(r) = g_q(r)$, 即 $g_p|_{V_p \cap V_q} = g_q|_{V_p \cap V_q}$. 这说明, 存在 U 中光滑函数 $i(f)$, 使得 $i(f)|_{V_p} = g_p$. 因此 $f(p) = [f]_p$, $\forall\, p \in U$. 显然, 满足这

一条件的光滑函数 $i(f)$ 是唯一的, 因此我们定义了映射 $i:\Gamma(\mathcal{S}',U)\to\mathcal{O}(U)$. 另外, 任给 U 上光滑函数 g, 令 $j(g):U\to\mathcal{S}'$ 为 $j(g)(p)=[g]_p$, 则 $j(g)$ 为 U 上的截面. 这样定义的映射 $j:\mathcal{O}(U)\to\Gamma(\mathcal{S}',U)$ 和 $i:\Gamma(\mathcal{S}',U)\to\mathcal{O}(U)$ 是一对互逆的同构.

显然, 对于全纯函数的芽层, p 形式层或 (p,q) 形式层有完全类似的结论. 我们把这个过程一般化, 就得到预层 (presheaf) 的概念. 从预层出发可以得到层, 从层的截面出发进行构造就又得到了预层.

定义 4.3.3 *设 M 为黎曼曲面. 如果对 M 中的每个开集 U, 均对应一个交换群 $\mathcal{S}(U)$, 且当 $U\subset V$ (V 为 M 中的开集) 时, 存在群同态 $\rho_{V,U}:\mathcal{S}(V)\to\mathcal{S}(U)$; 当 $U\subset V\subset W$ (V,W 为 M 中的开集) 时, $\rho_{W,U}=\rho_{V,U}\circ\rho_{W,V}$, 则将满足这些要求的交换群及同态统称为 M 上的一个***预层***, 这些同态称为***限制同态***.*

如果 $\mathcal{S}$ 为 M 上的层, 则对于 M 的开集 U, 我们有对应的交换群 $\mathcal{S}(U)=\Gamma(\mathcal{S},U)$, 并且当 $U\subset V$ 时, 有自然的限制同态 $\rho_{V,U}:\Gamma(\mathcal{S},V)\to\Gamma(\mathcal{S},U)$, 它把 V 上的截面限制为 U 上的截面. 这样我们就得到一个预层. 这个预层的限制同态还满足下面两个条件:

(1) 设 $U=\bigcup\limits_i U_i$, 其中 U_i 均为开集. 对于 $s_i\in\mathcal{S}(U_i)$, 如果在 $U_i\cap U_j$ 上有

$$\rho_{U_i,U_i\cap U_j}(s_i)=\rho_{U_j,U_i\cap U_j}(s_j),$$

则存在 $s\in\mathcal{S}(U)$, 使得 $\rho_{U,U_i}(s)=s_i$;

(2) 设 $U=\bigcup\limits_i U_i$, 其中 U_i 均为开集. 对于 $s\in\mathcal{S}(U)$, 如果对每个 U_i, 均有 $\rho_{U,U_i}(s)=0$, 则 $s=0$.

满足这两个条件的预层称为**完备预层**. 如同光滑函数的芽层那样, 下面我们从预层出发构造层. 给定 M 上的一个预层, 任取 $m\in M$, 令

$$\mathcal{S}_m=\coprod_{U\ni m}\mathcal{S}(U)\Big/\sim,$$

其中等价关系 $\sim$ 定义如下:

$$f\in\mathcal{S}(U)\sim g\in\mathcal{S}(V)\Longleftrightarrow\exists W\subset U\cap V,\ \text{s.t. }\rho_{U,W}(f)=\rho_{V,W}(g).$$

令 $\mathcal{S} = \bigcup_{m\in M} \mathcal{S}_m$. 如同光滑函数的芽层那样, 我们可以给 $\mathcal{S}$ 一个拓扑使之成为 M 上的层; 并且, 如果给定的预层是完备预层, 则有 $\Gamma(\mathcal{S}, U) \cong \mathcal{S}(U)$. 因此, 今后我们不区分层和完备预层. 使用完备预层的好处是描述起来比较方便.

例 4.3.7 全纯截面层.

设 L 为黎曼曲面 M 上的全纯线丛. 考虑这样的预层: 对 M 的任意开集 U, 令

$$\Omega(L)(U) = \{L \text{ 在 } U \text{ 上的全纯截面}\},$$

当 $U \subset V$ (V 为 M 中的开集) 时, 定义同态 $\rho : \Omega(L)(V) \to \Omega(L)(U)$ 为通常的限制映射, 则我们得到一个完备预层. 由此得到的层称为 L 的**全纯截面层**, 记为 $\Omega(L)$.

完全类似地, 考虑光滑的截面就得到光滑截面层 $\mathcal{S}^0(L)$; 考虑 L 值 p 形式或 L 值 (p,q) 形式, 得到的层分别为 L 值 p **形式层** $\mathcal{S}^p(L)$ 和 L 值 (p,q) **形式层** $\mathcal{S}^{p,q}(L)$. 以 p 形式为例, 设 U 为开集, 所谓 U 上的 L **值** p **形式**是一个有限和: $\sum_i \omega_i \otimes s_i$, 其中 ω_i 为 U 上的 p 形式, s_i 为 U 上 L 的光滑截面, $\otimes$ 为关于 U 上光滑函数的张量积. 为了简单起见, 张量积符号 $\otimes$ 常被我们省略掉.

下面我们定义层的同态, 同构, 子层和商层等概念. 这时, 用层的原始定义来描述是更好的选择.

定义 4.3.4 设 $\mathcal{S}, \mathcal{S}'$ 分别为黎曼曲面 M 上的层, 层投影分别为 π, π'. 连续映射 $\varphi : \mathcal{S} \to \mathcal{S}'$ 如果满足条件 $\pi' \circ \varphi = \pi$, 则称为**层映射**; 进一步, 如果 $\varphi|_{\mathcal{S}_m} : \mathcal{S}_m \to \mathcal{S}'_m$ 为群同态, $\forall\, m \in M$, 则称 φ 为**层同态**. 如果层同态 φ 为同胚, 则其逆仍为层同态, 此时称 φ 为**层同构**.

设 $\varphi : \mathcal{S} \to \mathcal{T}$ 为层同态, 定义 $\mathrm{Ker}\varphi = \{s \in \mathcal{S} \,|\, \varphi(s) = 0 \in \mathcal{T}_{\pi(s)}\}$ 及 $\mathrm{Im}\,\varphi = \varphi(\mathcal{S})$. 不难证明, $\mathrm{Ker}\varphi$ 和 $\mathrm{Im}\,\varphi$ 仍然具有层的结构. 如果 φ 为单射, 则 $\mathcal{S}$ 和 $\mathrm{Im}\varphi$ 同构.

定义 4.3.5 设 $\mathcal{S}$ 为黎曼曲面 M 上的层, $\mathcal{R}$ 为 $\mathcal{S}$ 中的开集, 并且 $\mathcal{R}_m = \mathcal{S} \cap \mathcal{S}_m$ 均为 $\mathcal{S}_m$ 的子群, 则 $\mathcal{R}$ 自然地成为 M 上的层, 其层投影为 $\mathcal{S}$ 的投影在 $\mathcal{R}$ 上的限制. 称 $\mathcal{R}$ 为 $\mathcal{S}$ 的**子层**. 如果 $\mathcal{R}$ 为 $\mathcal{S}$ 的

子层, 任取 $m \in M$, 记 $\mathcal{T}_m = \mathcal{S}_m/\mathcal{R}_m$ 为商群, 令

$$\mathcal{T} = \bigcup_{m \in M} \mathcal{T}_m,$$

定义映射 $\tau : \mathcal{S} \to \mathcal{T}$, 使得它限制在 $\mathcal{S}_m$ 上为商同态, 并将 $\mathcal{T}$ 的拓扑定义为关于映射 τ 的商拓扑, 则 $\mathcal{T}$ 为 M 上的层, 称为**商层**, 记为 $\mathcal{S}/\mathcal{R}$.

如果 $\varphi : \mathcal{S} \to \mathcal{T}$ 为层同态, 则 $\mathrm{Ker}\varphi$ 为 $\mathcal{S}$ 的子层, φ 诱导了商层 $\mathcal{S}/\mathrm{Ker}\varphi$ 与层 $\mathrm{Im}\,\varphi$ 之间的层同构.

例 4.3.8 理想层 $\mathcal{I}_p$.

给定黎曼曲面 M 上一点 p, 对于包含 p 的开集 $U \subset M$, 令

$$\mathcal{I}_p(U) = \{f \in \mathcal{O}(U) \mid f(p) = 0\};$$

对于不含 p 的开集 $U \subset M$, 则令 $\mathcal{I}_p(U) = \mathcal{O}(U)$. 这样我们就定义了一个完备预层, 它代表的层称为 p 处的**理想层**, 记为 $\mathcal{I}_p$.

理想层是全纯函数芽层的子层. 当 $m \neq p$ 时, 理想层在 m 处的茎和全纯函数的芽层在 m 处的茎相同; 当 $m = p$ 时, 理想层在 m 处的茎中的元素是常数项为零的幂级数. 因此商层 $\mathcal{O}/\mathcal{I}_p$ 同构于茎为 $\mathbb{C}$ 的摩天大厦层 $\mathcal{S}_p$.

我们注意到, 子层的包含同态 $i : \mathcal{R} \to \mathcal{S}$ 和商层的商同态 $j : \mathcal{S} \to \mathcal{S}/\mathcal{R}$ 限制在茎上时组成的群同态序列 $0 \to \mathcal{R}_m \xrightarrow{i_m} \mathcal{S}_m \xrightarrow{j_m} \mathcal{S}_m/\mathcal{R}_m \to 0$ 是一个正合序列, 即 i_m 为单同态, j_m 为满同态, $\mathrm{Im}\, i_m = \mathrm{Ker} j_m$. 一般地, 如果层的同态序列

$$0 \to \mathcal{R} \xrightarrow{i} \mathcal{S} \xrightarrow{j} \mathcal{T} \to 0$$

限制在茎上是交换群的正合序列, 则称上述层的同态序列为**层的短正合序列**. 此时层 $\mathcal{T}$ 同构于商层 $\mathcal{S}/\mathcal{R}$.

由例 4.3.8, 我们有层的短正合序列

$$0 \to \mathcal{I}_p \to \mathcal{O} \to \mathcal{S}_p \to 0.$$

推广到全纯线丛的全纯截面层, 就有

引理 4.3.1 如果 L 为黎曼曲面 M 上的全纯线丛, D 为有效因子, 则有层的短正合序列

$$0 \to \Omega(L - \lambda(D)) \to \Omega(L) \to \mathcal{S}_D \to 0.$$

证明 为了简单起见, 我们以 $D = p$ 为例来证明, 一般的情形是完全类似的. 首先定义层 $\Omega_p(L)$ 如下: 任取开集 $U \subset M$, 如果 U 包含 p, 则令

$$\Omega_p(L)(U) = \{s \in \Omega(L)(U) \mid s(p) = 0\};$$

如果 U 不含 p, 则令 $\Omega_p(L)(U) = \Omega(L)(U)$. 显然, $\Omega_p(L)$ 为 $\Omega(L)$ 的子层, 并且有短正合序列

$$0 \to \Omega_p(L) \to \Omega(L) \to \mathcal{S}_p \to 0.$$

另外, 由上一节的引理 4.2.2, 有

$$\begin{aligned}\Omega(L - \lambda(p))(U) &\cong \{s \text{ 为 } L \text{ 在 } U \text{ 上的亚纯截面} \mid (s) - p \cap U \geqslant 0\} \\ &= \{s \in \Omega(L)(U) \mid (s) - p \cap U \geqslant 0\} \\ &= \Omega_p(L)(U).\end{aligned}$$

由于涉及的线性同构都是自然的同构, 这就意味着层 $\Omega(L - \lambda(p))$ 与层 $\Omega_p(L)$ 同构. 因此有短正合序列

$$0 \to \Omega(L - \lambda(p)) \to \Omega(L) \to \mathcal{S}_p \to 0.$$

这就证明了引理. □

最后, 我们考虑层的短正合序列的另一个例子. 为此先定义不取零值的全纯函数的芽层 $\mathcal{O}^*$. 任给黎曼曲面 M 上的开集 U, 令

$$\mathcal{O}^*(U) = \{\text{全纯函数 } g : U \to \mathbb{C}^*\}.$$

在函数的乘积运算之下 $\mathcal{O}^*(U)$ 为交换群. 这样我们就得到一个完备预层, 它决定的层称为不取零值的全纯函数的芽层. 考虑同态

$$e : \mathcal{O}(U) \to \mathcal{O}^*(U), \quad e(f) = e^{2\pi\sqrt{-1}f}, \ \forall\, f \in \mathcal{O}(U).$$

这是一个自然的同态, 因此诱导了层的同态 $e : \mathcal{O} \to \mathcal{O}^*$, $e([f]_p) = e(f)_p$. 根据第二章 §2.2 中的结果, 当 U 单连通时, $e : \mathcal{O}(U) \to \mathcal{O}^*(U)$ 为满同态. 由此容易看出, 作为层的同态, e 为满同态, 且 $\operatorname{Ker} e = \mathbb{Z}$ 为平凡层. 这样我们就得到了层的短正合序列

$$0 \to \mathbb{Z} \to \mathcal{O} \to \mathcal{O}^* \to 0.$$

习 题 4.3

1. 证明: 层的零截面为连续映射.

2. 证明: 层的截面为开映射, 即把开集映为开集.

3. 证明: 如果 f, g 为层 $\mathcal{S}$ 的两个截面, 且 $f(m) = g(m)$, 则存在 m 的开邻域 U, 使得 $f|_U = g|_U$.

4. 证明: 摩天大厦层的拓扑是唯一的.

5. 证明: 层同态为开映射.

§4.4 层的上同调

为了引出层的上同调的定义, 我们先从层同态诱导的截面同态开始. 设 $\varphi : \mathcal{S} \to \mathcal{T}$ 为层同态, 则 φ 诱导了同态

$$\varphi^* : \Gamma(\mathcal{S}) \to \Gamma(\mathcal{T}), \quad \varphi^*(s) = \varphi \circ s, \ \forall\ s \in \Gamma(\mathcal{S}).$$

如果有层的短正合序列

$$0 \to \mathcal{R} \xrightarrow{i} \mathcal{S} \xrightarrow{j} \mathcal{T} \to 0,$$

则有诱导同态的序列

$$0 \to \Gamma(\mathcal{R}) \xrightarrow{i^*} \Gamma(\mathcal{S}) \xrightarrow{j^*} \Gamma(\mathcal{T}).$$

显然, i^* 为单同态. 下面说明 $\mathrm{Im}\ i^* = \mathrm{Ker}\ j^*$. 显然, $\mathrm{Im}\ i^* \subset \mathrm{Ker}\ j^*$. 反之, 设 $g \in \mathrm{Ker}\ j^*$, 则 $j \circ g(m) = 0, \forall\ m \in M$. 这说明截面 $g : M \to \mathcal{S}$ 可以分解为

$$g : M \xrightarrow{g'} \mathrm{Ker}\ j \xrightarrow{k} \mathcal{S},$$

其中 k 为包含映射. 另外, 层同态 $i : \mathcal{R} \to \mathcal{S}$ 可以分解为

$$i : \mathcal{R} \xrightarrow{i'} \mathrm{Im}\ i = \mathrm{Ker} j \xrightarrow{k} \mathcal{S}.$$

令 $f = (i')^{-1} \circ g' : M \to \mathcal{R}$, 则 $f \in \Gamma(\mathcal{R})$, 且 $i^* f = i \circ f = g$, 即 $g \in \mathrm{Im}\ i^*$. 所以 $\mathrm{Ker}\ j^* \subset \mathrm{Im}\ i^*$.

一般来说, j^* 不是满同态. 例如, 考虑平凡层 $M \times \mathbb{Z}$ 及在 $p, q (p \neq q)$ 处的摩天大厦层 $\mathcal{S}_{pq}$, 使得 $\mathcal{S}_{pq}$ 在 p 和 q 处的茎均为 $\mathbb{Z}$, 在其他

点处的茎均为 0. 考虑同态 $\varphi: M\times\mathbb{Z}\to\mathcal{S}_{pq}$, 其中当 $m\neq p,q$ 时, $\varphi((m,n))=0$; 当 $m=p,q$ 时, $\varphi((m,n))=n$. 显然, φ 为满同态. 由于 $\Gamma(M\times\mathbb{Z})=\mathbb{Z}$, $\Gamma(\mathcal{S}_{pq})=\mathbb{Z}\oplus\mathbb{Z}$, 因此诱导同态 $\varphi^*:\Gamma(M\times\mathbb{Z})\to\Gamma(\mathcal{S}_{pq})$ 不可能为满同态.

现在我们再回到短正合序列. 同态 j^* 虽然可能不是满同态, 但它仍然满足一些好的性质. 事实上, 任取 $f\in\Gamma(\mathcal{T})$ 及 $m\in M$, 由于 j 为满同态, 故存在 $s\in\mathcal{S}_m$, 使得 $j(s)=f(m)$. 不难看出, 存在 m 的开邻域 U_m 及 $f_m\in\Gamma(\mathcal{S},U_m)$, 使得 $j\circ f_m=f|_{U_m}$. 这说明 j^* 是 "局部" 满同态. 进一步, 如果 $U_m\cap U_n\neq\varnothing$, 则

$$j\circ f_m|_{U_m\cap U_n}=j\circ f_n|_{U_m\cap U_n}.$$

由上面的讨论我们知道, 存在 $g_{mn}\in\Gamma(\mathcal{R},U_m\cap U_n)$, 使得 $i^*g_{mn}=(f_m-f_n)|_{U_m\cap U_n}$. 为了简单起见, 在不引起混淆的情况下, 我们省略限制同态. 当 $U_m\cap U_n\cap U_o\neq\varnothing$ 时, 显然有

$$i^*(g_{mn}+g_{no}+g_{om})=(f_m-f_n)+(f_n-f_o)+(f_o-f_m)=0,$$

因此

$$g_{mn}+g_{no}+g_{om}=0\in\Gamma(\mathcal{R},U_m\cap U_n\cap U_o). \tag{4.5}$$

如果在每个 U_m 上均存在 $g_m\in\Gamma(\mathcal{R},U_m)$, 使得

$$g_{mn}=g_m-g_n, \tag{4.6}$$

则在 $U_m\cap U_n$ 上有 $i^*g_m-f_m=i^*g_n-f_n$. 这说明存在 $s\in\Gamma(\mathcal{S})$, 使得在每个 U_m 上均有 $s|_{U_m}=i^*g_m-f_m$. 此时

$$j^*s|_{U_m}=j^*i^*g_m-j^*f_m=f|_{U_m},$$

即 $j^*s=f$.

我们现在来总结一下. 从 $\mathcal{T}$ 的截面 f 出发, 我们得到了 M 的开覆盖 $\{U_m\}$, 在交集 $U_m\cap U_n$ 上有 $\mathcal{R}$ 的截面 g_{mn} 满足条件 (4.5). 这样的一族 g_{mn} 称为 1 **次闭上链**. 如果 g_{mn} 还满足条件 (4.6), 则 f 在同态 j^* 下存在原像. 我们把满足条件 (4.6) 的闭上链称为 1 **次上边缘链**. 一般来说, 闭上链未必为上边缘链. 为了描述它们之间的差异, 我们就要引入上同调群的概念.

定义 4.4.1 (Cěch 上链) 设 $\mathcal{S}$ 为黎曼曲面 M 上的层, $\mathcal{U}=\{U_\alpha\}$ 为 M 的一个开覆盖. 如果对于非负整数 q, 映射 f 将开覆盖 $\mathcal{U}$ 中任意 $q+1$ 个有序开集 $U_0,U_1,\cdots,U_q$ 映为 $\mathcal{S}$ 在 $U_0\cap U_1\cap\cdots\cap U_q$ 上的截面 $f(U_0,U_1,\cdots,U_q)$, 且

(i) 当 $U_0\cap U_1\cdots\cap U_q=\varnothing$ 时, $f(U_0,U_1,\cdots,U_q)=0$;

(ii) 当交换两个开集的位置, 如交换 U_i 和 U_j 的位置时, 有

$$f(\cdots,U_i,\cdots,U_j,\cdots)=-f(\cdots,U_j,\cdots,U_i,\cdots),$$

则称映射 f 为关于开覆盖 $\mathcal{U}$ 的一个 q **次上链**. 关于 U 的 q 次上链的全体组成的集合记为 $C^q(\mathcal{U};\mathcal{S})$. 此集合中可以自然地定义加法运算使之成为交换群, 称为 q **次上链群**. 规定 $q<0$ 时链群为零.

现在我们定义同态 $\delta: C^q(\mathcal{U};\mathcal{S})\to C^{q+1}(\mathcal{U};\mathcal{S})$ 如下:

$$(\delta f)(U_0,U_1,\cdots,U_{q+1})=\sum_{i=0}^{q+1}(-1)^i f(U_0,U_1,\cdots,\hat{U}_i,\cdots,U_{q+1}),$$

其中 $\hat{U}_i$ 表示去掉分量 U_i, 而求和是限制在 $U_0\cap U_1\cap\cdots\cap U_{q+1}$ 上的截面之和. δ 为群同态, 且满足下面的重要性质:

引理 4.4.1 $\delta^2=\delta\circ\delta=0$.

证明 我们有如下计算:

$$\begin{aligned}
&(\delta^2 f)(U_0,U_1,\cdots,U_{q+2})\\
&\quad=\sum_{i=0}^{q+2}(-1)^i(\delta f)(U_0,\cdots,\hat{U}_i,\cdots,U_{q+2})\\
&\quad=\sum_{i=0}^{q+2}(-1)^i\left[\sum_{j=0}^{i-1}(-1)^j f(U_0,\cdots,\hat{U}_j,\cdots,\hat{U}_i,\cdots,U_{q+2})\right.\\
&\qquad\left.+\sum_{j=i+1}^{q+2}(-1)^{j-1}f(U_0,\cdots,\hat{U}_i,\cdots,\hat{U}_j,\cdots,U_{q+2})\right]\\
&\quad=\sum_{j<i}(-1)^{i+j}f(U_0,\cdots,\hat{U}_j,\cdots,\hat{U}_i,\cdots,U_{q+2})\\
&\qquad+\sum_{j>i}(-1)^{i+j-1}f(U_0,\cdots,\hat{U}_i,\cdots,\hat{U}_j,\cdots,U_{q+2})\\
&\quad=0,
\end{aligned}$$

这里我们都省略了限制同态. □

定义 4.4.2 (Čech 上同调) 如果 $\delta f = 0$, 则称 q 次上链 f 为 q **次闭上链**. q 次闭上链的全体组成的子群称为 q **次闭上链群**, 记为 $Z^q(\mathcal{U};\mathcal{S})$. 如果 $f = \delta g$, 则称 q 次上链 f 为 q **次上边缘链**. q 次上边缘链的全体组成的子群称为 q **次上边缘链群**, 记为 $B^q(\mathcal{U};\mathcal{S})$. 商群 $H^q(\mathcal{U};\mathcal{S}) = Z^q(\mathcal{U};\mathcal{S})/B^q(\mathcal{U};\mathcal{S})$ 称为层 $\mathcal{S}$ 关于开覆盖 $\mathcal{U}$ 的 q **次上同调群**.

上同调群具有下列性质:

(1) $H^0(\mathcal{U};\mathcal{S}) = \Gamma(\mathcal{S})$. 事实上, 按照定义, 有 $H^0(\mathcal{U};\mathcal{S}) = Z^0(\mathcal{U};\mathcal{S})$. 对 $f \in Z^0(\mathcal{U};\mathcal{S})$, 我们有

$$\begin{aligned}\delta f = 0 &\Longleftrightarrow f(U_\beta) - f(U_\alpha) = \delta f(U_\alpha, U_\beta) = 0, \quad \forall\, U_\alpha, U_\beta \in \mathcal{U}\\ &\Longleftrightarrow f(U_\beta)|_{U_\alpha\cap U_\beta} = f(U_\alpha)|_{U_\alpha\cap U_\beta}\\ &\Longleftrightarrow \exists\, i(f) \in \Gamma(\mathcal{S}),\ \text{s.t. } i(f)|_{U_\alpha} = f(U_\alpha),\ \forall\, U_\alpha \in \mathcal{U}.\end{aligned}$$

因此就得到了映射 $i : Z^0(\mathcal{U};\mathcal{S}) \to \Gamma(\mathcal{S})$. 易见这是群的同构.

(2) 设 $\varphi : \mathcal{S} \to \mathcal{T}$ 为层同态, 则 φ 诱导了链群同态 $\varphi^* : C^q(\mathcal{U};\mathcal{S}) \to C^q(\mathcal{U};\mathcal{T})$:

$$(\varphi^* f)(U_0, U_1, \cdots, U_q) = \varphi \circ f(U_0, U_1, \cdots, U_q).$$

易见, $\delta\varphi^* f = \varphi^*\delta f$, 因此链群同态诱导了上同调群的同态

$$\varphi^* : H^q(\mathcal{U};\mathcal{S}) \to H^q(\mathcal{U};\mathcal{T}).$$

(3) 上同调群 $H^q(\mathcal{U};\mathcal{S})$ 和开覆盖 $\mathcal{U}$ 的选取有关. 如果 $\mathcal{U} = \{U_\alpha\}$, $\mathcal{V} = \{V_\alpha\}$ 为两个开覆盖, 并且 $\mathcal{U}$ 为 $\mathcal{V}$ 的加细, 即存在加细映射 $\tau : \mathcal{U} \to \mathcal{V}$, 使得 $U_\alpha \subset \tau(U_\alpha)$. τ 诱导了链群同态 $\tau^* : C^q(\mathcal{V};\mathcal{S}) \to C^q(\mathcal{U};\mathcal{S})$:

$$(\tau^* f)(U_0, U_1, \cdots, U_q) = f(\tau(U_0), \tau(U_1), \cdots, \tau(U_q)).$$

τ^* 和 δ 可交换, 因此诱导了群同态 $\tau^* : H^q(\mathcal{V};\mathcal{S}) \to H^q(\mathcal{U};\mathcal{S})$. 可以证明:

① 群同态 τ^* 和加细映射 τ 的选取无关. 事实上, 如果 τ_1 和 τ_2 都是加细映射, 则定义映射 $\Phi : C^q(\mathcal{V};\mathcal{S}) \to C^{q-1}(\mathcal{U};\mathcal{S})$ 如下:

$$(\Phi f)(U_0, U_1, \cdots, U_{q-1})$$
$$=\sum_{i=0}^{q-1}(-1)^i f(\tau_1(U_0), \tau_1(U_1), \cdots, \tau_1(U_i), \tau_2(U_i), \tau_2(U_{i+1}), \cdots, \tau_2(U_{q-1})).$$

可以验证, 同态 Φ 满足下面的条件:

$$\tau_1^* f - \tau_2^* f = \delta\Phi f - \Phi\delta f.$$

因此 τ_1^* 和 τ_2^* 诱导出相同的同调群同态.

② 群同态 $\tau^* : H^1(\mathcal{V};\mathcal{S}) \to H^1(\mathcal{U};\mathcal{S})$ 为单同态. 事实上, 如果 $f \in Z^1(\mathcal{V},\mathcal{S})$ 且存在 $g \in C^0(\mathcal{U},\mathcal{S})$, 使得 $\tau^* f = \delta g$, 则我们可以找到 $h \in C^0(\mathcal{V},\mathcal{S})$, 使得 $f = \delta h$. 任取 $\mathcal{V}$ 中的开集 V_α, 如果 $U_i \cap V_\alpha \neq \varnothing$, 则在 $U_i \cap V_\alpha$ 上考虑截面 $g(U_i) - f(V_\alpha, \tau(U_i))$. 根据 $\delta f = 0$ 易见, 当 $U_i \cap V_\alpha \cap U_j \neq \varnothing$ 时, 有

$$g(U_i) - f(V_\alpha, \tau(U_i)) = g(U_j) - f(V_\alpha, \tau(U_j)).$$

因此, 存在 V_α 上的截面 $h(V_\alpha)$, 使得 $h(V_\alpha)|_{U_i \cap V_\alpha} = g(U_i) - f(V_\alpha, \tau(U_i))$. 这样我们就定义了 $\mathcal{S}$ 关于开覆盖 $\mathcal{V}$ 的 0 维上链 h, 且 $f = \delta h$.

③ 如果 $\varphi : \mathcal{S} \to \mathcal{T}$ 为满同态, 则对任意 $g \in C^q(\mathcal{V};\mathcal{T})$, 存在 $\mathcal{V}$ 的加细 $\mathcal{U}$ 及 $f \in C^q(\mathcal{U};\mathcal{S})$, 使得 $\varphi^* f = \tau^* g$.

现在我们来定义与开覆盖无关的上同调群. 设 $\mathcal{S}$ 为 M 上的层, 考虑 M 的所有开覆盖, 令

$$H^q(M;\mathcal{S}) = \coprod_{\mathcal{U}} H^q(\mathcal{U};\mathcal{S}) \Big/ \sim,$$

其中等价关系 $\sim$ 定义如下: $[f] \in H^q(\mathcal{U};\mathcal{S}) \sim [g] \in H^q(\mathcal{V};\mathcal{S})$ 当且仅当存在开覆盖 $\mathcal{U}$ 和 $\mathcal{V}$ 的公共加细 $\mathcal{W}$, 使得 $\tau_1^*[f] = \tau_2^*[g]$, 其中 $\tau_1 : \mathcal{W} \to \mathcal{U}$ 和 $\tau_2 : \mathcal{W} \to \mathcal{V}$ 分别为加细映射. 我们称 $H^q(M;\mathcal{S})$ 为层 $\mathcal{S}$ 的 q **次上同调群**.

层的上同调群具有下列性质:

(1) $H^0(M;\mathcal{S}) = \Gamma(\mathcal{S})$;

(2) 商映射 $i : H^1(\mathcal{U};\mathcal{S}) \to H^1(M;\mathcal{S})$ 为单同态;

(3) 如果 $H^1(M;\mathcal{R}) = 0$, 则层的短正合序列

$$0 \to \mathcal{R} \xrightarrow{i} \mathcal{S} \xrightarrow{j} \mathcal{T} \to 0$$

诱导了交换群的短正合序列

$$0 \to \Gamma(\mathcal{R}) \xrightarrow{i^*} \Gamma(\mathcal{S}) \xrightarrow{j^*} \Gamma(\mathcal{T}) \to 0.$$

一般地, 给定层的短正合序列, 存在连接同态 $\delta^* : H^q(M;\mathcal{T}) \to H^{q+1}(M;\mathcal{R})$, 使得下面的长序列是交换群的正合序列:

$$0 \to \Gamma(\mathcal{R}) \xrightarrow{i^*} \Gamma(\mathcal{S}) \xrightarrow{j^*} \Gamma(\mathcal{T}) \xrightarrow{\delta^*} H^1(M;\mathcal{R}) \xrightarrow{i^*} H^1(M;\mathcal{S})$$
$$\xrightarrow{j^*} H^1(M;\mathcal{T}) \xrightarrow{\delta^*} H^2(M;\mathcal{R}) \xrightarrow{i^*} \cdots.$$

以 $q=0$ 为例, 我们考虑连接同态的定义. 给定 $f \in H^0(M;\mathcal{T}) = \Gamma(\mathcal{T})$, 则存在 M 的开覆盖 $\mathcal{U}$ 及 $g_\alpha \in \Gamma(U_\alpha, \mathcal{S})$, 使得 $j^*g_\alpha = f|_{U_\alpha}$. 因此, 在 $U_\alpha \cap U_\beta$ 上, $j^*(g_\beta - g_\alpha) = 0$. 这说明, 存在 $g_{\alpha\beta} \in \Gamma(U_\alpha \cap U_\beta, \mathcal{R})$, 使得 $i^*g_{\alpha\beta} = (g_\beta - g_\alpha)|_{U_\alpha \cap U_\beta}$. 由 i^* 为单同态容易看出, $\{g_{\alpha\beta}\}$ 定义了 $\mathcal{R}$ 关于开覆盖 $\mathcal{U}$ 的一个 1 次闭上链, 此闭上链代表了 $H^1(\mathcal{U};\mathcal{R})$ 中的一个上同调元素, 进而在商映射 $i: H^1(\mathcal{U};\mathcal{R}) \to H^1(M;\mathcal{R})$ 下代表了 $H^1(M;\mathcal{R})$ 中的一个元素, 把它记为 $\delta^* f$. 不难验证, 这是定义好的同态, 即与开覆盖 $\mathcal{U}$ 及 g_α, $g_{\alpha\beta}$ 的选择无关, 并且有 $\mathrm{Ker}\,\delta^* = \mathrm{Im}\,j^*$. 类似地, 虽然复杂一些, 我们也可以定义其他的连接同态并验证相关的正合性.

由层的上同调群的性质我们得到下面的一个应用.

引理 4.4.2 *设 L 为黎曼曲面 M 上的全纯线丛. 如果商群 $H^1(M;\Omega(L)) = 0$, 则存在因子 D, 使得 $L = \lambda(D)$.*

证明 由前一节的引理 4.3.1, 任给 $p \in M$, 均有层的短正合序列

$$0 \to \Omega(L) \to \Omega(L + \lambda(p)) \to \mathcal{S}_p \to 0.$$

由假设 $H^1(M;\Omega(L)) = 0$ 就得到群的短正合序列

$$0 \to \Gamma_h(L) \to \Gamma_h(L + \lambda(p)) \to \mathbb{C} \to 0.$$

因此, $\dim \Gamma_h(L + \lambda(p)) \geqslant \dim \mathbb{C} = 1$, 从而由推论 4.2.4 即知存在因子 D, 使得 $L = \lambda(D)$. □

我们考虑层的上同调群的其他一些简单应用. 首先, 回顾一下这样一个问题: 黎曼曲面 M 上的调和函数 f 在什么情况下是一个全纯函数的实部? 为了求解这一问题, 取 M 的一个局部坐标覆盖 $\mathcal{U} = \{U_\alpha\}$. 在每个开集 U_α 上, 存在全纯函数 h_α, 使得 $\mathrm{Re}(h_\alpha) = f|_{U_\alpha}$. 在交集

$U_\alpha \cap U_\beta$ 上, $\mathrm{Re}(h_\beta - h_\alpha) = 0$, 因此 $h_\beta - h_\alpha$ 为局部常值函数, 它可以看成平凡层 $\mathbb{C}$ 在 $U_\alpha \cap U_\beta$ 上的截面. 于是我们就得到了平凡层 $\mathbb{C}$ 关于开覆盖 $\mathcal{U}$ 的一个 1 次上链, 记为 $i(f)$. 显然, 这是一个闭上链. 如果 $i(f) = \delta g$ 为上边缘链, 其中 g 为 0 次上链, 则在 $U_\alpha \cap U_\beta$ 上, 我们有

$$h_\beta - h_\alpha = g_\beta - g_\alpha.$$

因此, 存在 M 上的全纯函数 h, 使得 $h|_{U_\alpha} = h_\alpha - g_\alpha$, 从而 $\mathrm{Re}(h) - f$ 为 M 上局部常值的调和函数. 通过减去适当的常数, 不妨设 $\mathrm{Re}(h) = f$. 这说明, 这个问题是否有解依赖于一个上同调群的阻碍. 特别地, 如果 $H^1(M; \mathbb{C}) = 0$, 则问题总是有解的.

其次, 我们考虑非紧致黎曼曲面上的 Mittag-Leffler 问题. 设 $\{p_i\}$ 为黎曼曲面 M 上的一些离散点, 在每个点 p_i 附近给定一个有限和 $f_i = \sum\limits_{j \geqslant 1} a_j z^{-j}$($z$ 为局部坐标), 称为 p_i 处的**主部**. 所谓**Mittag-Leffler 问题**就是: 是否存在 M 上的亚纯函数 f, 使得在每个 p_i 附近 $f - f_i$ 均为全纯函数? 这个问题的解法和上一问题类似, 先取 M 的一个局部坐标开覆盖 $\mathcal{U} = \{U_\alpha\}$, 则在每个 U_α 上, 存在亚纯函数 h_α, 使得当 $p_i \in U_\alpha$ 时, $h_\alpha - f_i$ 在 p_i 附近全纯, 并且除 $\{p_i\}$ 外 h_α 没有别的极点. 因此, 在 $U_\alpha \cap U_\beta$ 上, $h_\beta - h_\alpha$ 为全纯函数, 记为 $h_{\alpha\beta} \in \mathcal{O}(U_\alpha \cap U_\beta)$. 这样我们就得到了全纯函数芽层 $\mathcal{O}$ 关于开覆盖 $\{U_\alpha\}$ 的一个 1 次上链, 显然它是一个闭上链. 如果它是上边缘链, 则存在全纯函数 $\{g_\alpha\}$, 使得 $h_{\alpha\beta} = g_\beta - g_\alpha$. 因此, 存在 M 上的亚纯函数 h, 使得 $h|_{U_\alpha} = h_\alpha - g_\alpha$. h 即为 Mittag-Leffler 问题的解. 特别地, 如果 $H^1(M; \mathcal{O}) = 0$, 则 Mittag-Leffler 问题总是有解的.

最后, 我们考虑全纯线丛什么时候同构于平凡线丛的问题. 设 L 为黎曼曲面 M 上的全纯线丛, $\{U_\alpha\}$ 为局部平凡化开覆盖, $\{f_{\beta\alpha}\}$ 为连接函数. 我们把 $f_{\beta\alpha}$ 看成不取零值的全纯函数芽层 $\mathcal{O}^*$ 在 $U_\beta \cap U_\alpha$ 上的截面. 连接函数满足的条件 (4.1) 意味着 $\{f_{\beta\alpha}\}$ 决定了层 $\mathcal{O}^*$ 关于开覆盖 $\{U_\alpha\}$ 的一个 1 次闭上链. 如果它是上边缘链, 则存在 U_α 上的非零全纯函数 $\{f_\alpha\}$, 使得 $f_{\beta\alpha} = f_\alpha / f_\beta$. 由本章 §4.1 的推论 4.1.1 即知 L 同构于平凡线丛. 特别地, 如果 $H^1(M; \mathcal{O}^*) = 0$, 则 M 上的全纯线丛必为平凡线丛.

习 题 4.4

1. 考虑黎曼球面的标准坐标覆盖, 计算在此覆盖下平凡层的上同调.

2. 验证由开覆盖的加细诱导的上同调群的同态不依赖于加细映射的选取.

3. 验证由加细映射诱导的层的 1 次上同调群之间的同态是单同态.

4. 试给出由层的短正合序列诱导出的上同调群的长正合序列中连接同态的定义, 并考虑相应的正合性.

5. 利用层的上同调的思想解下面的问题: 在黎曼曲面 M 上给定处处非零的全纯函数 g, 是否存在全纯函数 f, 使得 $e^f = g$?

§4.5 上同调群的计算

从层的上同调群的定义可以看出, 一般来说要计算出层的上同调群是比较困难的. 本节考虑一些特殊情形, 并讨论层的上同调群和其他上同调群之间的联系.

定义 4.5.1 设 $\mathcal{S}$ 为黎曼曲面 M 上的层, $\mathcal{W} = \{W_\alpha\}_{\alpha\in\Gamma}$ 为 M 的一个局部有限 (即每个点只属于有限个开集) 的开覆盖. 如果 $\phi_\alpha : \mathcal{S} \to \mathcal{S}$ 为层的自同态, 且满足条件:

(i) 任给 $\alpha \in \Gamma$, 存在闭集 $K_\alpha \subset W_\alpha$, 使得当 $m \notin K_\alpha$ 时, $\phi_\alpha|_{\mathcal{S}_m} = 0$;

(ii) $\sum\limits_\alpha \phi_\alpha = id|_{\mathcal{S}}$,

则称 $\{\phi_\alpha\}$ 为从属于开覆盖 $\mathcal{W}$ 的**单位分解**. 如果对于每一个局部有限的开覆盖, 都存在满足上述条件的单位分解, 则称 $\mathcal{S}$ 为**强层**.

例 4.5.1 强层的例子.

我们注意到, 黎曼曲面的任何开覆盖都有局部有限的加细; 对于黎曼曲面的一个局部有限的开覆盖 $\mathcal{W} = \{W_\alpha\}$, 存在从属于它的单位分解 $\{f_\alpha\}$, 即 f_α 为支集在 W_α 内的光滑函数, 且这些光滑函数的和为 1. 由此我们可以知道, 光滑函数的芽层, p 形式层, (p, q) 形式层, L 值的 (p, q) 形式层等均为强层. 以 L 值的 p 形式层为例, 给定光滑函数 f_α,

令 $\phi_\alpha : \mathcal{S}^p(L) \to \mathcal{S}^p(L)$ 为

$$\phi_\alpha\left(\left[\sum_i \omega_i \otimes s_i\right]_p\right) = \left[\sum_i f_\alpha \omega_i \otimes s_i\right]_p,$$

其中 ω_i 为局部 p 形式, s_i 为 L 的局部截面, 则 $\{\phi_\alpha\}$ 即为层 $\mathcal{S}^p(L)$ 关于开覆盖 $\mathcal{W}$ 的单位分解, 从而 $S^p(L)$ 为强层.

例 4.5.2 不是强层的例子.

全纯函数的芽层, 全纯线丛 L 的全纯截面层等不是强层. 以 M 上全纯函数的芽层为例, 设 $\phi : \mathcal{O} \to \mathcal{O}$ 为层同态, 并且存在开集 U, 使得 $\phi([f]_p) = 0, \forall\, p \in U$. 如果 $U \neq M$, 则在 U 的边界上任取一点 q_0, 任给 q_0 附近的全纯函数 g, 存在 q_0 附近的全纯函数 h, 使得 $\phi([g]_{q_0}) = [h]_{q_0}$. 事实上, 在 q_0 附近, $h = \phi \circ g$, $\phi([g]_q) = [h]_q$. 因此, h 在 q_0 附近的某个开邻域上为零, 从而 h 在 q_0 附近恒为零. 这说明, 在 U 的边界附近 ϕ 为零. 由此容易看到, ϕ 是恒为零的层同态. 这说明层 $\mathcal{O}$ 上不存在从属于一个非平凡开覆盖的单位分解, 因而它不是强层.

例 4.5.3 平凡层和摩天大厦层.

平凡层 $\mathbb{Z}, \mathbb{R}, \mathbb{C}$ 等不是强层, 摩天大厦层是强层. 对于平凡层, 以 $M \times \mathbb{C}$ 为例, 不难看出, 任何层同态 $\phi : M \times \mathbb{C} \to M \times \mathbb{C}$ 均可写为

$$\phi(m, a) = (m, c \cdot a), \quad \forall\, m \in M, \quad a \in \mathbb{C},$$

其中 c 是与 m 无关的复数. 这说明, 平凡层 $M \times \mathbb{C}$ 上不存在从属于一个非平凡开覆盖的单位分解, 因而它不是强层.

对于摩天大厦层, 以 $\mathcal{S}_p$ 为例, 设 $\mathcal{S}_p$ 在 p 处的茎为交换群 G, 其他点处的茎为零. 任给一个局部有限的开覆盖 $\{W_\alpha\}$, 设 $p \in W_{\alpha_0}$, 考虑层的恒同同态 $\phi_{\alpha_0} : \mathcal{S}_p \to \mathcal{S}_p$. 当 $\alpha \neq \alpha_0$ 时, 令层的同态 ϕ_α 为零同态, 则 $\{\phi_\alpha\}$ 为从属于开覆盖 $\{W_\alpha\}$ 的单位分解, 因此 $\mathcal{S}_p$ 为强层.

强层的上同调群具有如下性质:

定理 4.5.1 如果 $\mathcal{S}$ 为强层, 则 $H^q(M; \mathcal{S}) = 0, \forall\, q \geqslant 1$.

证明 以 $q = 1$ 为例, 其他情形完全类似. 任取 M 的开覆盖 $\mathcal{U} = \{U_\alpha\}$, 因为总存在局部有限的加细, 故我们可以假设 $\mathcal{U}$ 就是局部有限的. 设 $f \in C^1(\mathcal{U}; \mathcal{S})$, $\delta f = 0$, 我们来证明存在 $g \in C^0(\mathcal{U}; \mathcal{S})$, 使得 $f = \delta g$. 事实上, 设 $\{\phi_\alpha\}$ 为从属于 $\mathcal{U}$ 的层 $\mathcal{S}$ 的单位分解, 定义

$g \in C^0(\mathcal{U};\mathcal{S})$ 如下:

$$g(U_\alpha) = \sum_\gamma \phi_\gamma \circ (f(U_\gamma, U_\alpha)),$$

其中 $\phi_\gamma \circ (f(U_\gamma, U_\alpha))$ 原本属于 $\Gamma(\mathcal{S}, U_\gamma \cap U_\alpha)$, 但可以通过零延拓视为 $\Gamma(\mathcal{S}, U_\alpha)$ 中的元素. 我们有

$$\begin{aligned}
\delta g(U_\alpha, U_\beta) &= g(U_\beta) - g(U_\alpha) \\
&= \sum_\gamma [\phi_\gamma \circ (f(U_\gamma, U_\beta)) - \phi_\gamma \circ (f(U_\gamma, U_\alpha))] \\
&= \sum_\gamma \phi_\gamma \circ [f(U_\gamma, U_\beta)) - f(U_\gamma, U_\alpha)] \\
&= \sum_\gamma \phi_\gamma \circ (f(U_\alpha, U_\beta)) \\
&= f(U_\alpha, U_\beta),
\end{aligned}$$

因此 $f = \delta g$. 这说明, 对于局部有限的开覆盖 $\mathcal{U}$, 有 $H^1(\mathcal{U};\mathcal{S}) = 0$. 根据层的上同调群的定义, 有 $H^1(M;\mathcal{S}) = 0$. □

如果层的短正合序列中含有强层, 则由上述定理可知, 层的短正合序列诱导的层的上同调群的长正合序列可以分解为许多短的正合序列. 我们可以利用这一点来研究层的上同调群的一些性质.

定义 4.5.2 *设 $\mathcal{S}$ 为黎曼曲面 M 上的层. 如果存在强层 $\{\mathcal{S}_i\}_{i\geqslant 0}$ 及层的同态正合序列*

$$0 \to \mathcal{S} \to \mathcal{S}_0 \xrightarrow{d_0} \mathcal{S}_1 \xrightarrow{d_1} \mathcal{S}_2 \xrightarrow{d_2} \cdots,$$

*则称层 $\mathcal{S}$ 存在强层分解, 并称此正合序列为 $\mathcal{S}$ 的一个***强层分解**.

例 4.5.4 *层的正合性与 Poincaré 引理.*

设 M 为黎曼曲面, d 为外微分算子, 则 d 诱导了层的同态序列

$$0 \to \mathbb{C} \to \mathcal{S}^0 \xrightarrow{d} \mathcal{S}^1 \xrightarrow{d} \mathcal{S}^2 \to 0.$$

下面来说明这是层的正合序列. 以 $d: \mathcal{S}^1 \to \mathcal{S}^2$ 为例, 设 $[\omega]_m \in \operatorname{Ker} d$, 则 $[d\omega]_m = 0$. 这说明 ω 在 m 附近为闭形式. 由 Poincaré引理知, ω 在 m 附近为恰当形式, 即 $[\omega]_m \in \operatorname{Im} d$. 同理, $d: \mathcal{S}^1 \to \mathcal{S}^2$ 为满同态. 这说明平凡层 $\mathbb{C}$ 存在强层分解. 从证明的过程我们也可以看到, 上面的层的正合性与 Poincaré 引理是等价的.

定理 4.5.2 (de Rham 定理) 设 $\mathcal{S}$ 为黎曼曲面 M 上的层. 如果 $\mathcal{S}$ 存在强层分解

$$0 \to \mathcal{S} \to \mathcal{S}_0 \xrightarrow{d_0} \mathcal{S}_1 \xrightarrow{d_1} \mathcal{S}_2 \xrightarrow{d_2} \cdots,$$

而

$$0 \to \Gamma(\mathcal{S}) \to \Gamma(\mathcal{S}_0) \xrightarrow{d_0^*} \Gamma(\mathcal{S}_1) \xrightarrow{d_1^*} \Gamma(\mathcal{S}_2) \xrightarrow{d_2^*} \cdots$$

为诱导同态序列, 则有群的同构

$$H^q(M;\mathcal{S}) \cong \operatorname{Ker} d_q^*/\operatorname{Im} d_{q-1}^*, \quad \forall\, q \geqslant 1.$$

证明 令 $Z_p = \operatorname{Ker} d_p$, 则有层的短正合序列

$$0 \to \mathcal{S} \to \mathcal{S}_0 \xrightarrow{d_0} Z_1 \to 0,$$

$$0 \to Z_p \to \mathcal{S}_p \xrightarrow{d_p} Z_{p+1} \to 0, \quad p \geqslant 1.$$

这些短正合序列诱导了上同调群的正合序列, 例如

$$0 \to \Gamma(\mathcal{S}) \to \Gamma(\mathcal{S}_0) \xrightarrow{d_0^*} \Gamma(Z_1) \to H^1(M;\mathcal{S}) \to 0, \tag{4.7}$$

$$0 = H^1(M;\mathcal{S}_0) \to H^1(M;Z_1) \to H^2(M;\mathcal{S}) \to 0, \tag{4.8}$$

$$0 \to \Gamma(Z_1) \to \Gamma(\mathcal{S}_1) \xrightarrow{d_1^*} \Gamma(Z_2) \to H^1(M;Z_1) \to 0, \tag{4.9}$$

其中对于强层 $\mathcal{S}_p$, 我们用到了定理 4.5.1 的结论. 从这些正合序列中我们得到

$$H^1(M;\mathcal{S}) \cong \Gamma(Z_1)/\operatorname{Im}\, d_0^* = \operatorname{Ker} d_1^*/\operatorname{Im} d_0^*,$$

$$H^2(M;\mathcal{S}) \cong H^1(M;Z_1) \cong \Gamma(Z_2)/\operatorname{Im} d_1^* = \operatorname{Ker} d_2^*/\operatorname{Im} d_1^*.$$

当 $q \geqslant 2$ 时, 可以用类似的办法证明

$$H^q(M;\mathcal{S}) \cong \operatorname{Ker} d_q^*/\operatorname{Im} d_{q-1}^*.$$ □

根据前例我们得到如下推论:

推论 4.5.3 设 M 为黎曼曲面, 则有群同构

$$H^q(M;\mathbb{C}) \cong H^q_{dR}(M;\mathbb{C}), \quad \forall\, q \geqslant 0,$$

其中上式左边为层的上同调群, 右边为复系数的 de Rham上同调群.

证明 当 $q = 0$ 时,

$$H^0(M;\mathbb{C})=\Gamma(\mathbb{C})=\{M \text{ 上的局部常值函数}\}=H^0_{dR}(M;\mathbb{C}).$$

当 $q\geqslant 1$ 时, 直接用上面的 de Rahm 定理即可. □

特别地, 当 $q>2$ 时, 平凡层 $\mathbb{C}$ 的上同调群 $H^q(M;\mathbb{C})=\{0\}$. 我们注意到, 平凡层 $\mathbb{C}$ 的强层分解是由外微分算子 d 及 Poincaré 引理给出的. 现在我们给出 $\mathbb{C}$ 的另一个强层分解. 在第二章 §2.2 中, 我们定义了算子 $\bar\partial: A^p\to A^{p+1}$. 如果考虑微分形式的类型, 则由定义, $\bar\partial$ 将 (p,q) 形式映为 $(p,q+1)$ 形式, 即 $\bar\partial: A^{p,q}\to A^{p,q+1}$. 因为 $\bar\partial^2=0$, 与 de Rham 上同调群类似, 我们定义

$$H^{p,q}_{\bar\partial}(M)=\{\omega\in A^{p,q}\,|\,\bar\partial\omega=0\}/\{\bar\partial\eta\,|\,\eta\in A^{p,q-1}\},$$

称为 (p,q) 次的 **Dolbeault 上同调群**.

与 Poincaré 引理类似, 关于算子 $\bar\partial$, 我们有下面的 Dolbeault 引理.

引理 4.5.4 (Dolbeault 引理) *设 f 为复平面 $\mathbb{C}$ 上具有紧支集的光滑函数, 则存在 $\mathbb{C}$ 上的光滑函数 g, 使得 $\dfrac{\partial}{\partial\bar z}g=f$.*

证明 设 $z=x+\sqrt{-1}\,y$ 为 $\mathbb{C}$ 上的复坐标. 定义函数 g 如下:

$$g(w)=\frac{1}{2\pi\sqrt{-1}}\int_{\mathbb{C}}\frac{f(z)}{z-w}dz\wedge d\bar z=\frac{1}{\pi}\int_{\mathbb{C}}\frac{f(z)}{w-z}dxdy,\qquad w\in\mathbb{C}.$$

这是一个奇异积分, 我们先来说明它的定义是恰当的. 事实上, 令

$$z=w+u=w+re^{i\theta},\quad i=\sqrt{-1},$$

则

$$g(w)=\frac{1}{2\pi\sqrt{-1}}\int_{\mathbb{C}}\frac{f(w+u)}{u}du\wedge d\bar u=-\frac{1}{\pi}\int_{\mathbb{C}}f(w+re^{i\theta})e^{-i\theta}drd\theta.$$

上式右边为普通积分, 因此容易看出 g 是定义好的光滑函数, 且

$$\begin{aligned}\frac{\partial}{\partial\overline{w}}g&=\frac{1}{2\pi\sqrt{-1}}\int_{\mathbb{C}}\frac{\partial f(w+u)}{\partial\overline{w}}\frac{1}{u}du\wedge d\bar u\\&=\frac{1}{2\pi\sqrt{-1}}\int_{\mathbb{C}}\frac{\partial f(w+u)}{\partial\bar u}\frac{1}{u}du\wedge d\bar u.\end{aligned}$$

设 D_ε 是以原点 0 为中心, ε 为半径的圆盘, 则

$$\begin{aligned}
\frac{\partial}{\partial \overline{w}}g &= \lim_{\varepsilon\to 0}\frac{1}{2\pi\sqrt{-1}}\int_{\mathbb{C}-D_\varepsilon}\frac{\partial f(w+u)}{\partial \bar{u}}\frac{1}{u}du\wedge d\bar{u}\\
&= \lim_{\varepsilon\to 0}\frac{1}{2\pi\sqrt{-1}}\int_{\mathbb{C}-D_\varepsilon}\frac{\partial}{\partial \bar{u}}\Big(\frac{f(w+u)}{u}\Big)du\wedge d\bar{u}\\
&= \lim_{\varepsilon\to 0}\frac{1}{2\pi\sqrt{-1}}\int_{\mathbb{C}-D_\varepsilon}-\bar{\partial}\Big(\frac{f(w+u)}{u}\Big)\wedge du\\
&= \lim_{\varepsilon\to 0}\frac{1}{2\pi\sqrt{-1}}\int_{\mathbb{C}-D_\varepsilon}-d\Big(\frac{f(w+u)}{u}\Big)\wedge du\\
&= \lim_{\varepsilon\to 0}\frac{1}{2\pi\sqrt{-1}}\int_{\partial D_\varepsilon}\frac{f(w+u)}{u}du\\
&= \lim_{\varepsilon\to 0}\frac{1}{2\pi}\int_0^{2\pi}f(w+\varepsilon e^{i\theta})d\theta\\
&= f(w).
\end{aligned}$$

在上面倒数第三个等号后我们用到了 Stokes 积分公式. □

引理 4.5.5 (Dolbeault 引理) 设 M 为黎曼曲面, ω 为 M 的开集 U 上的 (p,q) 形式, $q\geqslant 1$, 则对任意 $m\in U$, 存在 m 的开邻域 $V\subset U$ 及 V 上的 $(p,q-1)$ 形式 η, 使得 $\omega=\bar{\partial}\eta$.

证明 不失一般性, 可以假设 $M=\mathbb{C}$, m 为原点 0. 我们只需考虑 $\omega=hd\bar{z}$ 及 $\omega=hdz\wedge d\bar{z}$ 这两种情形即可. 以前者为例, 在原点 0 附近取光滑的截断函数 ϕ, 使得在 0 附近 $\phi\equiv 1$, 在 U 的边界附近 ϕ 恒为零. 令 $f=\phi\cdot h$, 通过零延拓, f 可以看成 $\mathbb{C}$ 上具有紧支集的光滑函数. 由引理 4.5.4 知, 存在 $\mathbb{C}$ 上的光滑函数 g, 使得 $\dfrac{\partial}{\partial\bar{z}}g=f$. 此时, 在 0 附近有

$$\bar{\partial}g=\frac{\partial g}{\partial\bar{z}}d\bar{z}=fd\bar{z}=\phi\cdot hd\bar{z}=hd\bar{z}.$$

对于后一种情形, 证明完全类似. □

如同 Poincaré 引理导出 $\mathbb{C}$ 的强层分解那样, 由 Dolbeault 引理我们立即可以导出下面的层的短正合序列:

$$0\to\mathcal{O}\to\mathcal{S}^0\xrightarrow{\bar{\partial}}\mathcal{S}^{0,1}\xrightarrow{\bar{\partial}}0,$$

$$0\to\Omega^1\to\mathcal{S}^{1,0}\xrightarrow{\bar{\partial}}\mathcal{S}^{1,1}\xrightarrow{\bar{\partial}}0.$$

它们分别是全纯函数芽层 $\mathcal{O}$ 和全纯 1 形式芽层 Ω^1 的强层分解. 因此, 根据 de Rham 定理, 我们得到

定理 4.5.6 (Dolbeault 定理) 在黎曼曲面 M 上, 有如下上同调群的同构:

$$H^1(M;\mathcal{O}) \cong H^{0,1}_{\bar{\partial}}(M), \quad H^1(M;\Omega^1) \cong H^{1,1}_{\bar{\partial}}(M).$$

$$H^q(M;\mathcal{O}) = H^q(M;\Omega^1) = 0, q \geqslant 2.$$

在前一节, 我们用层的上同调群来解 Mittag-Leffler 问题的时候发现, 如果

$$H^1(M;\mathcal{O}) = 0,$$

则黎曼曲面 M 上的 Mittag-Leffler 问题总有解. 作为应用, 我们考虑 $\mathbb{C}$ 中连通开集上的 Mittag-Leffler 问题. 为此, 我们需要如下的 Runge 逼近定理 (证明见参考文献 [2]):

定理 4.5.7 (Runge 逼近定理) 设 K 为 $\mathbb{C}$ 中的紧致集合, $U \supset K$ 为开集, 则下面两条是等价的:

(i) 每个在 K 的某个邻域内全纯的函数, 都可以用 U 上的全纯函数在 K 上一致逼近;

(ii) $U - K$ 的每一个连通分支在 U 内的闭包是非紧的.

利用 Dolbeault 定理, 我们证明 $\mathbb{C}$ 中任何区域上的 Mittag-Leffler 问题总是有解的.

定理 4.5.8 如果 M 为复平面 $\mathbb{C}$ 中的区域, 则 $H^1(M;\mathcal{O}) = 0$.

证明 根据 Dolbeault 定理, 我们只需证明: 任给 M 上的光滑函数 f, 总存在光滑函数 g, 使得 $\dfrac{\partial}{\partial \bar{z}} g = f$. 事实上, 因为 M 为连通开集, 由点集拓扑的知识可以找到 M 的紧致穷竭, 即一列紧致子集 $\{K_i\}$, 使得

(1) $M = \bigcup\limits_i K_i$;

(2) K_i 包含于 K_{i+1} 的内点集中;

(3) $M - K_i$ 的连通分支在 M 内的闭包非紧.

由 Runge 逼近定理, $\{K_i\}$ 还满足条件:

(4) 如果 f 是在 K_i 的邻域内全纯的函数, 则存在 M 上的全纯函数列 $\{f_n\}$, 使得 $\{f_n\}$ 在 K_i 上一致收敛到 f.

在 M 上取一列光滑截断函数 ψ_i, 使得 $\psi_i|_{K_{i+1}} \equiv 1$. 令

$$\varphi_i = \begin{cases} \psi_1, & i = 1, \\ \psi_i - \psi_{i-1}, & i > 1, \end{cases}$$

则 $\varphi_i|_{K_i} \equiv 0$, 且 $\sum\limits_i \varphi_i = 1$. 由 Dolbeault 引理知, 存在 $\mathbb{C}$ 上的光滑函数 g_i, 使得 $\dfrac{\partial g_i}{\partial \bar{z}} = \varphi_i \cdot f$. 因为 $\varphi_i \cdot f|_{K_i} \equiv 0$, 故 g_i 在 K_{i-1} 的某个邻域内是全纯函数. 由上面的 (4) 可知, 存在 M 上的全纯函数 h_i, 使得在 K_{i-1} 上满足 $|g_i - h_i| < 2^{-i}$. 定义

$$g = \sum_{i=1}^{\infty} (g_i - h_i).$$

对于每个固定的 i, 在 K_i 上, 有

$$g = \sum_{j=1}^{i} (g_i - h_i) + \sum_{j=i+1}^{\infty} (g_i - h_i).$$

上等式的右边第二项在 K_i 上一致收敛, 且在 K_i 上光滑, 因此 g 为 $\mathbb{C}$ 上的光滑函数, 且在 K_i 上, 有

$$\frac{\partial g}{\partial \bar{z}} = \sum_{j=1}^{i} \frac{\partial g_i}{\partial \bar{z}} + \sum_{j=i+1}^{\infty} \frac{\partial g_i}{\partial \bar{z}} = \sum_j \varphi_j \cdot f = f.$$

所以, 在 M 上有 $\dfrac{\partial}{\partial \bar{z}} g = f$. □

设 L 为黎曼曲面 M 上的全纯线丛, 由于算子 $\bar{\partial}$ 可以自然地定义在 L 值微分形式上, 因此可以对 Dolbeault 引理和 Dolbeault 定理做相应的推广. 记 $\Omega^0(L) = \Omega(L)$ 为 L 的全纯截面芽层, $\Omega^1(L)$ 为 L 值全纯 $(1,0)$ 形式芽层, $\mathcal{S}^{p,q}(L)$ 为 L 值光滑 (p,q) 形式芽层. 现在我们来定义算子 $\bar{\partial} : \mathcal{S}^{p,q}(L) \to \mathcal{S}^{p,q+1}(L)$. 任取 $m \in M$, 在 m 附近定义的 L 值 (p,q) 形式是形如 $\sum\limits_i \omega_i s_i$ 的有限和, 其中 ω_i 为局部 (p,q) 形式, s_i 为 L 的局部截面. 在 m 附近, 全纯线丛 L 有局部平凡化, 因此存在 m 附近的处处非零的全纯截面 s. 每个 s_i 均可表为 $s_i = f_i s$, 其中 f_i 为局部光滑函数, 因此

$$\sum_i \omega_i s_i = \sum_i f_i \omega_i s = \omega s.$$

我们定义

$$\bar{\partial}\left(\sum_i \omega_i s_i\right) = (\bar{\partial}\omega)s.$$

这个定义是恰当的. 事实上, 如果另有局部处处非零的全纯截面 t, 并且 $\sum_i \omega_i s_i = \eta t$, 则存在全纯函数 f, 使得 $t = f \cdot s$, 因而 $\omega = f\eta$. 对于全纯函数 f, $\bar{\partial} f = 0$, 因此

$$(\bar{\partial}\omega)s = (\bar{\partial} f\eta)s = f(\bar{\partial}\eta)s = (\bar{\partial}\eta)t.$$

这说明 $\bar{\partial} : \mathcal{S}^{p,q}(L) \to \mathcal{S}^{p,q+1}(L)$ 是定义好的层同态, 并且有短正合序列

$$0 \to \Omega^0(L) \to \mathcal{S}^0(L) \xrightarrow{\bar{\partial}} \mathcal{S}^{0,1}(L) \to 0,$$

$$0 \to \Omega^1(L) \to \mathcal{S}^{1,0}(L) \xrightarrow{\bar{\partial}} \mathcal{S}^{1,1}(L) \to 0,$$

它们分别是 $\Omega^0(L)$ 和 $\Omega^1(L)$ 的强层分解. 根据 de Rham 定理, 我们有

定理 4.5.9 (Dolbeault 定理) 设 L 为黎曼曲面 M 上的全纯线丛, 则有同构 $H^q(M, \Omega^p(L)) \cong H^{p,q}_{\bar{\partial}}(M, L)$, 其中 $p, q \geqslant 0$,

$$H^{p,q}_{\bar{\partial}}(M, L) = \{\bar{\partial} \text{ 闭的 } L \text{ 值 } (p,q) \text{ 形式}\}/\{\bar{\partial} \text{ 恰当的 } L \text{ 值 } (p,q) \text{ 形式}\}.$$

特别地, 当 $p + q > 2$ 时, $H^q(M, \Omega^p(L)) = \{0\}$.

习 题 4.5

1. 证明: 全纯线丛 L 的全纯截面层不是强层.
2. 证明: 如果 G 为非平凡交换群, 则平凡层 $M \times G$ 不是强层.
3. 证明: 对于任意因子 D, 摩天大厦层 $\mathcal{S}_D$ 是强层.
4. 补充证明强层的高阶上同调群都是平凡的.
5. 设 $M = \mathbb{D}$ 或 $\mathbb{C}$, 利用层的短正合序列

$$0 \to \mathbb{Z} \to \mathcal{O} \to \mathcal{O}^* \to 0$$

证明 $H^1(M; \mathbb{Z}) = \{0\}$.

§4.6 Euler 数

本节继续用层的上同调群理论来研究黎曼曲面上的全纯线丛. 为了下面例子的需要, 我们先考虑复平面 $\mathbb{C}$ 上具有紧支集的 de Rham 上同调群. 设 ω 为 $\mathbb{C}$ 上的 p 形式, 如果其支集 $\operatorname{supp}\omega = \overline{\{x \in \mathbb{C} \mid \omega(x) \neq 0\}}$ 为紧致集, 则称 ω 为**具有紧支集的 p 形式**. 记具有紧支集的 p 形式的全体为 $A_c^p(\mathbb{C})$. 显然, 外微分算子 $d: A_c^p(\mathbb{C}) \to A_c^{p+1}(\mathbb{C})$ 仍为线性算子. 令

$$H_c^p(\mathbb{C}) = \{\text{具有紧支集的闭 } p \text{ 形式}\}/\{\text{具有紧支集的恰当 } p \text{ 形式}\},$$

称为 $\mathbb{C}$ 的紧支集 p 次 de Rham 上同调群.

引理 4.6.1 2 次 de Rham 上同调群 $H_c^2(\mathbb{C})$ 同构于 $\mathbb{C}$.

证明 定义映射 $\phi: A_c^2(\mathbb{C}) \to \mathbb{C}$ 如下:

$$\phi(\omega) = \int_{\mathbb{C}} \omega, \quad \forall\, \omega \in A_c^2(\mathbb{C}).$$

如果 $\omega = \omega' + d\eta$, $\eta \in A_c^1(\mathbb{C})$, 则由 Stokes 积分公式知 $\int_{\mathbb{C}} \omega = \int_{\mathbb{C}} \omega'$. 因此 ϕ 诱导了同态 $\phi^*: H_c^2(\mathbb{C}) \to \mathbb{C}$. 下面说明 ϕ^* 实际上是同构. 首先, 显然 ϕ^* 是满射. 为了说明它是单射, 只要证明: 如果 $\int_{\mathbb{C}} \omega = 0$, 则存在具有紧支集的 1 形式 η, 使得 $\omega = d\eta$. 这实际上是具有紧支集微分形式的 Poincaré 引理.

现在设 $z = x + \sqrt{-1}\,y$ 为 $\mathbb{C}$ 上的复坐标, 则 $\omega = f(x,y)dx \wedge dy$, 其中 f 为 $\mathbb{C}$ 上具有紧支集的光滑函数, 且 $\int_{\mathbb{C}} f dxdy = 0$. 在 $\mathbb{R}$ 上取具有紧支集的光滑函数 ψ, 使得 $\int_{\mathbb{R}} \psi = 1$. 令

$$\begin{aligned}\eta = &\Big[\int_{-\infty}^{x} f(s,y)ds\Big]dy - \Big[\int_{-\infty}^{+\infty} f(s,y)ds\Big]\Big[\int_{-\infty}^{x} \psi(u)du\Big]dy \\ &- \psi(x)\Big[\int_{-\infty}^{y}\int_{-\infty}^{+\infty} f(s,t)dsdt\Big]dx,\end{aligned}$$

则 η 为具有紧支集的 1 形式, 且 $\omega = d\eta$. □

从这个引理我们得到关于紧致黎曼曲面的如下有用推论:

推论 4.6.2 设 M 为紧致连通黎曼曲面, 则 $H^2_{dR}(M;\mathbb{C})\cong\mathbb{C}$.

证明 定义映射 $\psi: H^2_{dR}(M;\mathbb{C})\to\mathbb{C}$ 为

$$\psi([\omega])=\int_M\omega.$$

由 Stokes 积分公式知这是定义好的同态, 并且显然是满同态. 为了说明 ψ 为同构, 只要证明: 如果 ω 为 2 形式, 且 $\int_M\omega=0$, 则存在 1 形式 η, 使得 $\omega=d\eta$. 事实上, 利用单位分解, 我们首先可以把 ω 写为 2 形式的有限和 $\omega=\sum_i\omega_i$, 其中每个 ω_i 的支集均包含于某个坐标邻域 U_i 内. 当 $U_i\cap U_j\neq\varnothing$ 时, 根据引理 4.6.1 的证明不难看出, ω_i 和 ω_j 分别等价于支集包含于 $U_i\cap U_j$ 中的 2 形式. 因此 ω_i 均等价于一个固定坐标邻域内的 2 形式. 再一次利用引理 4.6.1 就知道 ω 为 M 上的恰当形式. □

现在我们考虑黎曼曲面 M 上的这样一些层, 它们的茎均为复线性空间. 设 $\mathcal{S}$ 为一个这样的层, 其上同调群都是有限维的复线性空间, 并且次数充分高时, 对应的上同调群为零. 我们定义一个形式和

$$\chi(\mathcal{S})=\sum_{q=0}^{\infty}(-1)^q\dim H^q(M;\mathcal{S}),$$

称为层 $\mathcal{S}$ 的 **Euler 数**. 对于 L 值全纯 p 形式芽层 $\Omega^p(L)$, 其 Euler 数记为 $\chi^p(L)$. 特别地, 当 $p=0$ 时, 也记 $\chi(L)=\chi^0(L)$.

例 4.6.1 平凡层的 Euler 数.

考虑紧致黎曼曲面 M 上的平凡层 $\mathbb{C}$. 由 de Rham 定理和刚才的推论, 有

$$\begin{aligned}\chi(\mathbb{C})&=\sum_{q=0}^{\infty}(-1)^q\dim H^q(M;\mathbb{C})\\&=\sum_{q=0}^{2}(-1)^q\dim H^q_{dR}(M;\mathbb{C})=2-2g,\end{aligned}$$

其中 g 为 M 的亏格. 我们也记 $\chi(M)=\chi(\mathbb{C})$, 称为**曲面 M 的 Euler 数**.

例 4.6.2 紧致黎曼曲面 M 上全纯函数芽层的 Euler 数.

考虑全纯函数芽层 $\mathcal{O}$ 的 Euler 数. 我们先说明 $\dim H^1(M;\mathcal{O}) = g$, 其中 g 为 M 的亏格. 由 Dolbeault 定理, 有 $H^1(M;\mathcal{O}) \cong H^{0,1}_{\bar{\partial}}(M)$, 因此只要说明 $\dim H^{0,1}_{\bar{\partial}}(M) = g$ 就行了. 事实上, 任给 $(0,1)$ 形式 ω, 由 Hodge 定理知, 存在分解

$$\omega = \omega_h + df + *dg,$$

其中 ω_h 为 M 上的调和 1 形式, f, g 为光滑函数. 考虑等式两端的 $(0,1)$ 分量, 有

$$\omega = \omega_h' + \bar{\partial}(f + \sqrt{-1}\,g),$$

其中 $\omega_h' \in \overline{\mathcal{H}}$. 不难看出, 这种形式的分解是唯一的, $H^{0,1}_{\bar{\partial}}(M)$ 和 $\overline{\mathcal{H}}$ 自然同构, 因此 $\dim H^{0,1}_{\bar{\partial}}(M) = \dim \mathcal{H} = g$. 这说明

$$\chi(\mathcal{O}) = \dim H^0(M;\mathcal{O}) - \dim H^1(M;\mathcal{O}) = 1 - g.$$

例 4.6.3 摩天大厦层的 Euler 数.

设 D 为黎曼曲面 M 上的有效因子, 我们考虑摩天大厦层 $\mathcal{S}_D$ 的 Euler 数. 在前面我们已经知道 $\mathcal{S}_D$ 为强层, 并且 $\Gamma(\mathcal{S}_D) \cong \bigoplus\limits_{p\in M} n(p)\mathbb{C} \cong \mathbb{C}^{d(D)}$, 因此

$$\begin{aligned}\chi(\mathcal{S}_D) &= \sum_{q=0}^{\infty} (-1)^q \dim H^q(M;\mathcal{S}_D) \\ &= \dim H^0(M;\mathcal{S}_D) = \dim \Gamma(\mathcal{S}_D) = d(D).\end{aligned}$$

Euler 数的一个有用的性质是对于短正合序列满足下面的恒等式.

引理 4.6.3 设 $0 \to \mathcal{S}_1 \xrightarrow{\alpha} \mathcal{S}_2 \xrightarrow{\beta} \mathcal{S}_3 \to 0$ 为层的短正合序列. 如果对于此序列中任何两个层, 其 Euler 数均有定义, 则另外的第三个层的 Euler 数也有定义, 且

$$\chi(\mathcal{S}_2) = \chi(\mathcal{S}_1) + \chi(\mathcal{S}_3).$$

证明 层的短正合序列诱导了上同调群的长正合序列

$$\begin{aligned}H^{i-1}(M;\mathcal{S}_3) \xrightarrow{\delta^*} H^i(M;\mathcal{S}_1) \xrightarrow{\alpha^*} H^i(M;\mathcal{S}_2) \xrightarrow{\beta^*} H^i(M;\mathcal{S}_3) \\ \xrightarrow{\delta^*} H^{i+1}(M;\mathcal{S}_1) \to \cdots,\end{aligned}$$

所以有如下的维数估计:

$$\dim H^i(M;\mathcal{S}_1) \leqslant \dim H^{i-1}(M;\mathcal{S}_3) + \dim H^i(M;\mathcal{S}_2),$$

$$\dim H^i(M;\mathcal{S}_2) \leqslant \dim H^i(M;\mathcal{S}_1) + \dim H^i(M;\mathcal{S}_3),$$

$$\dim H^i(M;\mathcal{S}_3) \leqslant \dim H^i(M;\mathcal{S}_2) + \dim H^{i+1}(M;\mathcal{S}_1).$$

因此, 如果对于其中任何两个层, 其 Euler 数均有定义, 则另外的第三个层的 Euler 数也有定义. 进一步, 有

$$\dim H^i(M;\mathcal{S}_1) = \dim \delta^* H^{i-1}(M;\mathcal{S}_3) + \dim \alpha^* H^i(M;\mathcal{S}_1),$$

$$\dim H^i(M;\mathcal{S}_2) = \dim \alpha^* H^i(M;\mathcal{S}_1) + \dim \beta^* H^i(M;\mathcal{S}_2),$$

$$\dim H^i(M;\mathcal{S}_3) = \dim \delta^* H^i(M;\mathcal{S}_3) + \dim \beta^* H^i(M;\mathcal{S}_2).$$

由 Euler 数的定义, 有

$$\begin{aligned}
&\chi(\mathcal{S}_1) - \chi(\mathcal{S}_2) + \chi(\mathcal{S}_3)\\
&\quad= \sum_{i=0}^{\infty}\left[(-1)^i \dim \delta^* H^{i-1}(M;\mathcal{S}_3) + (-1)^i \dim \alpha^* H^i(M;\mathcal{S}_1)\right]\\
&\qquad - \sum_{i=0}^{\infty}\left[(-1)^i \dim \alpha^* H^i(M;\mathcal{S}_1) + (-1)^i \dim \beta^* H^i(M;\mathcal{S}_2)\right]\\
&\qquad + \sum_{i=0}^{\infty}\left[(-1)^i \dim \delta^* H^i(M;\mathcal{S}_3) + (-1)^i \dim \beta^* H^i(M;\mathcal{S}_2)\right]\\
&\quad= 0.
\end{aligned}$$

这就证明了 $\chi(\mathcal{S}_2) = \chi(\mathcal{S}_1) + \chi(\mathcal{S}_3)$. □

现在我们将 §4.4 中的引理 4.4.2 做一点推广.

引理 4.6.4 *设 L 为紧致黎曼曲面 M 上的全纯线丛. 如果*

$$\dim H^1(M;\Omega(L)) < \infty,$$

则存在因子 D, 使得 $L = \lambda(D)$.

证明 由引理 4.2.5 知

$$\dim H^0(M;\Omega(L)) = \dim \Gamma_h(L) < \infty.$$

因此, 由引理的假设我们知道 L 的 Euler 数 $\chi(L)$ 是可以定义的. 任取 $p \in M$, 考虑层的短正合序列

$$0 \to \Omega(L) \to \Omega(L+\lambda(np)) \to \mathcal{S}_{np} \to 0.$$

由引理 4.6.3 我们就得到等式

$$\chi(L+\lambda(np)) = \chi(L) + \chi(\mathcal{S}_{np}) = \chi(L) + d(np) = \chi(L) + n.$$

当 n 充分大时, 必有 $\chi(L+\lambda(np)) > 0$, 此时有

$$\dim \Gamma_h(L+\lambda(D)) \geqslant \chi(L+\lambda(np)) > 0.$$

利用推论 4.2.4 就知道存在因子 D, 使得 $L = \lambda(D)$. □

从引理 4.6.4 的证明过程我们还可以看到, 对任何有效因子 D 均有

$$\chi(\lambda(D)) = \chi(\mathcal{O}) + d(D) = (1-g) + d(D).$$

对于一般的因子 D, 把它写成两个有效因子之差 $D = D_1 - D_2$, 则有

$$\begin{aligned}\chi(\lambda(D)) &= \chi(\lambda(D_1)) - d(D_2) \\ &= (1-g) + d(D_1) - d(D_2) \\ &= (1-g) + d(D).\end{aligned} \tag{4.10}$$

在下一章中我们将说明上式实际上是 Riemann-Roch 定理的另一个表现形式.

在下一章中, 利用关于全纯线丛的 Hodge 定理可以证明, 对于紧致黎曼曲面 M 上的任何全纯线丛 L, 均有 $\dim H^1(M; \Omega(L)) < \infty$. 这说明, 紧致黎曼曲面上的全纯线丛类群和因子类群是同构的, 即:

定理 4.6.5 对于任意紧致黎曼曲面, 均有群同构 $\lambda: \mathcal{D} \to \mathcal{L}$.

习 题 4.6

1. 证明: $H_c^q(\mathbb{C}) = 0$, $q = 0, 1$.
2. 考虑层的正合序列

$$0 \to \mathcal{S}_1 \to \mathcal{S}_2 \to \cdots \to \mathcal{S}_{n-1} \to \mathcal{S}_n \to 0.$$

证明: 如果这些层的 Euler 数都有定义, 则

$$\sum_{i=1}^{n} (-1)^i \chi(\mathcal{S}_i) = 0.$$

3. 证明: 设 $0 \to \mathcal{S} \to \mathcal{S}_0 \to \mathcal{S}_1 \to \cdots$ 为层 $\mathcal{S}$ 的强层分解, 则当 $\chi(\mathcal{S})$ 有定义且求和 $\sum_i (-1)^i \dim \Gamma(\mathcal{S}_i)$ 有意义时, 有

$$\chi(\mathcal{S}) = \sum_{i=0}^{\infty} (-1)^i \dim \Gamma(\mathcal{S}_i).$$

4. 设 $\mathcal{S}$ 为黎曼曲面 M 上的层. 对于 M 的开覆盖 $\mathcal{U}$ 定义形式和 $\chi(\mathcal{U};\mathcal{S}) = \sum_{q\geqslant 0} (-1)^q \dim H^q(\mathcal{U};\mathcal{S})$. 证明: 当求和有意义时, 有

$$\chi(\mathcal{U};\mathcal{S}) = \sum_{q=0}^{\infty} (-1)^q \dim C^q(\mathcal{U};\mathcal{S}).$$

5. 证明: 对于紧致黎曼曲面上的任何全纯线丛 L 和因子 D, 均有

$$\chi(L + \lambda(D)) = \chi(L) + d(D).$$

6. 证明: 黎曼球面 $\mathbb{S}$ 上的全纯线丛群同构于整数群 $\mathbb{Z}$.

第五章　曲面的复几何

在前一章中, 我们介绍了几种上同调群. 本章我们将引入 Hermite 度量并讨论黎曼曲面和全纯线丛的几何性质, 内容包括线丛上第一陈类, Hodge 定理及 Serre 对偶定理和消没定理等, 并给出 Riemann-Roch 公式的另外一个证明.

§5.1　Hermite 度 量

首先回顾一下 Hermite 内积的概念. 设 V 为复线性空间. 如果映射 $\langle\cdot,\cdot\rangle : V\times V\to\mathbb{C}$ 满足条件:

(1) $\langle\lambda v_1+\mu v_2, w\rangle=\lambda\langle v_1,w\rangle+\mu\langle v_2,w\rangle,\ \ \forall\ \lambda,\mu\in\mathbb{C},\ v_1,v_2,w\in V$;

(2) $\overline{\langle v,w\rangle}=\langle w,v\rangle$;

(3) $\langle v,v\rangle\geqslant 0$, 等号成立当且仅当 $v=0$,

则称此映射为 V 上的一个**Hermite 内积**. 此时, 在 V 的对偶空间 V^* 上也有自然诱导的 Hermite 内积.

定义 5.1.1　设 M 为黎曼曲面, T_hM 为其全纯切丛. 如果在每个全纯切空间 $T_{ph}M$ 上都指定一个 Hermite 内积 $h(p)=\langle\cdot,\cdot\rangle_p$, 并且任给全纯切丛的两个光滑截面 X_1,X_2, M 上的函数 $h(X_1,X_2)$: $p\mapsto\langle X_1(p),X_2(p)\rangle_p$ 为光滑函数, 则称 h 为 M (或T_hM) 上的一个 **Hermite 度量**.

设 h 为 Hermite 度量, U_α 为任意局部坐标邻域, 坐标函数为 $z_\alpha=x_\alpha+\sqrt{-1}\,y_\alpha$. 记 $h_\alpha=h\Big(\dfrac{\partial}{\partial z_\alpha},\dfrac{\partial}{\partial z_\alpha}\Big)$, 则 h_α 为 U_α 上的正光滑函数. 在 U_α 上, 我们将 h 写为

$$h=h_\alpha dz_\alpha\otimes d\bar{z}_\alpha. \tag{5.1}$$

如果向量场 X,Y 分别有局部表示 $X=a_\alpha\dfrac{\partial}{\partial z_\alpha}$, $Y=b_\alpha\dfrac{\partial}{\partial z_\alpha}$, 则

$$h(X,Y)=a_\alpha h_\alpha\bar{b}_\alpha.$$

特别地, 如果 $U_\alpha \cap U_\beta \neq \varnothing$, 则在 $U_\alpha \cap U_\beta$ 上, 有

$$\begin{aligned} h_\beta &= h\Big(\frac{\partial}{\partial z_\beta}, \frac{\partial}{\partial z_\beta}\Big) \\ &= h\Big(\frac{\partial z_\alpha}{\partial z_\beta}\frac{\partial}{\partial z_\alpha}, \frac{\partial z_\alpha}{\partial z_\beta}\frac{\partial}{\partial z_\alpha}\Big) \\ &= \left|\frac{\partial z_\alpha}{\partial z_\beta}\right|^2 \cdot h_\alpha. \end{aligned} \tag{5.2}$$

反之, 如果存在一族正的光滑函数 $\{h_\alpha\}$ 满足条件 (5.2), 则利用 (5.1) 式就定义了 M 上一个 Hermite 度量. 我们将 $\{h_\alpha\}$ 称为 Hermite 度量 h 的**局部表示**.

给定 Hermite 度量 h 及其局部表示, 我们在 U_α 上定义 $(1,1)$ 形式如下:

$$\Omega_\alpha = \frac{\sqrt{-1}}{2} h_\alpha dz_\alpha \wedge d\bar{z_\alpha} = h_\alpha dx_\alpha \wedge dy_\alpha.$$

由 (5.2) 式易见, 在 $U_\alpha \cap U_\beta$ 上 $\Omega_\alpha = \Omega_\beta$, 因此 $\{\Omega_\alpha\}$ 定义了 M 上一个整体 $(1,1)$ 形式, 记为 Ω. 这是一个处处非零的实的 2 形式, 称为 M 关于度量 h 的**体积**(**面积**)**形式**. 此时 $\mathrm{Vol}(M,h) = \int_M \Omega > 0$, 称为 M 关于度量 h 的**体积**(**面积**).

下面我们来考虑另一个重要的 $(1,1)$ 形式. 在 U_α 上, 令 $\Theta_\alpha = \bar{\partial}\partial \ln h_\alpha$. 在 $U_\alpha \cap U_\beta$ 上, 利用 (5.2) 式得

$$\begin{aligned} \Theta_\beta = \bar{\partial}\partial \ln h_\beta &= \bar{\partial}\partial \ln \left(\left|\frac{\partial z_\alpha}{\partial z_\beta}\right|^2 \cdot h_\alpha\right) \\ &= \bar{\partial}\partial \ln h_\alpha + \bar{\partial}\partial \ln \frac{\partial z_\alpha}{\partial z_\beta} + \bar{\partial}\partial \ln \overline{\frac{\partial z_\alpha}{\partial z_\beta}} \\ &= \bar{\partial}\partial \ln h_\alpha. \end{aligned}$$

这说明 $\{\Theta_\alpha\}$ 也定义了 M 上一个整体的 $(1,1)$ 形式, 记为 Θ, 称为 M 关于度量 h 的**曲率形式**. 因为体积形式处处非零, 故 Θ 可表示为

$$\Theta = \frac{K}{\sqrt{-1}}\Omega, \tag{5.3}$$

其中 K 为 M 上的实值光滑函数, 称为 M 关于度量 h 的 **Gauss 曲率**(**简称曲率**), 在 U_α 上它可写为

$$K = -\frac{2}{h_\alpha}\frac{\partial^2 \ln h_\alpha}{\partial z_\alpha \partial \bar{z}_\alpha}.$$

利用单位分解和局部表示我们不难知道, 黎曼曲面上总是存在许多的 Hermite 度量. 令人惊奇的是, 对于紧致黎曼曲面, 任给一个 Hermite 度量, 我们总有如下积分公式:

定理 5.1.1 (Gauss-Bonnet 公式) 设 h 为紧致黎曼曲面 M 上任一 Hermite 度量, 则有

$$\frac{1}{2\pi}\int_M K\Omega = \chi(M).$$

证明 在 M 上任取非零亚纯微分 ω, 记 ω 的零点和极点全体为 $\{p_i\}$. 在局部坐标邻域 U_α 内, ω 有局部表示 $\omega = f_\alpha dz_\alpha$. 当 $U_\alpha \cap U_\beta \neq \varnothing$ 时, $f_\beta = f_\alpha \cdot \dfrac{\partial z_\alpha}{\partial z_\beta}$, 因此

$$|f_\beta|^2 = |f_\alpha|^2 \cdot \left|\frac{\partial z_\alpha}{\partial z_\beta}\right|^2.$$

由 (5.2) 式和上式可得

$$|f_\beta|^2 h_\beta^{-1} = |f_\alpha|^2 h_\alpha^{-1}.$$

这说明, 存在 $M - \{p_i\}$ 上定义的光滑函数 f, 使得在每个 U_α 上均有

$$|f_\alpha|^2 = f \cdot h_\alpha. \tag{5.4}$$

现在我们在每个点 p_i 处选取一个坐标圆盘 D_i, 设 $\phi_i : D_i \to \mathbb{C}$ 为坐标映射, $\phi_i(p_i) = 0$, $\phi_i(D_i) = \mathbb{D}$. 我们可以假设这些坐标圆盘互不相交. 对 $0 < r < 1$, 令

$$D_i(r) = \{p \in D_i \mid |\phi_i(p)| < r\}.$$

我们有

$$\frac{1}{2\pi}\int_M K\Omega = \frac{\sqrt{-1}}{2\pi}\int_M \Theta = \lim_{r\to 0}\frac{\sqrt{-1}}{2\pi}\int_{M-\bigcup\limits_i D_i(r)} \Theta$$

$$= \lim_{r\to 0}\frac{\sqrt{-1}}{2\pi}\int_{M-\bigcup\limits_i D_i(r)} \bar{\partial}\partial \ln h_\alpha$$

$$
\begin{aligned}
&= \lim_{r\to 0}\frac{\sqrt{-1}}{2\pi}\int_{M-\bigcup\limits_i D_i(r)} (\bar\partial\partial \ln |f_\alpha|^2 - \bar\partial\partial \ln f)\\
&= \lim_{r\to 0}\frac{\sqrt{-1}}{2\pi}\int_{M-\bigcup\limits_i D_i(r)} -\bar\partial\partial \ln f\\
&= \lim_{r\to 0}\frac{\sqrt{-1}}{2\pi}\int_{M-\bigcup\limits_i D_i(r)} -d\partial \ln f\\
&= \sum_i \lim_{r\to 0}\frac{\sqrt{-1}}{2\pi}\int_{\partial D_i(r)} \partial \ln f\\
&= \sum_i \lim_{r\to 0}\frac{\sqrt{-1}}{2\pi}\int_{\partial D_i(r)} \partial (\ln f_i + \ln \bar f_i - \ln h_i)\\
&= \sum_i \lim_{r\to 0}\frac{\sqrt{-1}}{2\pi}\int_{\partial D_i(r)} \partial \ln f_i.
\end{aligned}
$$

这里, ω 在 D_i 中的局部表示为 $\omega = f_i dz_i$, h 在 D_i 中的局部表示为 $h = h_i dz_i \otimes d\bar z_i$. 亚纯函数 f_i 在 D_i 中可以表示为 $f_i = z_i^{n_i}\cdot g_i$, 其中 g_i 为 p_i 附近处处非零的全纯函数. 此时

$$
\lim_{r\to 0}\int_{\partial D_i(r)} \partial \ln f_i = \lim_{r\to 0}\int_{\partial D_i(r)} \partial \ln z_i^{n_i} = 2\pi\sqrt{-1}\, n_i.
$$

这说明

$$
\begin{aligned}
\frac{1}{2\pi}\int_M K\Omega &= \sum_i \frac{\sqrt{-1}}{2\pi} 2\pi\sqrt{-1}\, n_i = -\sum_i n_i\\
&= -d((\omega)) = 2-2g = \chi(M),
\end{aligned}
$$

其中 g 为 M 的亏格. □

设 $\phi: M\to N$ 为黎曼曲面之间非退化的全纯映射. 如果 h 为 N 上的 Hermite 度量, 则在 M 上可以如下定义一个 Hermite 度量 ϕ^*h:

$$
\phi^*h(X,Y) = h(\phi_* X, \phi_* Y),
$$

其中 ϕ_* 为切映射. ϕ^*h 称为**拉回度量**. 如果 h' 为 M 上的 Hermite 度量, ϕ 为双全纯映射, 且 $h' = \phi^*h$, 则称 ϕ 为 (M,h') 和 (N,h) 的**全纯等距**, 并称 M 全纯等距于 N. 黎曼曲面之间的全纯复迭映射处处非

退化, 因此可以把黎曼曲面上的 Hermite 度量通过复迭映射拉回到复迭空间上; 反之, 给定复迭空间上的一个 Hermite 度量, 如果复迭变换都是该度量的全纯等距, 则这个度量可以 “下降” 为曲面上的 Hermite 度量, 即此度量拉回后就是复迭空间上给定的 Hermite 度量.

给定黎曼曲面 M 上的 Hermite 度量 h, 在每一点 $p\in M$ 的切空间 T_pM 上都有一个诱导内积 g_p. 它可如下定义: 设 $z_\alpha = x_\alpha+\sqrt{-1}\,y_\alpha$ 为 p 附近的局部复坐标, h 有局部表示 $h=h_\alpha dz_\alpha\otimes d\bar{z}_\alpha$, 规定

$$g_p\Big(\frac{\partial}{\partial x_\alpha},\frac{\partial}{\partial y_\alpha}\Big)=0,\quad g_p\Big(\frac{\partial}{\partial x_\alpha},\frac{\partial}{\partial x_\alpha}\Big)=h_\alpha,\quad g_p\Big(\frac{\partial}{\partial y_\alpha},\frac{\partial}{\partial y_\alpha}\Big)=h_\alpha.$$

由 (5.2) 式易见这样定义的内积 g_p 和局部坐标的选取无关. 在坐标邻域 U_α 内我们可以将诱导内积记为

$$g_\alpha = h_\alpha(dx_\alpha\otimes dx_\alpha + dy_\alpha\otimes dy_\alpha).$$

g_α 实际上构成 M 上的一个 2 阶正定对称张量 g, 称为由 Hermite 度量 h 诱导的 **Riemann 度量**. 我们也可以将 Riemann 度量表示为 $g=\mathrm{Re}(h)$ (h 的实部).

有了 Riemann 度量, 我们就可以定义曲线的长度. 设 $\sigma: I\to M$ 为黎曼曲面 M 上的连续可微曲线. 令

$$L(\sigma)=\int_I \sqrt{g(\dot\sigma,\dot\sigma)}\,ds,$$

称之为 σ 的**长度**, 其中 $\dot\sigma$ 是 σ 的切向量场. 任给 $p,q\in M$, 令

$$d(p,q)=\inf\{L(\sigma)\,|\,\sigma \text{ 为连接 } p \text{ 和 } q \text{ 的曲线}\},$$

称之为 p,q 的**距离**. 不难证明, 这样定义的映射 $d(\cdot,\cdot): M\times M\to\mathbb{R}^+$ 的确为 M 上的一个距离, 即

(1) $d(p,q)\geqslant 0$, 等号成立当且仅当 $p=q$;

(2) $d(p,q)=d(q,p)$;

(3) $d(p,q)\leqslant d(p,r)+d(r,q)$, $\forall\ r\in M$.

如果 ϕ 为全纯等距, 则显然 $d(p,q)=d(\phi(p),\phi(q))$. 如果 σ 是连接 p,q 的曲线, 且 $L(\sigma)=d(p,q)$, 则称 σ 为连接 p,q 的**最短测地线**. 如果光滑曲线在其每一点附近均为最短测地线, 则称之为**测地线**.

如果作为距离空间 (M,d) 是完备的, 则称度量 g 或 h 为**完备度量**. 度量的完备性有一些等价的描述. 例如, 任意固定一点 p, 对 $\rho>0$, 令

$$B_\rho(p)=\{q\in M\mid d(q,p)<\rho\},$$

称之为以 ρ 为半径, p 为中心的**测地球**, 其闭包 $\overline{B_\rho(p)}=\{q\in M\mid d(q,p)\leqslant\rho\}$ 称为**闭测地球**. 度量是完备的当且仅当每一个闭测地球均为紧致集合. 显然, 紧致黎曼曲面上的度量都是完备的.

下面我们来研究几个具体的例子.

例 5.1.1 复平面 $\mathbb{C}$.

设 $z=x+\sqrt{-1}\,y$ 为 $\mathbb{C}$ 上的标准复坐标, 则 $h=dz\otimes d\bar{z}$ 显然为 $\mathbb{C}$ 上的 Hermite 度量, 其曲率 $K\equiv 0$. 曲率为零的度量一般称为**平坦度量**. h 诱导的 Riemann 度量为

$$g=dx\otimes dx+dy\otimes dy.$$

在每一点的切空间上, 这个 Riemann 度量定义的内积和 $\mathbb{C}$ 中的欧氏内积完全相同. 下面我们说明, g 诱导的距离和 $\mathbb{C}$ 中的欧氏距离也完全相同.

首先注意到, $\mathbb{C}$ 的全纯自同构 $\phi(z)=az+b$ 为 h 的全纯等距当且仅当 $a=e^{i\theta}$, $i=\sqrt{-1}$, $\theta\in\mathbb{R}$. 也就是说, $\mathbb{C}$ 中的平移和旋转都是 h 的全纯等距. 因此, 为了说明 $d(p,q)=|p-q|$, 我们可以假设 $p,q\in\mathbb{R}$. 设 $\sigma:[0,1]\to\mathbb{C}$ 是连接 p,q 的曲线, $\sigma(t)=x(t)+\sqrt{-1}\,y(t)$. 由曲线长度的定义, 有

$$\begin{aligned}L(\sigma)&=\int_0^1\sqrt{(x'(t))^2+(y'(t))^2}\,dt\geqslant\int_0^1|x'(t)|\,dt\\&\geqslant\left|\int_0^1 x'(t)dt\right|=|x(1)-x(0)|=|q-p|.\end{aligned}$$

这说明 $d(p,q)\geqslant|p-q|$. 而连接 p, q 的直线段长度显然为 $|p-q|$, 因此 $d(p,q)=|p-q|$. 这也说明直线为 $\mathbb{C}$ 在度量 g 下的测地线, 并且由刚才的证明可以看出测地线也只能为直线.

例 5.1.2 黎曼球面 $\mathbb{S}$.

在 $\mathbb{C}$ 上考虑 Hermite 度量 $h=4(1+|z|^2)^{-2}dz\otimes d\bar{z}$. 当更换坐标函数 $z=w^{-1}$ 时, 有

$$\begin{aligned}
h &= 4[1+|z|^2]^{-2}dz\otimes d\bar{z}\\
&= 4(1+|w|^{-2})^{-2}\frac{-dw}{w^2}\otimes\frac{-d\overline{w}}{\overline{w}^2}\\
&= 4(1+|w|^2)^{-2}dw\otimes d\overline{w}.
\end{aligned}$$

因此, h 实际上可以看成定义在 $\mathbb{S}=\mathbb{C}\cup\{\infty\}$ 上的 Hermite 度量, 其曲率形式计算如下:

$$\Theta=\bar{\partial}\partial\ln 4(1+|z|^2)^{-2}=2(1+|z|^2)^{-2}dz\wedge d\bar{z}.$$

因此, 这个度量的曲率 $K\equiv 1$.

例 5.1.3 黎曼环面.

设 M 是亏格为 1 的紧致黎曼曲面. 在 M 上任取非零全纯微分 ω, 则 ω 实际上处处非零. 令 $h=\omega\otimes\overline{\omega}$, 则 h 为 M 上的 Hermite 度量. 在局部坐标下, 如果 ω 有局部表示 $\omega=f_\alpha dz_\alpha$, 则 f_α 为不取零值的局部全纯函数, 而 h 有局部表示 $h=|f_\alpha|^2dz_\alpha\otimes d\bar{z}_\alpha$. 因此, h 的曲率形式计算如下:

$$\Theta=\bar{\partial}\partial\ln|f_\alpha|^2=\bar{\partial}\partial\ln\bar{f_\alpha}-\partial\bar{\partial}\ln f_\alpha=0.$$

这说明 h 的曲率 $K\equiv 0$, h 为平坦度量.

假设 $\pi:\widetilde{M}\to M$ 为 M 的万有复迭映射, 则拉回度量 π^*h 为 $\widetilde{M}$ 上的 Hermite 度量. 利用黎曼几何的初步知识可以证明, 拉回度量是完备平坦度量, 因而 $\widetilde{M}$ 连同拉回度量全纯等距于例 5.1.1 中的复平面 $\mathbb{C}$. 这说明 M 必为 $\mathbb{C}$ 关于某离散子群之商, 从而全纯同构于某黎曼环面.

例 5.1.4 Poincaré 圆盘 $\mathbb{D}$.

令 $h=4[1-|z|^2]^{-2}dz\otimes d\bar{z}$, 则 h 为 $\mathbb{D}$ 上的一个 Hermite 度量. 我们计算它的曲率形式如下:

$$\Theta=\bar{\partial}\partial\ln 4(1-|z|^2)^{-2}=-2(1-|z|^2)^{-2}dz\wedge d\bar{z}.$$

因此, h 的曲率 $K\equiv -1$. 一般地, 我们将曲率恒为 -1 的度量称为**双曲度量**.

任给 $z_0\in\mathbb{D}$, $\theta\in\mathbb{R}$, 我们考虑分式线性变换 $\phi:\mathbb{D}\to\mathbb{D}$, $\phi(z)=e^{i\theta}\dfrac{z-z_0}{1-\bar{z_0}z}$. 下面说明 ϕ 为 h 的全纯等距. 事实上,

$$\begin{aligned}
\phi^*h &= 4[1-|\phi(z)|^2]^{-2}d\phi\otimes d\bar{\phi}\\
&= 4[1-|\phi(z)|^2]^{-2}|\phi'(z)|^2dz\otimes d\bar{z}\\
&= \frac{4|1-\bar{z_0}z|^4}{(|1-\bar{z_0}z|^2-|z-z_0|^2)^2}\left|\frac{1-|z_0|^2}{(1-\bar{z_0}z)^2}\right|^2dz\otimes d\bar{z}\\
&= \frac{4|1-\bar{z_0}z|^4}{(1-|z|^2)^2(1-|z_0|^2)^2}\left|\frac{1-|z_0|^2}{(1-\bar{z_0}z)^2}\right|^2dz\otimes d\bar{z}\\
&= 4[1-|z|^2]^{-2}dz\otimes d\bar{z}.
\end{aligned}$$

下面我们在双曲度量 h 下计算 $\mathbb{D}$ 中两点 z_1, z_2 的距离. 令 $\phi(z)=e^{i\theta}\dfrac{z-z_1}{1-\bar{z_1}z}$. 适当选取 θ, 使得 $\phi(z_2)\in\mathbb{R}$. 设 $\sigma:[0,1]\to\mathbb{D}$ 是连接 $\phi(z_1)=0$ 和 $\phi(z_2)$ 的任意曲线, 则

$$\begin{aligned}
L(\sigma) &= \int_0^1\frac{2\sqrt{(x'(t))^2+(y'(t))^2}}{1-x^2(t)-y^2(t)}dt\\
&\geqslant \int_0^1\frac{2|x'(t)|}{1-x^2(t)}dt\geqslant\left|\int_0^1\frac{2x'(t)}{1-x^2(t)}dt\right|\\
&= \left|\ln\frac{1+\phi(z_2)}{1-\phi(z_2)}\right| = \ln\frac{1+|\phi(z_2)|}{1-|\phi(z_2)|}\\
&= \ln\frac{|1-\bar{z}_1z_2|+|z_1-z_2|}{|1-\bar{z}_1z_2|-|z_1-z_2|},
\end{aligned}$$

其中等号成立当且 σ 是连接 $\phi(z_1)$ 和 $\phi(z_2)$ 的直线段. 因此

$$d(z_1,z_2)=d(\phi(z_1),\phi(z_2))=\ln\frac{|1-\bar{z_1}z_2|+|z_1-z_2|}{|1-\bar{z_1}z_2|-|z_1-z_2|}.$$

这也说明, 从原点 0 出发的直线是 $\mathbb{D}$ 在双曲度量 h 下的测地线. 由于等距变换把测地线变为测地线, 而分式线性变换把经过原点的直线映为终点和单位圆周正交的圆弧, 因此这些圆弧都是测地线.

为了方便起见, 有时我们也考虑双曲度量的上半平面模型

$$\mathbb{H}=\{z\in\mathbb{C}\,|\,\mathrm{Im}\,z>0\}.$$

$\mathbb{H}$ 上的 Hermite 度量 g 定义如下:

$$g=\frac{dz\otimes d\bar{z}}{(\mathrm{Im}\,z)^2}.$$

读者可自行验证 $(\mathbb{D}, h)$ 与 $(\mathbb{H}, g)$ 是全纯等距的.

利用双曲度量, 我们可以重新解释 Schwarz 引理.

定理 5.1.2 (Schwarz-Pick 定理) 设 $f: \mathbb{D} \to \mathbb{D}$ 为全纯映射, 则

$$d(f(z_1), f(z_2)) \leqslant d(z_1, z_2), \quad \forall\, z_1, z_2 \in \mathbb{D},$$

这里的 $d(\cdot, \cdot)$ 为双曲度量下的距离, 并且如果存在 $z_1 \neq z_2$ 使上式中的等号成立, 那么 f 必为全纯等距.

证明 分别记 ϕ, ψ 为把 z_1 映为 0 和把 $f(z_1)$ 映为 0 的全纯自同构, 则复合映射 $F = \psi \circ f \circ \phi^{-1}$ 是满足 Schwarz 引理条件的全纯映射. 因此

$$|F(w)| \leqslant |w|, \quad \forall\, w \in \mathbb{D}.$$

这个不等式可用双曲度量下的距离重新解释为

$$d(0, F(w)) \leqslant d(0, w), \quad \forall\, w \in \mathbb{D}.$$

特别地, 取 $w = \phi(z_2)$, 有

$$\begin{aligned} d(f(z_1), f(z_2)) &= d(\psi \circ f(z_1), \psi \circ f(z_2)) = d(0, F(\phi(z_2))) \\ &\leqslant d(0, \phi(z_2)) = d(\phi(z_1), \phi(z_2)) \\ &= d(z_1, z_2). \end{aligned}$$

上式当等号成立时, 由 Schwarz 引理的结论我们知道 F 为全纯同构, 从而 f 亦然, 此时 f 为全纯等距. □

这个引理告诉我们, 全纯映射在双曲度量下是距离非增的. 这个事实的无穷小表现形式可以写为

$$\frac{|f'(z)|}{1 - |f(z)|^2} \leqslant \frac{1}{1 - |z|^2}, \quad \forall\, z \in \mathbb{D}.$$

关于 Schwarz-Pick 定理的推广和在复分析的许多应用, 请读者参看文献 [3], 其中的许多结果还可以推广到高维复流形上.

如果 M 为亏格大于 1 的紧致黎曼曲面, 则存在复迭映射 $\pi: \mathbb{D} \to M$. 因为复迭变换关于 $\mathbb{D}$ 上的双曲度量 h 为全纯等距, 因此在 M 上存在 Hermite 度量 g, 使得 $h = \pi^* g$. 这一度量 g 的曲率显然恒为 -1, 即我们在亏格大于 1 的任何紧致黎曼曲面上都找到了双曲度量.

假设 M 为紧致黎曼曲面, h 为 M 上的一个 Hermite 度量. 在第

三章 §3.2 中, 我们在 1 形式空间 $A^1(M)$ 上定义了 Hermite 内积, 现在把这个内积扩充到微分形式的全体 $A(M) = A^0(M) \oplus A^1(M) \oplus A^2(M)$ 上: 规定不同次数的微分形式是正交的. 如果 $f, g \in A^0(M)$, 则令

$$(f, g) = \int_M f\bar{g}\Omega,$$

其中 Ω 为 h 的体积形式; 如果 $\omega_1 = f_1\Omega,\ \omega_2 = f_2\Omega \in A^2(M)$, 则令

$$(\omega_1, \omega_2) = \int_M f_1\bar{f}_2\Omega.$$

Hodge 星算子 $* : A^1(M) \to A^1(M)$ 也可以函数线性地扩充为

$$* : A^{p,q} \to A^{1-q,1-p}, \quad *1 = \Omega; \quad *\Omega = 1.$$

于是 $A^p(M)$ 上的内积可以写为

$$(\eta_1, \eta_2) = \int_M \eta_1 \wedge \overline{*\eta_2}.$$

算子 $*$ 还满足以下性质:

$$*^2 = (-1)^{p+q}, \quad (*\eta_1, *\eta_2) = (\eta_1, \eta_2).$$

我们如下定义算子 $\delta : A^p(M) \to A^{p-1}(M)$ 和 $\vartheta : A^{p,q}(M) \to A^{p,q-1}(M)$:

$$\delta = - * d*, \quad \vartheta = - * \partial * .$$

它们分别是 d 和 $\bar{\partial}$ 关于内积 $(\cdot,\cdot)$ 的伴随算子, 即有

引理 5.1.3 在紧致黎曼曲面上, 算子 δ 和 ϑ 满足等式

$$(d\omega, \eta) = (\omega, \delta\eta), \quad (\bar{\partial}\omega, \eta) = (\omega, \vartheta\eta).$$

证明 设 $\omega \in A^{p-1}(M)$, $\eta \in A^p(M)$, 则

$$\begin{aligned}(d\omega, \eta) - (\omega, \delta\eta) &= \int_M d\omega \wedge *\bar{\eta} - \omega \wedge \overline{*\delta\eta} \\ &= \int_M d\omega \wedge *\bar{\eta} + (-1)^{p-1}\omega \wedge d * \bar{\eta} \\ &= \int_M d(\omega \wedge *\bar{\eta}) = 0.\end{aligned}$$

第一个等式得证. 再设 $\omega \in A^{p,q-1}(M)$, $\eta \in A^{p,q}(M)$, 则

$$\begin{aligned}(\bar{\partial}\omega,\eta)-(\omega,\vartheta\eta)&=\int_M\bar{\partial}\omega\wedge*\bar{\eta}-\omega\wedge\overline{*\vartheta\eta}\\&=\int_M\bar{\partial}\omega\wedge*\bar{\eta}+(-1)^{p+q-1}\omega\wedge\bar{\partial}*\bar{\eta}\\&=\int_M\bar{\partial}(\omega\wedge*\bar{\eta})\\&=\int_M d(\omega\wedge*\bar{\eta})=0,\end{aligned}$$

其中倒数第二个等号成立是因为 $\omega\wedge*\bar{\eta}$ 为 $(1,0)$ 形式. □

令 $\Delta=d\delta+\delta d$, $\Box=\bar{\partial}\vartheta+\vartheta\bar{\partial}$, 则 Δ 和 $\Box$ 都是保型的算子, 即把 $A^{p,q}(M)$ 映到 $A^{p,q}(M)$. 这两个算子具有如下性质:

(1) 在紧致黎曼曲面上,

$$\Delta\omega=0\iff d\omega=0,\ \delta\omega=0;\quad \Box\omega=0\iff\bar{\partial}\omega=0,\ \vartheta\omega=0.$$

这可由刚才的引理立即得到.

(2) $\Box=\dfrac{1}{2}\Delta$.

事实上, 由 $d=\partial+\bar{\partial}$, $\delta=\vartheta+\bar{\vartheta}$ 得

$$\begin{aligned}\Delta&=(\partial+\bar{\partial})(\vartheta+\bar{\vartheta})+(\vartheta+\bar{\vartheta})(\partial+\bar{\partial})\\&=\Box+\overline{\Box}+(\partial\vartheta+\vartheta\partial)+\overline{\partial\vartheta+\vartheta\partial}.\end{aligned}$$

请读者自行验证 $\partial\vartheta+\vartheta\partial=0$, $\Box=\overline{\Box}$. 因此 $\Delta=2\Box$.

(3) $*\Delta=\Delta*$, $*\Box=\Box*$.

前者由算子定义可直接验证, 后者可由上一条性质得到.

(4) 如果 f 为紧致黎曼曲面 M 上的光滑函数, 则 $\displaystyle\int_M f\Omega=0$ 当且仅当存在光滑函数 g, 使得 $f=\Box g$.

事实上, 如果 $f=\Box g$, 则简单的计算表明 $\Box(g\Omega)=(\Box g)\Omega$. 因此

$$f\Omega=\Box(g\Omega)=\frac{1}{2}\Delta(g\Omega)=\frac{1}{2}d(\delta(g\Omega)).$$

由 Stokes 积分公式即知 $\displaystyle\int_M f\Omega=0$. 反之, 如果 $\displaystyle\int_M f\Omega=0$, 则由第四章推论 4.6.2 的证明知, 存在 1 形式 η, 使得 $f\Omega=d\eta$. 由第三章的 Hodge 定理知, η 可分解为

$$\eta = \eta_h + dh_1 + *dh_2,$$

其中 η_h 为调和 1 形式, h_1, h_2 为光滑函数, 从而有

$$\begin{aligned} f = *(f\Omega) = *d\eta &= *d(\eta_h + dh_1 + *dh_2) \\ &= *d * dh_2 = -\Delta h_2 = \Box g, \end{aligned}$$

其中 $g = -2h_2$.

如果 $\Box\omega = 0$, 则称 ω 为**调和形式**. 这个定义和以前调和函数及调和 1 形式的定义是一致的.

习 题 5.1

1. 证明: 黎曼曲面上 Hermite 度量总是存在的.
2. 在本节例 5.1.2 的度量下计算黎曼球面 $\mathbb{S}$ 的面积.
3. 证明: 在本节例 5.1.2 的度量下黎曼球面 $\mathbb{S}$ 的测地线是大圆.
4. 说明本节例 5.1.4 中 $\mathbb{D}$ 上的双曲度量是完备的.
5. 证明: 全纯复迭映射把完备度量拉回为完备度量.
6. 设 M 为紧致黎曼曲面, 亏格为 1, $\pi : \widetilde{M} \to M$ 为 M 的万有复迭映射. 在 M 上任取非零全纯微分 ω, 由于 $\widetilde{M}$ 为单连通黎曼曲面, 存在 $\widetilde{M}$ 上的全纯函数 $f : \widetilde{M} \to \mathbb{C}$, 使得 $\pi^*\omega = df$. 证明: f 为全纯同构.
7. 证明: 当紧致黎曼曲面 M 的亏格大于 1 时, M 上的 Bergman 度量 (第三章 §3.4 中有定义) 的曲率非正, 且只在有限个点处为零.

§5.2 线丛的几何

现在我们把前一节关于 Hermite 度量的结果推广到全纯线丛上.

定义 5.2.1 设 L 为黎曼曲面 M 上的全纯线丛. 如果在每个纤维 L_p 上都指定一个 Hermite 内积 $g(p) = \langle\cdot,\cdot\rangle_p$, 并且对于 L 的任意两个光滑截面 s_1, s_2, M 上的函数 $g(s_1, s_2)$: $p \mapsto \langle s_1(p), s_2(p)\rangle_p$ 为光滑函数, 则称 g 为 L 上的一个 **Hermite 度量**.

设全纯线丛 L 在开集 $U_\alpha \subset M$ 上有局部平凡化 ψ_α, 则在 U_α 上存在处处非零的局部全纯截面 s_α, 使得 $s_\alpha(x) = \psi_\alpha^{-1}(x, 1)$, $x \in U_\alpha$. 记 $g_\alpha = g(s_\alpha, s_\alpha)$, 则 g_α 为 U_α 上的正光滑函数. 当 $U_\alpha \cap U_\beta \neq \varnothing$ 时, $s_\alpha = f_{\beta\alpha}s_\beta$, 其中 $f_{\beta\alpha}$ 为 L 的连接函数. 因此有

$$g_\alpha = g(s_\alpha, s_\alpha) = g(f_{\beta\alpha}s_\beta, f_{\beta\alpha}s_\beta) = |f_{\beta\alpha}|^2 g_\beta. \tag{5.5}$$

反之, 满足上面条件的一族光滑正函数 $\{g_\alpha\}$ 就给出了 L 上的一个 Hermite 度量 g. 我们将 $\{g_\alpha\}$ 称为Hermite 度量 g 的**局部表示**.

例 5.2.1 利用黎曼曲面 M 上的单位分解容易知道, 其上的全纯线丛 L 上总存在 Hermite 度量. 如果 g 为 L 的 Hermite 度量, ϕ 为 M 上的正光滑函数, 则 $\phi \cdot g$ 也是 L 上的 Hermite 度量.

设 $f: M \to N$ 为黎曼曲面之间的全纯映射, L 为 N 上的全纯线丛, g 为 L 上的 Hermite 度量, 则在 M 的拉回丛 f^*L 上有自然的拉回度量 f^*g. 事实上, 如果 g 有局部表示 $\{g_\alpha\}$, 则 f^*g 有局部表示 $\{g_\alpha \circ f\}$.

例 5.2.2 考虑平凡线丛 $L = M \times \mathbb{C}$. 显然, $\mathbb{C}$ 上的任何 Hermite 内积都可以看成 L 上的 Hermite 度量.

例 5.2.3 对偶丛上的 Hermite 度量.

如果在黎曼曲面 M 的全纯切丛 T_hM 上给定了 Hermite 度量 h, 则在全纯余切丛 T_h^*M 上有自然诱导的 Hermite 度量 h^{-1}. 事实上, 如果 h 的局部表示为 $\{h_\alpha\}$, 则 $\{h_\alpha^{-1}\}$ 为 h^{-1} 的局部表示. 类似地, 如果在全纯线丛 L 上给定了 Hermite 度量, 则在其对偶丛 $L^* = -L$ 上有自然诱导的 Hermite 度量.

设 g 为全纯线丛 L 上的 Hermite 度量, 其局部表示为 $\{g_\alpha\}$. 在局部平凡化邻域 U_α 中定义 $(1,0)$ 形式 θ_α 如下:

$$\theta_\alpha = \partial \ln g_\alpha. \tag{5.6}$$

在 $U_\alpha \cap U_\beta$ 上, 有

$$\theta_\alpha = \partial \ln f_{\beta\alpha} + \partial \ln \bar{f}_{\beta\alpha} + \partial \ln g_\beta = f_{\beta\alpha}^{-1}\partial f_{\beta\alpha} + \theta_\beta. \tag{5.7}$$

虽然 θ_α 不是 M 上整体定义的微分形式, 我们却可以利用它来定义一个整体的微分算子 $D: A^0(L) \to A^1(L)$. 事实上, 任给 L 的光滑截面 s, 在平凡化邻域 U_α 上, s 可以表示为 $s = f_\alpha s_\alpha$, 其中 f_α 为局部光滑函数. 令

$$Ds = (df_\alpha + f_\alpha\theta_\alpha)s_\alpha.$$

在 $U_\alpha \cap U_\beta$ 上, 由 $f_\alpha s_\alpha = f_\beta s_\beta$ 知

$$f_\alpha f_{\beta\alpha} = f_\beta.$$

因此, 利用 (5.7) 式和 $f_{\beta\alpha}$ 的全纯性得

$$\begin{aligned}(df_\alpha + f_\alpha\theta_\alpha)s_\alpha &= (f_{\beta\alpha}df_\alpha + f_{\beta\alpha}f_\alpha\theta_\alpha)s_\beta \\ &= [df_\beta - f_\alpha df_{\beta\alpha} + f_{\beta\alpha}f_\alpha(f_{\beta\alpha}^{-1}\partial f_{\beta\alpha} + \theta_\beta)]s_\beta \\ &= (df_\beta + f_\beta\theta_\beta)s_\beta.\end{aligned}$$

这说明算子 D 的定义是恰当的.

微分算子 D 具有以下性质:

(1) $D(s_1 + s_2) = Ds_1 + Ds_2, \forall\ s_1, s_2 \in A^0(L)$.

由定义, 这是显然的.

(2) $D(fs) = (df)s + f(Ds), \forall\ f \in A^0(M),\ s \in A^0(L)$.

这可直接验证:

$$\begin{aligned}D(fs) &= [d(ff_\alpha) + ff_\alpha\theta_\alpha]s_\alpha \\ &= df(f_\alpha s_\alpha) + f(df_\alpha + f_\alpha\theta_\alpha)s_\alpha \\ &= (df)s + f(Ds).\end{aligned}$$

(3) $d\langle s_1, s_2\rangle = \langle Ds_1, s_2\rangle + \langle s_1, Ds_2\rangle, \forall\ s_1, s_2 \in A^0(L)$, 其中内积 $\langle\cdot,\cdot\rangle$ 只作用于截面.

事实上, 由 θ_α 的定义易见

$$dg_\alpha = \theta_\alpha g_\alpha + \bar{\theta}_\alpha g_\alpha.$$

这说明, 对于局部截面 $s_1 = s_2 = s_\alpha$, 性质 (3) 成立. 由性质 (2) 可知性质 (3) 对任何截面 s_1, s_2 均成立.

(4) D 是 $(1,0)$ 型的, 即: 如果 s 为 (局部) 全纯截面, 则 $Ds \in A^{1,0}(L)$.

事实上, 如果 s 有局部表示 $s = f_\alpha s_\alpha$, 则 f_α 为局部全纯函数, 从而

$$Ds = (df_\alpha + f_\alpha\theta_\alpha)s_\alpha = (\partial f_\alpha + f_\alpha\theta_\alpha)s_\alpha.$$

Ds 显然为 L 值 $(1,0)$ 形式.

一般地, 我们把满足上面性质 (1) 和 (2) 的线性算子 D 称为线丛 L 上的一个**联络**. 联络给出了截面求导的一种有效方式. 满足性质 (3) 和 (4) 的联络称为和 Hermite 度量相容的联络. 不难证明这样的联络是唯一的. 局部的 1 形式 $\{\theta_\alpha\}$ 称为**联络 1 形式**.

我们可以将联络算子扩充定义到任何 L 值的微分形式上. 设 ω 为

L 值 p 形式, 它有局部表示 $\omega = \omega_\alpha s_\alpha$, 其中 ω 为 M 上的局部 p 形式. 令

$$D\omega = (d\omega_\alpha + (-1)^p \omega_\alpha \wedge \theta_\alpha) s_\alpha.$$

用验证联络定义恰当性的方法可类似地验证上面的定义是恰当的. 这样就定义了算子 $D : A^p(L) \to A^{p+1}(L)$, 它满足下面的性质:

$$\begin{aligned} &D(\omega_1 + \omega_2) = D\omega_1 + D\omega_2, \\ &D(f\omega) = df \wedge \omega + fD\omega, \quad \forall\ f \in A^0(M). \end{aligned}$$

设 $\{\theta_\alpha\}$ 是上面给出的联络 1 形式. 令

$$\Theta_\alpha = d\theta_\alpha = \bar{\partial}\partial \ln g_\alpha.$$

由 (5.7) 式可知, 在 $U_\alpha \cap U_\beta$ 上, 有

$$\Theta_\alpha = d\theta_\alpha = \bar{\partial}\theta_\alpha = \bar{\partial}\theta_\beta = \Theta_\beta,$$

因此 $\{\Theta_\alpha\}$ 定义了 M 上的一个整体 $(1,1)$ 形式, 称为 L 关于度量 g 的**曲率形式**, 记为 Θ. 和全纯切丛的情形一样, 我们有如下积分公式:

定理 5.2.1 (Gauss-Bonnet 公式) 设 D 为紧致黎曼曲面 M 上的因子, g 为全纯线丛 $L = \lambda(D)$ 上的一个 Hermite 度量, 则有

$$\frac{\sqrt{-1}}{2\pi} \int_M \Theta = d(D) = \chi(L) - \frac{1}{2}\chi(M).$$

证明 设 $D = \sum\limits_i n_i p_i$. 我们回忆一下全纯线丛 $L = \lambda(D)$ 的构造: L 的连接函数由 $f_{\beta\alpha} = f_\beta / f_\alpha$ 给出, 其中 f_α 是坐标邻域 U_α 中的亚纯函数, 且 $(f_\alpha) = D|_{U_\alpha}$. 假设 Hermite 度量 g 的局部表示为 $\{g_\alpha\}$, 则由 (5.5) 式得

$$g_\alpha |f_\alpha|^2 = g_\beta |f_\beta|^2.$$

因此 $\{g_\alpha |f_\alpha|^2\}$ 定义了 $M - \{p_i\}$ 上的一个正的光滑函数 f.

我们在每个点 p_i 处选取一个坐标圆盘 D_i, 设 $\phi_i : D_i \to \mathbb{C}$ 为坐标映射, $\phi_i(p_i) = 0$, $\phi_i(D_i) = \mathbb{D}$. 通过适当选取可以假设这些坐标圆盘互不相交. 对 $0 < r < 1$, 令 $D_i(r) = \{p \in D_i \,\big|\, |\phi_i(p)| < r\}$. 我们有

$$\frac{\sqrt{-1}}{2\pi} \int_M \Theta = \lim_{r \to 0} \frac{\sqrt{-1}}{2\pi} \int_{M - \bigcup\limits_i D_i(r)} \Theta$$

$$= \lim_{r\to 0} \frac{\sqrt{-1}}{2\pi} \int_{M-\bigcup\limits_i D_i(r)} \bar{\partial}\partial \ln g_\alpha$$

$$= \lim_{r\to 0} \frac{\sqrt{-1}}{2\pi} \int_{M-\bigcup\limits_i D_i(r)} (-\bar{\partial}\partial \ln |f_\alpha|^2 + \bar{\partial}\partial \ln f)$$

$$= \lim_{r\to 0} \frac{\sqrt{-1}}{2\pi} \int_{M-\bigcup\limits_i D_i(r)} \bar{\partial}\partial \ln f$$

$$= \lim_{r\to 0} \frac{\sqrt{-1}}{2\pi} \int_{M-\bigcup\limits_i D_i(r)} d\partial \ln f$$

$$= -\sum_i \lim_{r\to 0} \frac{\sqrt{-1}}{2\pi} \int_{\partial D_i(r)} \partial \ln f$$

$$= -\sum_i \lim_{r\to 0} \frac{\sqrt{-1}}{2\pi} \int_{\partial D_i(r)} \partial (\ln f_i + \ln \bar{f}_i + \ln g_i)$$

$$= -\sum_i \lim_{r\to 0} \frac{\sqrt{-1}}{2\pi} \int_{\partial D_i(r)} \partial \ln f_i.$$

这里, g 在 D_i 中的局部表示为 $\{g_i\}$, 亚纯函数 f_i 在 D_i 中可以表示为 $f_i = z_i^{n_i} \cdot h_i$, 其中 h_i 为 p_i 附近处处非零的全纯函数. 此时

$$\lim_{r\to 0} \int_{\partial D_i(r)} \partial \ln f_i = \lim_{r\to 0} \int_{\partial D_i(r)} \partial \ln z_i^{n_i} = 2\pi\sqrt{-1}\, n_i.$$

这说明

$$\frac{\sqrt{-1}}{2\pi} \int_M \Theta = -\sum_i \frac{\sqrt{-1}}{2\pi} 2\pi\sqrt{-1}\, n_i = \sum_i n_i = d(D).$$

这就证明了所要的积分公式. □

Gauss-Bonnet 公式可以推广到高维流形上, 读者可查阅陈省身先生所给出的简洁而优美的内蕴证明.

习 题 5.2

1. 证明: 在任何全纯线丛上都存在 Hermite 度量.
2. 验证联络 $D: A^0(L) \to A^1(L)$ 满足性质 (3).

3. 证明: 满足性质 (3) 和 (4) 的联络是唯一的.

4. 验证算子 $D : A^p(L) \to A^{p+1}(L)$ 的恰当性, 并证明 $D^2 s = \Theta s$, $\forall\ s \in A^0(L)$.

5. 试说明前一节的 Gauss-Bonnet 公式是本节的 Gauss-Bonnet 公式的特殊情形, 并比较两个证明的异同.

§5.3 线丛的 Hodge 定理

设 M 为紧致黎曼曲面, L 为 M 上的全纯线丛. 我们在 $T_h M$ 和 L 上分别取定 Hermite 度量 h 和 g. 首先, 我们将 Hodge 星算子

$$* : A^{p,q}(M) \to A^{1-q,1-p}(M)$$

扩充定义到 L 值的微分形式上. 设 σ 为 L 值 (p,q) 形式, 局部上可以写成 $\sigma = \omega s$, 其中 ω 为局部 (p,q) 形式, s 为局部截面. 令

$$*\sigma = (*\omega)s.$$

因为微分形式上定义的 $*$ 算子是函数线性的, 因此容易知道上式定义是恰当的. 这样我们就定义了算子 $* : A^{p,q}(L) \to A^{1-q,1-p}(L)$. 显然,

$$*^2 = (-1)^{p+q}.$$

其次, 利用 $*$ 算子, 我们将微分形式的内积也扩充定义到 L 值的微分形式上. 设 σ_1, σ_2 为 L 值 (p,q) 形式, 令

$$(\sigma_1, \sigma_2) = \int_M \langle s_1, s_2 \rangle\, \omega_1 \wedge *\bar{\omega}_2.$$

不难验证上式定义也是恰当的, 并且定义了 $A^{p,q}(L)$ 上的一个 Hermite 内积. 我们规定: 不同次数的 L 值微分形式之间是正交的. 这样就在 $A(L)$ 上定义了一个 Hermite 内积, 并且算子 $*$ 是保内积的.

设 $D : A^{p,q}(L) \to A^{p+1,q}(L) \oplus A^{p,q+1}(L)$ 是由 L 的联络扩充而来的微分算子, 我们将它的 $(p+1,q)$ 分量记为 $D' : A^{p,q}(L) \to A^{p+1,q}(L)$. 在局部上, 如果 $\sigma = \omega s_\alpha$, 则有

$$D'\sigma = (\partial\omega + (-1)^{p+q}\omega \wedge \theta_\alpha)s_\alpha.$$

我们曾经定义过算子 $\bar{\partial} : A^{p,q}(L) \to A^{p,q+1}(L)$. 显然有 $D = D' + \bar{\partial}$.

下面考虑算子 $\vartheta : A^{p,q}(L) \to A^{p,q-1}(L)$, $\vartheta = - * D' *$. 我们有

引理 5.3.1 算子 $\bar{\partial}$ 和 ϑ 关于内积 $(\cdot,\cdot)$ 互为伴随算子, 即

$$(\bar{\partial}\sigma_1, \sigma_2) = (\sigma_1, \vartheta\sigma_2), \quad \forall\ \sigma_1 \in A^{p,q-1}(L),\ \sigma_2 \in A^{p,q}(L).$$

证明 任取 $\sigma_1 \in A^{p,q-1}(L)$, $\sigma_2 \in A^{p,q}(L)$, 设它们的局部表示分别为

$$\sigma_1 = \omega_1 s_\alpha, \quad \sigma_2 = \omega_2 s_\alpha.$$

我们计算如下:

$$\begin{aligned}
&(\bar{\partial}\sigma_1, \sigma_2) - (\sigma_1, \vartheta\sigma_2) \\
&= \int_M g_\alpha \bar{\partial}\omega_1 \wedge *\overline{\omega}_2 + (-1)^{p+q-1} g_\alpha \omega_1 \wedge \bar{\partial} * \overline{\omega}_2 - \omega_1 \wedge *\overline{\omega}_2 \wedge \bar{\theta}_\alpha \\
&= \int_M \bar{\partial}\omega_1 \wedge *\overline{\omega}_2 g_\alpha + (-1)^{p+q-1} \omega_1 \wedge g_\alpha \bar{\partial} * \overline{\omega}_2 - \omega_1 \wedge *\overline{\omega}_2 \wedge \bar{\partial} g_\alpha \\
&= \int_M \bar{\partial}(\omega_1 \wedge *\overline{\omega}_2 g_\alpha) = \int_M d(\omega_1 \wedge *\overline{\omega}_2 g_\alpha) = 0,
\end{aligned}$$

其中倒数第二个等号成立是因为 $\omega_1 \wedge *\overline{\omega}_2 g_\alpha$ 为 M 上的 $(1,0)$ 形式. □

现在我们定义保型算子 $\square : A^{p,q}(L) \to A^{p,q}(L)$ 为

$$\square = \bar{\partial}\vartheta + \vartheta\bar{\partial},$$

称之为 **$\bar{\partial}$-Laplace 算子**. 它具有以下性质:

(1) $\square$ 为自伴算子, 即

$$(\square\sigma_1, \sigma_2) = (\sigma_1, \square\sigma_2), \quad \forall\ \sigma_1, \sigma_2 \in A^{p,q}(L).$$

事实上, 由于 $\bar{\partial}^2 = 0$, $\vartheta^2 = 0$, 因此 $\square = (\bar{\partial} + \vartheta)^2$, 从而由引理 5.3.1 知 $\bar{\partial} + \vartheta$ 为自伴算子.

(2) $\square\sigma = 0 \Longleftrightarrow \bar{\partial}\sigma = 0$, $\vartheta\sigma = 0$.

这是因为

$$(\square\sigma, \sigma) = (\bar{\partial}\vartheta\sigma, \sigma) + (\vartheta\bar{\partial}\sigma, \sigma) = (\bar{\partial}\sigma, \bar{\partial}\sigma) + (\vartheta\sigma, \vartheta\sigma).$$

下面我们来推导 $\square$ 的局部表达式. 仍记 s_α 为 L 上的局部处处非零全纯截面, L 的 Hermite 度量 g 有局部表示 $\{g_\alpha\}$, $T_h M$ 的 Hermite 度量 h 的局部表示为

$$h = h_\alpha dz_\alpha \otimes d\bar{z}_\alpha.$$

h 的体积形式表示为 $\Omega = \dfrac{\sqrt{-1}}{2} h_\alpha dz_\alpha \wedge d\bar{z}_\alpha$, L 的曲率形式表示为 $\Theta = \bar{\partial}\partial \ln g_\alpha$. 因为 Ω 处处非零, 故 Θ 也可写为

$$\Theta = \frac{K}{\sqrt{-1}} \Omega,$$

其中 K 为 M 上光滑实函数, 称为 L 关于上述度量的曲率, 其局部表示为

$$K = -\frac{2}{h_\alpha} \frac{\partial^2 \ln g_\alpha}{\partial z_\alpha \partial \bar{z}_\alpha}.$$

令

$$\Box_0 = \frac{-2}{h_\alpha}\Big(\frac{\partial^2}{\partial z_\alpha \partial \bar{z}_\alpha} + \frac{\partial \ln g_\alpha}{\partial z_\alpha}\frac{\partial}{\partial \bar{z}_\alpha}\Big).$$

则

(1) 当 $\sigma = \sigma_\alpha s_\alpha \in A^0(L)$ 时, 有

$$\Box\,\sigma = (\Box_0 \sigma_\alpha) s_\alpha; \tag{5.8}$$

(2) 当 $\sigma = \sigma_\alpha dz_\alpha s_\alpha \in A^{1,0}(L)$ 时, 有

$$\Box\,\sigma = \Big[\Big(\Box_0 - 2\frac{\partial h_\alpha^{-1}}{\partial z_\alpha}\frac{\partial}{\partial \bar{z}_\alpha}\Big)\sigma_\alpha\Big] dz_\alpha s_\alpha; \tag{5.9}$$

(3) 当 $\sigma = \sigma_\alpha d\bar{z}_\alpha s_\alpha \in A^{0,1}(L)$ 时, 有

$$\Box\,\sigma = \Big\{\Big[\Box_0 - 2\frac{\partial h_\alpha^{-1}}{\partial \bar{z}_\alpha}\frac{\partial}{\partial z_\alpha} + K - 2\frac{\partial h_\alpha^{-1}}{\partial \bar{z}_\alpha}\frac{\partial \ln g_\alpha}{\partial z_\alpha}\Big]\sigma_\alpha\Big\} d\bar{z}_\alpha s_\alpha; \tag{5.10}$$

(4) 当 $\sigma = \sigma_\alpha \Omega s_\alpha \in A^{1,1}(L)$ 时, 有

$$\Box\,\sigma = [(\Box_0 + K)\sigma_\alpha]\Omega s_\alpha. \tag{5.11}$$

我们分别计算如下:

(1) 当 $\sigma = \sigma_\alpha s_\alpha \in A^0(L)$ 时, 有

$$\begin{aligned}
\Box\,\sigma &= (\bar{\partial}\vartheta + \vartheta\bar{\partial})\sigma_\alpha s_\alpha \\
&= \vartheta\bar{\partial}\sigma_\alpha s_\alpha = - * D' * \bar{\partial}\sigma_\alpha s_\alpha \\
&= -\sqrt{-1} * D'\bar{\partial}\sigma_\alpha s_\alpha = -\sqrt{-1} * (\partial\bar{\partial}\sigma_\alpha - \bar{\partial}\sigma_\alpha \wedge \theta_\alpha) s_\alpha \\
&= -\sqrt{-1} * \Big(\frac{\partial^2 \sigma_\alpha}{\partial z_\alpha \partial \bar{z}_\alpha} dz_\alpha \wedge d\bar{z}_\alpha - \frac{\partial \sigma_\alpha}{\partial \bar{z}_\alpha}\frac{\partial \ln g_\alpha}{\partial z_\alpha} d\bar{z}_\alpha \wedge dz_\alpha\Big) s_\alpha \\
&= (\Box_0 \sigma_\alpha) s_\alpha.
\end{aligned}$$

(2) 当 $\sigma = \sigma_\alpha dz_\alpha s_\alpha \in A^{1,0}(L)$ 时, 有

$$
\begin{aligned}
\Box\sigma &= (\bar\partial\vartheta + \vartheta\bar\partial)\sigma_\alpha dz_\alpha s_\alpha \\
&= -\sqrt{-1}\bar\partial * D'(\sigma_\alpha dz_\alpha s_\alpha) + \vartheta\Big(\frac{\partial\sigma_\alpha}{\partial\bar z_\alpha} d\bar z_\alpha \wedge dz_\alpha s_\alpha\Big) \\
&= - * D'\Big(2\sqrt{-1}h_\alpha^{-1}\frac{\partial\sigma_\alpha}{\partial\bar z_\alpha}s_\alpha\Big) \\
&= -2\left[\partial\left(h_\alpha^{-1}\frac{\partial\sigma_\alpha}{\partial\bar z_\alpha}\right) + h_\alpha^{-1}\frac{\partial\sigma_\alpha}{\partial\bar z_\alpha}\theta_\alpha\right]s_\alpha \\
&= -2\left[\frac{\partial h_\alpha^{-1}}{\partial z_\alpha}\frac{\partial\sigma_\alpha}{\partial\bar z_\alpha} + h_\alpha^{-1}\frac{\partial\sigma_\alpha}{\partial\bar z_\alpha}\frac{\partial\ln g_\alpha}{\partial z_\alpha} + h_\alpha^{-1}\frac{\partial^2\sigma_\alpha}{\partial z_\alpha\bar z_\alpha}\right]dz_\alpha s_\alpha \\
&= \left[\left(\Box_0 - 2\frac{\partial h_\alpha^{-1}}{\partial z_\alpha}\frac{\partial}{\partial\bar z_\alpha}\right)\sigma_\alpha\right]s_\alpha.
\end{aligned}
$$

(3) $\sigma \in A^{0,1}(L)$ 的情形留作习题.

(4) 当 $\sigma = \sigma_\alpha\Omega s_\alpha \in A^{1,1}(L)$ 时, 有

$$
\begin{aligned}
\Box\sigma &= (\bar\partial\vartheta + \vartheta\bar\partial)\sigma_\alpha\Omega s_\alpha = \bar\partial\vartheta\sigma_\alpha\Omega s_\alpha \\
&= -\bar\partial * D'(\sigma_\alpha s_\alpha) = \sqrt{-1}\bar\partial(\partial\sigma_\alpha + \sigma_\alpha\theta_\alpha)s_\alpha \\
&= \sqrt{-1}\Big[\frac{\partial^2\sigma_\alpha}{\partial z_\alpha\partial\bar z_\alpha}d\bar z_\alpha \wedge dz_\alpha + \frac{\partial\ln g_\alpha}{\partial z_\alpha}\frac{\partial\sigma_\alpha}{\partial\bar z_\alpha}d\bar z_\alpha\wedge dz_\alpha + \sigma_\alpha\Theta_\alpha\Big]s_\alpha \\
&= [(\Box_0 + K)\sigma_\alpha]\Omega s_\alpha.
\end{aligned}
$$

$\sigma \in A^{1,1}(L)$ 的情形也可参考本章 §5.5 中的计算.

记 $\mathcal{H}^{p,q}(L) = \{\sigma \in A^{p,q}(L) \mid \Box\sigma = 0\}$, $\mathcal{H}^{p,q}(L)$ 中的元素称为 L **值调和** (p,q) **形式**. L 值调和形式的全体记为 $\mathcal{H}(L)$, 即 $\mathcal{H}(L) = \bigoplus\limits_{p,q}\mathcal{H}^{p,q}(L)$. 如果 $\sigma \in A^{p,q}(L)$ 为 L 值调和 (p,q) 形式, 则对任意 $\tau \in A^{p,q-1}(L)$, 有

$$
\begin{aligned}
(\sigma + \bar\partial\tau, \sigma + \bar\partial\tau) &= (\sigma,\sigma) + (\sigma,\bar\partial\tau) + (\bar\partial\tau,\sigma) + (\bar\partial\tau,\bar\partial\tau) \\
&= (\sigma,\sigma) + (\vartheta\sigma,\tau) + (\tau,\vartheta\sigma) + (\bar\partial\tau,\bar\partial\tau) \\
&= (\sigma,\sigma) + (\bar\partial\tau,\bar\partial\tau) \geqslant (\sigma,\sigma),
\end{aligned}
$$

其中等号成立当且仅当 $\bar\partial\tau = 0$. 这说明, 在 Dolbeault 上同调群的任意一个代表类中最多只有一个调和形式. 下面重要的 Hodge 定理则告诉我们, 调和代表元总是存在的.

定理 5.3.2 (Hodge 定理) 设 L 为紧致黎曼曲面 M 上的全纯线丛, 在 T_hM 和 L 上分别有 Hermite 度量, 则

(i) $\mathcal{H}(L)$ 为有限维向量空间;

(ii) 存在紧算子 $G: A(L) \to A(L)$, 使得

$$\operatorname{Ker} G = \mathcal{H}(L), \quad G(A^{p,q}(L)) \subset A^{p,q}(L), \quad G\bar{\partial} = \bar{\partial}G, \quad \vartheta G = G\vartheta,$$

并且

$$A(L) = \mathcal{H}(L) \oplus \Box GA(L) = \mathcal{H}(L) \oplus G\Box A(L).$$

这个定理中 (i) 的证明在下一节中给出, (ii) 的证明请参看附录 B. 我们先来看一些简单的应用. 根据 Hodge 定理, 任给 $\sigma \in A(L)$, 均有 $(\sigma - G\Box\sigma) \in \mathcal{H}(L)$. 记 $\sigma - G\Box\sigma = H\sigma$, 则定义了投影 $H: A(L) \to \mathcal{H}(L)$. 因此有分解

$$\sigma = H\sigma + G\Box\sigma, \quad \forall\, \sigma \in A(L).$$

容易看出这种分解的表达式是唯一的. 特别地, 如果 $\bar{\partial}\sigma = 0$, 则

$$\begin{aligned} \sigma &= H\sigma + G(\vartheta\bar{\partial} + \bar{\partial}\vartheta)\sigma \\ &= H\sigma + \bar{\partial}(G\vartheta\sigma). \end{aligned}$$

因此, 在 Dolbeault 上同调类 $[\sigma]$ 中就找到了调和代表元 $H\sigma$. 结合上面的唯一性, 我们就得到

推论 5.3.3 对任意 $p, q \geqslant 0$, 均有同构

$$H^q(M; \Omega^p(L)) \cong H^{p,q}_{\bar{\partial}}(M, L) \cong \mathcal{H}^{p,q}(L).$$

证明 根据上面的讨论, 线性映射

$$\begin{aligned} H: H^{p,q}_{\bar{\partial}}(M, L) &\to \mathcal{H}^{p,q}(L), \\ [\sigma] &\mapsto H\sigma \end{aligned}$$

的定义是恰当的, 并且既是单射又是满射, 因而为线性同构. □

特别地, 根据 Hodge 定理的结论 (i), $H^q(M; \Omega(L))$ 都是有限维空间. 这说明定理 4.6.5 的确成立, 即紧致黎曼曲面上的任何全纯线丛均由因子生成. 这也说明前一节中的 Gauss-Bonnet 公式对任何全纯线丛都成立.

习 题 5.3

1. 说明引理 5.3.1 中的 $\omega_1\wedge *\overline{\omega}_2 g_\alpha$ 是与局部表示无关的 M 上的整体 $(1,0)$ 形式.

2. 计算 $\sigma\in A^{0,1}(L)$ 时 $\Box\sigma$ 的局部表达式.

3. 说明第三章 §3.2 中的 Hodge 定理是本节 Hodge 定理的特殊情形.

4. 设 $\lambda\in\mathbb{C}$, 记 $V_\lambda=\{\sigma\in A(L)\,|\,\Box\,\sigma=\lambda\sigma\}$. 证明: V_λ 是有限维的向量空间.

5. 在上题中, 如果 $V_\lambda\neq\varnothing$, 则称 λ 为 $\Box$ 的**特征值**. 证明: 特征值都是非负实数, 且特征值的全体组成的集合在 $\mathbb{R}$ 中是离散的.

§5.4 对 偶 定 理

设 L 为紧致黎曼曲面 M 上的全纯线丛, 在 T_hM 和 L 上分别有 Hermite 度量 h 和 g, 且 h 和 g 分别有局部表示 $\{h_\alpha\}$ 和 $\{g_\alpha\}$, g_α 的联络 1 形式为 θ_α. 下面我们考虑 L 的对偶丛 $L^*=-L$ 上的度量, 联络和 Hodge 定理. 如前所述, 如果 $\{f_{\beta\alpha}\}$ 为 L 的连接函数, 则 $\{f_{\beta\alpha}^{-1}\}$ 为 $-L$ 上的连接函数, 而 $-L$ 上的 Hermite 度量由 $\{g_\alpha^{-1}\}$ 给出, 对应的联络 1 形式为 $\tilde{\theta}_\alpha=-\theta_\alpha$. 设 $\{s_\alpha\}$ 为 L 的处处非零的局部全纯截面, 记 $\{\tilde{s}_\alpha\}$ 为 $-L$ 上对应的处处非零的局部全纯截面. 有了这些记号, 我们定义算子

$$\sim:\ A^{p,q}(L)\to A^{q,p}(-L),$$

$$\sigma=\omega s_\alpha\mapsto\tilde{\sigma}=\bar{\omega}g_\alpha\tilde{s}_\alpha.$$

算子 $\sim$ 的定义是合理的: 设 σ 另有局部表示 $\sigma=\omega' s_\beta$, 则 $\omega'=f_{\beta\alpha}\omega$. 因此有

$$\overline{\omega}'g_\beta\tilde{s}_\beta=\overline{\omega}\bar{f}_{\beta\alpha}g_\beta f_{\beta\alpha}\tilde{s}_\alpha=\bar{\omega}g_\alpha\tilde{s}_\alpha.$$

这说明算子 $\sim$ 的定义是恰当的. 易见 $\sim^2=1$. 再定义算子

$$\tilde{*}:A^{p,q}(L)\to A^{1-p,1-q}(-L),\quad \tilde{*}=*\circ\sim=\sim\circ *.$$

易见

$$\tilde{*}(f\sigma)=\bar{f}\tilde{*}(\sigma),\quad \forall\ f\in A^0(M),\ \sigma\in A^{p,q}(L).$$

这说明 $\tilde{*}$ 为共轭同构.

记 $-L$ 的联络为 $\tilde{D}$, 令

$$\tilde{\vartheta}: A^{p,q}(-L) \to A^{p,q-1}(-L), \quad \tilde{\vartheta} = - * \tilde{D}' *$$

及

$$\tilde{\Box}: A^{p,q}(-L) \to A^{p,q}(-L), \quad \tilde{\Box} = \tilde{\vartheta}\bar{\partial} + \bar{\partial}\tilde{\vartheta}.$$

显然, $\tilde{\Box}$ 为 $-L$ 的 $\bar{\partial}$-Laplace 算子. 我们有

引理 5.4.1 沿用以上记号, 则有

$$\tilde{*}\vartheta\sigma = (-1)^{p+q}\bar{\partial}\tilde{*}\sigma, \quad \forall\, \sigma \in A^{p,q}(L), \tag{5.12}$$

$$\tilde{*}\bar{\partial}\sigma = (-1)^{p+q+1}\tilde{\vartheta}\tilde{*}\sigma, \quad \forall\, \sigma \in A^{p,q}(L), \tag{5.13}$$

$$\tilde{\Box} \circ \tilde{*} = \tilde{*} \circ \Box. \tag{5.14}$$

证明 设 $\sigma \in A^{p,q}(L)$ 有局部表示 $\sigma = \omega s_\alpha$, 则按照上面几个算子的定义, 有

$$\begin{aligned}
\bar{\partial}\tilde{*}\sigma &= \bar{\partial}(*\bar{\omega} g_\alpha \tilde{s}_\alpha) \\
&= [(\bar{\partial} * \bar{\omega}) g_\alpha + \bar{\partial} g_\alpha \wedge *\bar{\omega}]\tilde{s}_\alpha \\
&= g_\alpha \overline{\partial * \omega + \theta_\alpha \wedge *\omega}\, \tilde{s}_\alpha \\
&= \widetilde{D' * \sigma} = (-1)^{p+q}\tilde{*}(- * D' * \sigma) \\
&= (-1)^{p+q}\tilde{*}\vartheta\sigma.
\end{aligned}$$

第二个等式同理可证. 有了这两个等式, 则第三个等式可如下证明:

$$\begin{aligned}
\tilde{*} \circ \Box\sigma &= \tilde{*}(\bar{\partial}\vartheta + \vartheta\bar{\partial})\sigma \\
&= (-1)^{p+q}\tilde{\vartheta}\tilde{*}\vartheta\sigma + (-1)^{p+q+1}\bar{\partial}\tilde{*}\bar{\partial})\sigma \\
&= (-1)^{p+q}\tilde{\vartheta}(-1)^{p+q}\bar{\partial}\tilde{*}\sigma + (-1)^{p+q+1}\bar{\partial}(-1)^{p+q+1}\tilde{\vartheta}\tilde{*}\sigma \\
&= (\tilde{\vartheta}\bar{\partial} + \bar{\partial}\tilde{\vartheta})\tilde{*}\sigma = \tilde{\Box} \circ \tilde{*}\sigma.
\end{aligned}$$

特别地, 这说明 $\tilde{*}$ 把调和形式映为调和形式. □

从这个引理我们知道, 映射

$$\tilde{*}: \mathcal{H}^{p,q}(L) \to \mathcal{H}^{1-p,1-q}(-L), \quad \forall\, p, q \geqslant 0$$

为复线性空间的共轭同构.

定理 5.4.2 设 L 为紧致黎曼曲面 M 上的全纯线丛, 则

$$\dim \mathcal{H}(L) < \infty.$$

证明 设 $\sigma \in A^0(L)$, 则

$$\Box \sigma = 0 \iff \bar{\partial}\sigma = 0,\ \vartheta\sigma = 0 \iff \bar{\partial}\sigma = 0 \iff \sigma \in \Gamma_h(L).$$

由第四章的推论 4.2.5 即知

$$\dim \mathcal{H}^{0,0}(L) = \dim \Gamma_h(L) < \infty,$$

从而

$$\dim \mathcal{H}^{1,1}(L) = \dim \mathcal{H}^{0,0}(-L) < \infty.$$

同理, 根据前节的讨论及 de Rham 定理, 有

$$\dim \mathcal{H}^{1,0}(L) \leqslant \dim H_{\bar{\partial}}^{1,0} = \dim H^0(M, \Omega^1(L)) = \dim \Gamma_h(L + T_h^* M) < \infty,$$

从而

$$\dim \mathcal{H}^{0,1}(L) = \dim \mathcal{H}^{1,0}(-L) < \infty.$$

这就证明了 L 值调和形式组成的空间 $\mathcal{H}(L)$ 是有限维的. □

根据前一节的推论 5.3.3 立得

定理 5.4.3 (Serre 对偶定理) 设 L 为紧致黎曼曲面 M 上的全纯线丛, 则有同构

$$H^q(M; \Omega^p(L)) \cong H^{1-q}(M; \Omega^{1-p}(-L)), \quad \forall\ p, q \geqslant 0.$$

特别地, 当 $L = \lambda(D)$ 时, 有

$$H^0(M; \Omega^1(\lambda(-D))) \cong H^1(M; \Omega^0(\lambda(D))).$$

由引理 4.2.1 和引理 4.2.2, 就有

$$\begin{aligned}
&\dim l(D) - \dim i(D) \\
&\quad = \dim \Gamma_h(\lambda(D)) - \dim \Gamma_h(T_h^* M - \lambda(D)) \\
&\quad = \dim H^0(M; \Omega^0(\lambda(D))) - \dim H^0(M; \Omega^0(T_h^* M - \lambda(D))) \\
&\quad = \dim H^0(M; \Omega^0(\lambda(D))) - \dim H^0(M; \Omega^1(\lambda(-D))) \\
&\quad = \dim H^0(M; \Omega^0(\lambda(D))) - \dim H^1(M; \Omega^0(\lambda(D))) \\
&\quad = \chi(\lambda(D)).
\end{aligned}$$

利用 (4.10) 式, 我们就重新得到了 Riemann-Roch 公式.

我们也可以换一种方式描述 Serre 对偶定理. 任取 $\sigma \in A^{p,q}(L)$, $\tau \in A^{1-p,1-q}(-L)$, 令

$$\sigma \wedge \tau = \omega \wedge \eta \in A^{1,1}(M),$$

其中 $\sigma = \omega s_\alpha$, $\tau = \eta \tilde{s}_\alpha$ 分别为局部表示. 容易验证上式与局部表示的选取无关, 因此我们可定义映射

$$\Phi : A^{p,q}(L) \times A^{1-p,1-q}(-L) \to \mathbb{C},$$
$$(\sigma, \tau) \mapsto \int_M \sigma \wedge \tau.$$

易见 Φ 为双线性映射, 并且如果 $\sigma = \bar{\partial}\sigma'$, $\sigma' = \omega' s_\alpha \in A^{p,q-1}(L)$, $\bar{\partial}\tau = 0$, 则有

$$\begin{aligned}\Phi(\sigma, \tau) &= \int_M \bar{\partial}\omega' \wedge \tau = \int_M \bar{\partial}(\omega' \wedge \tau) \\ &= \int_M d(\omega' \wedge \tau) = 0.\end{aligned}$$

对于 τ 有类似的等式成立. 这说明 Φ 诱导了双线性映射

$$\Phi^* : H_{\bar{\partial}}^{p,q}(L) \times H_{\bar{\partial}}^{1-p,1-q}(-L) \to \mathbb{C}.$$

Serre 对偶等价于说 Φ^* 为非退化的双线性映射.

习 题 5.4

1. 证明引理 5.4.1 中的第二个等式成立.

2. 利用 Serre 对偶定理证明: 对于紧致黎曼曲面 M, 有同构

$$H_{\bar{\partial}}^{1,1}(M) \cong \mathbb{C}.$$

3. 证明: Φ^* 为非退化的双线性映射.

4. 证明下面的序列为层的短正合序列:

$$0 \to \mathbb{C} \to \mathcal{O} \xrightarrow{d} \Omega^1 \to 0,$$

其中 d 为外微分.

5. 利用上一题和 Serre 对偶定理证明: 对于紧致黎曼曲面 M, 有同构

$$H^1(M; \mathbb{C}) \cong H^0(M; \Omega^1) \oplus H^0(M; \Omega^1).$$

§5.5 消没定理

设 L 为紧致黎曼曲面 M 上的全纯线丛, h 为 T_hM 上的 Hermite 度量, Ω 为其体积形式. 取 L 上的 Hermite 度量 $\widetilde{h}$, 其曲率形式为 Θ, 曲率为 K, 其中 K 的定义由式 (5.3) 给出.

定义 5.5.1 设 L 如上, 如果存在 L 上的 Hermite 度量, 使得其曲率 $K > 0$, 则称 L 为 M 上的**正线丛**, 记为 $L > 0$; 如果 $-L > 0$, 则称 L 为 M 上的**负线丛**, 记为 $L < 0$.

显然, 全纯线丛的正负属性和 T_hM 上度量的选取无关. 我们已经知道, 对任何全纯线丛 L, 都存在因子 D, 使得 $L = \lambda(D)$. 记 $d(L) = d(D)$, 由 §3.4 中的讨论, 我们有

$$d(L) < 0 \Longrightarrow l(D) = \{0\},$$
$$d(L) > 2g - 2 \Longrightarrow i(D) = \{0\}.$$

下面我们把上两式解释为全纯线丛上同调群的某种消没定理.

引理 5.5.1 沿用以前的记号, 如果 σ 为 L 值的 $(1,1)$ 形式, 则

$$\Box\,\sigma = (\Box * \sigma)\Omega + \sqrt{-1}\,(*\sigma)\Theta.$$

证明 记 $s = *\sigma \in A^0(L)$, 则 $\sigma = \Omega s$. 我们计算如下:

$$\begin{aligned}(\Box s)\Omega &= (\bar{\partial}\vartheta s + \vartheta\bar{\partial}s)\Omega = (- * D' * \bar{\partial}s)\Omega \\ &= (-\sqrt{-1} * D'\bar{\partial}s)\Omega = -\sqrt{-1}\,D'\bar{\partial}s.\end{aligned}$$

因此有

$$\begin{aligned}\Box\,\sigma &= (\bar{\partial}\vartheta + \vartheta\bar{\partial})\sigma = -\bar{\partial} * D' * \sigma = -\bar{\partial} * D's \\ &= \sqrt{-1}\,\bar{\partial}D's = \sqrt{-1}\,\bar{\partial}Ds = \sqrt{-1}\,(D - D')Ds \\ &= \sqrt{-1}\,(D^2 s - D'\bar{\partial}s) = \sqrt{-1}\,\Theta s + (\Box s)\Omega \\ &= (\Box * \sigma)\Omega + \sqrt{-1}\,(*\sigma)\Theta.\end{aligned}$$

这就证明了所要的等式. □

特别地, 如果 $\Box\,\sigma = 0$, 则由 $K\Omega = \sqrt{-1}\,\Theta$ 及 Ω 处处非零得

$$\Box * \sigma + K * \sigma = 0.$$

定理 5.5.2 (消没定理) 设 L 为紧致黎曼曲面 M 上的全纯线丛, 则有

(i) 当 $L>0$ 时, $H^1(M;\Omega^1(L))=\{0\}$;

(ii) 当 $L-T_h^*M>0$ 时, $H^1(M;\Omega(L))=\{0\}$.

证明 (i) 当 $L>0$ 时, 存在 L 上的 Hermite 度量 $\widetilde{h}$, 使得其曲率 $K>0$. 因此, 如果 $\sigma\in\mathcal{H}^{1,1}(L)$, 则

$$
\begin{aligned}
0&=(\Box*\sigma+K*\sigma,*\sigma)=(\Box*\sigma,*\sigma)+(K*\sigma,*\sigma)\\
&=(\bar\partial*\sigma,\bar\partial*\sigma)+(\vartheta*\sigma,\vartheta*\sigma)+(\sqrt{K}*\sigma,\sqrt{K}*\sigma)\geqslant 0.
\end{aligned}
$$

这说明 $\sqrt{K}*\sigma=0$, 从而 $\sigma=0$. 因此

$$H^1(M;\Omega^1(L))\cong\mathcal{H}^{1,1}(L)=\{0\}.$$

(ii) 当 $L-T_h^*M>0$ 时, 由 (i) 知 $H^1(M;\Omega^1(L-T_h^*M))=\{0\}$. 因此

$$H^1(M;\Omega(L))=H^1(M;\Omega^1(L-T_h^*M))=\{0\}.$$

这里我们用到了

$$\Omega^1(L-T_h^*M)\cong\Omega(L-T_h^*M+T_h^*M)=\Omega(L).$$ □

下面的引理给出了正线丛的判别法.

引理 5.5.3 紧致黎曼曲面 M 上的全纯线丛 L 为正线丛当且仅当 $d(L)>0$.

证明 如果 L 为正线丛, 则存在 Hermite 度量 $\widetilde{h}$, 使得其曲率 $K>0$. 由 Gauss-Bonnet 公式, 有

$$d(L)=\frac{\sqrt{-1}}{2\pi}\int_M\Theta=\frac{1}{2\pi}\int_M K\Omega>0.$$

反之, 如果 $d(L)>0$, 我们在 L 上构造一个 Hermite 度量 $\widetilde{h}$, 使得其曲率为 $\dfrac{2\pi d(L)}{\mathrm{Vol}(M,h)}$. 首先, 我们在 L 上任取一个 Hermite 度量 $\widetilde{h}_0$, 其曲率为 K_0. 令

$$\omega=K_0\Omega-2\pi d(L)\mathrm{Vol}(M,h)^{-1}\Omega.$$

仍由 Gauss-Bonnet 公式, 得

$$\int_M \omega = \int_M K_0\Omega - \int_M 2\pi d(L)\mathrm{Vol}(M,h)^{-1}\Omega$$
$$= 2\pi d(L) - 2\pi d(L) = 0.$$

因此, 存在 M 上的 1 形式 η, 使得 $\omega = d\eta$. 由紧致黎曼曲面的 Hodge 定理, η 可分解为

$$\eta = \eta_h + df_1 + *df_2,$$

其中 η_h 为 M 上的调和 1 形式, f_1, f_2 分别为光滑函数. 因为 ω 为实形式, 因此 η 可以取为实形式, f_2 为实函数. 此时有

$$K_0\Omega - 2\pi d(L)\mathrm{Vol}(M,h)^{-1}\Omega = d\eta = d*df_2 = -2\sqrt{-1}\,\bar{\partial}\partial f_2,$$

即

$$\sqrt{-1}\Theta_0 + 2\sqrt{-1}\,\bar{\partial}\partial f_2 = 2\pi d(L)\mathrm{Vol}(M,h)^{-1}\Omega.$$

令 $\widetilde{h} = \widetilde{h}_0 \cdot e^{2f_2}$, 则上式表明 Hermite 度量 $\widetilde{h}$ 的曲率满足等式

$$K\Omega = \sqrt{-1}\Theta = \sqrt{-1}\Theta_0 + 2\sqrt{-1}\,\bar{\partial}\partial f_2 = 2\pi d(L)\mathrm{Vol}(M,h)^{-1}\Omega,$$

从而

$$K = \frac{2\pi d(L)}{\mathrm{Vol}(M,h)}.$$ □

利用消没定理我们可重新证明如下嵌入定理:

定理 5.5.4　亏格为 g 的紧致黎曼曲面 M 可全纯嵌入到 $\mathbb{C}P^{g+1}$ 中.

证明　取定 $p \in M$, 令 $D = (2g+1)p$, $L = \lambda(D)$. 由于

$$d(L - T_h^*M) = 2g+1-(2g-2) = 3 > 0,$$

因此 $L - T_h^*M$ 为正线丛. 由消没定理, 有 $H^1(M;\Omega(L)) = \{0\}$, 从而有

$$\dim\Gamma_h(L) = \dim H^0(M;\Omega(L)) = \chi(L) = d(L) + (1-g) = g+2.$$

取 $\Gamma_h(L)$ 的一组基 $\{s_0, s_1, \cdots, s_{g+1}\}$. 首先来说明, $\{s_0, s_1, \cdots, s_{g+1}\}$ 在 M 上不存在公共零点. (反证法) 假设存在公共零点 q, 则 q 为 $\Gamma_h(L)$ 的公共零点, 因而

$$\Gamma_h(L - \lambda(q)) \cong \{s \in \Gamma_h(L) \,|\, (s) - q \geqslant 0\} = \Gamma_h(L).$$

然而, 和上面的证明一样, $L-\lambda(q)-T_h^*M>0$. 由消没定理, 有

$$H^1(M;\Omega(L-\lambda(q)))=\{0\},$$

因此层的短正合序列

$$0\to\Omega(L-\lambda(q))\to\Omega(L)\to\mathcal{S}_q\to 0$$

诱导了正合序列

$$0\to\Gamma_h(L-\lambda(q))\to\Gamma_h(L)\to\Gamma(\mathcal{S}_q)\to 0.$$

特别地, $\dim\Gamma_h(L)=\dim\Gamma_h(L-\lambda(q))+1$, 这就导出了矛盾.

现在我们定义映射 $\varphi: M\to\mathbb{C}P^{g+1}$ 如下: 在 L 的局部平凡化邻域 U_α 中, 设 s_i 有局部表示

$$s_i=s_{i\alpha}s_\alpha,\quad s_{i\alpha}:U_\alpha\to\mathbb{C}.$$

令

$$\varphi(q)=[s_{0\alpha}(q),s_{1\alpha}(q),\cdots,s_{g+1\alpha}(q)],\quad q\in U_\alpha.$$

不难看出 φ 的定义是恰当的, 且为全纯映射. 下面证明 φ 为全纯嵌入. 我们注意到, 选取 $\Gamma_h(L)$ 的不同的基所得到的全纯映射相互之间只相差 $\mathbb{C}P^{g+1}$ 的全纯自同构, 因此在下面的证明中, 我们在不同的情况下选取不同的基不会影响要证明的结果.

(1) 证明 φ 为单射. 设 $q,q'\in M$, $q\neq q'$. 令

$$L_1=L-\lambda(q),\quad L_2=L-\lambda(q+q').$$

同前面一样, 有 $H^1(M;\Omega(L_1))=H^1(M;\Omega(L_2))=\{0\}$, 因此有正合序列

$$0\to\Gamma_h(L_1)\to\Gamma_h(L)\to\Gamma(\mathcal{S}_q)\to 0,$$

$$0\to\Gamma_h(L_2)\to\Gamma_h(L_1)\to\Gamma(\mathcal{S}_{q'})\to 0.$$

选取 $\Gamma_h(L)$ 的基 $\{s_0,s_1,\cdots,s_{g+1}\}$, 使得

$$s_0(q)\neq 0,\quad \{s_1,s_2,\cdots,s_{g+1}\}\subset\Gamma_h(L_1),$$

$$s_1(q')\neq 0,\quad \{s_2,s_3,\cdots,s_{g+1}\}\subset\Gamma_h(L_2).$$

用这一组基定义的全纯映射 φ 满足条件

$$\varphi(q)=[1,0,0,\cdots,0]\neq[*,1,0,0,\cdots,0]=\varphi(q').$$

(2) 设 $q \in M$, 我们证明 φ 在 q 处非退化. 令

$$L_1 = L - \lambda(q), \quad L_2 = L - \lambda(2q).$$

同前面一样, 我们有正合序列

$$0 \to \Gamma_h(L_1) \to \Gamma_h(L) \to \Gamma(\mathcal{S}_q) \to 0,$$

$$0 \to \Gamma_h(L_2) \to \Gamma_h(L_1) \to \Gamma(\mathcal{S}_q) \to 0.$$

选取 $\Gamma_h(L)$ 的基 $\{s_0, s_1, \cdots, s_{g+1}\}$, 使得 $s_0(q) \neq 0$, q 为 s_1 的单零点, 且

$$\{s_1, s_2, \cdots, s_{g+1}\} \subset \Gamma_h(L_1), \quad \{s_2, s_3, \cdots, s_{g+1}\} \subset \Gamma_h(L_2).$$

用这一组基定义的全纯映射以 q 为非奇异点, 因此 φ 在 q 处也是非退化的. □

本节涉及的一些思想可以推广到高维复流形上, 读者可参考有关复几何的著作.

习 题 5.5

1. 利用 Serre 对偶定理直接证明消没定理.

2. 利用引理 5.5.1 证明: $H_{\bar{\partial}}^{1,1}(M) \cong \mathbb{C}$.

3. 设 L 为紧致黎曼曲面 M 上的全纯线丛, f 为 M 上的实光滑函数, 满足条件

$$\frac{1}{2\pi}\int_M f\,\Omega = d(L).$$

证明: 存在 L 上的 Hermite 度量, 使其曲率正好为 f.

4. 证明: 对于紧致黎曼曲面 M, 有自然同构 $H_{dR}^2(M, \mathbb{C}) = H_{\bar{\partial}}^{1,1}(M)$.

§5.6 线丛的陈类

设 L 为紧致黎曼曲面 M 上的全纯线丛, 在 L 上任意给定 Hermite 度量 g, 根据 Gauss-Bonnet 公式, 有

$$\int_M \frac{\sqrt{-1}}{2\pi}\Theta = d(L),$$

其中 Θ 为 g 的曲率形式. 这说明, 实的 $(1,1)$ 形式 $\dfrac{\sqrt{-1}}{2\pi}\Theta$ 代表了 $H^2_{dR}(M,\mathbb{C})=H^{1,1}_{\bar\partial}(M)$ 中的一个元素. 这个元素与 Hermite 度量 g 的选取无关, 称为 L 的**第一陈类**, 记为 $c_1(L)$. 我们也可以不用 Gauss-Bonnet 公式直接说明 $c_1(L)$ 不依赖于 Hermite 度量的选取.

事实上, 如果另有 L 上的 Hermite 度量 g', 设 g 和 g' 分别有局部表示 $\{g_\alpha\}$ 和 $\{g'_\alpha\}$, 这些局部表示分别满足等式

$$g_\alpha=|f_{\beta\alpha}|^2g_\beta,\quad g'_\alpha=|f_{\beta\alpha}|^2g'_\beta,$$

则 g'_α/g_α 在 M 上定义了一个整体的光滑正实函数, 记为 f. 于是

$$\begin{aligned}\Theta'-\Theta&=\bar\partial\partial\ln g'_\alpha-\bar\partial\partial\ln g_\alpha\\&=\bar\partial\partial\ln(g'_\alpha/g_\alpha)\\&=\bar\partial\partial\ln f=d\partial\ln f.\end{aligned}$$

这说明 Θ 和 Θ' 在上同调群中为相同元素.

在介绍陈类的基本性质之前, 我们先从另一个角度来导出第一陈类的定义.

在第四章 §4.4 中, 我们对任意的全纯线丛 L 都构造了 $H^1(M;\mathcal{O}^*)$ 中的一个元素, 这个元素不依赖于线丛的同构类, 因此可以把它记为 $[L]$. 考虑层的短正合序列

$$0\to\mathbb{Z}\to\mathcal{O}\xrightarrow{e}\mathcal{O}^*\to 0,$$

其中同态 e 由 $e(f)=e^{2\pi\sqrt{-1}f}$ 诱导. 这个短正合序列诱导了层上同调群的长正合序列

$$\cdots\to H^1(M;\mathcal{O})\to H^1(M;\mathcal{O}^*)\xrightarrow{\delta^*}H^2(M;\mathbb{Z})\to\cdots,$$

其中 δ^* 为连接同态. 由此我们得到

$$\delta^*[L]\in H^2(M;\mathbb{Z}).$$

我们再考虑交换群的短正合序列

$$0\to\mathbb{Z}\xrightarrow{i}\mathbb{C}\xrightarrow{e}\mathbb{C}^*\to 0,$$

它可以看成平凡层的短正合序列. 包含同态 i 诱导了上同调群的同态

$$i^*:H^2(M;\mathbb{Z})\to H^2(M;\mathbb{C}).$$

现在我们得到了

$$i^*\delta^*[L] \in H^2(M;\mathbb{C}).$$

根据 de Rham 定理, 平凡层 $\mathbb{C}$ 的上同调群和复系数 de Rham 上同调群之间存在着自然的同构. 我们下面来说明, 在自然的 de Rham 同构之下, $i^*\delta^*[L] = c_1(L)$. 为了说明这一点, 我们必须把连接同态 δ^* 和 de Rham 同构的具体表达式弄清楚.

先看连接同态. 设 L 的连接函数为 $\{f_{\beta\alpha}\}$. 利用局部的极坐标, $f_{\beta\alpha}$ 可以写为

$$f_{\beta\alpha} = |f_{\beta\alpha}|e^{i\theta_{\beta\alpha}} = e^{2\pi i\cdot g_{\beta\alpha}}, \quad i = \sqrt{-1},$$

其中

$$g_{\beta\alpha} = \frac{1}{2\pi\sqrt{-1}}\ln|f_{\beta\alpha}| + \frac{1}{2\pi}\theta_{\beta\alpha}.$$

因为连接函数满足条件 $f_{\beta\alpha}f_{\alpha\gamma}f_{\gamma\beta} = 1$, 故有等式

$$\ln|f_{\beta\alpha}| + \ln|f_{\alpha\gamma}| + \ln|f_{\gamma\beta}| = 0$$

和

$$\theta_{\beta\alpha} + \theta_{\alpha\gamma} + \theta_{\gamma\beta} \in 2\pi\mathbb{Z}.$$

这说明

$$g_{\beta\gamma} - g_{\alpha\gamma} + g_{\alpha\beta} = \frac{1}{2\pi}(\theta_{\beta\gamma} - \theta_{\alpha\gamma} + \theta_{\alpha\beta}) \in \mathbb{Z}.$$

令

$$c_{\alpha\beta\gamma} = \frac{1}{2\pi}(\theta_{\beta\gamma} - \theta_{\alpha\gamma} + \theta_{\alpha\beta}),$$

则 $\{c_{\alpha\beta\gamma}\}$ 为平凡层 $\mathbb{Z}$ 的 2 次闭上链, 它代表的上同调元即为 $\delta^*[L]$.

在继续下面的内容之前我们要指出两点: 一是从连接函数 $\{f_{\beta\alpha}\}$ 出发得到 $H^2(M;\mathbb{Z})$ 中元素的过程不需要假设 $f_{\beta\alpha}$ 的全纯性, 只要是处处非零光滑函数并满足连接函数的条件即可, 即对于光滑复线丛我们仍然可以定义陈类; 二是这个构造过程没有用到任何度量.

我们继续说明 $c_1(L) \in H^2_{dR}(M;\mathbb{C})$ 在 de Rham 同构下就是上面得到的 $\delta^*[L] \in H^2(M;\mathbb{Z})$. 先回顾一下 de Rham 同构 $H^2_{dR}(M;\mathbb{C}) \to$

$H^2(M;\mathbb{C})$: 给定 M 上的 2 形式 ω, 由 Poincaré 引理, 局部上 ω 可以写为 $\omega = d\eta_\alpha$. 令 $\eta_{\alpha\beta} = \eta_\beta - \eta_\alpha$, 则 $\eta_{\alpha\beta}$ 为局部的闭形式. 再由 Poincaré 引理, 局部上 $\eta_{\alpha\beta}$ 可以写为 $\eta_{\alpha\beta} = d\xi_{\alpha\beta}$, 其中 $\xi_{\alpha\beta}$ 为局部函数, 并且

$$d(\xi_{\beta\gamma} - \xi_{\alpha\gamma} + \xi_{\alpha\beta}) = 0.$$

因此 $\xi_{\beta\gamma} - \xi_{\alpha\gamma} + \xi_{\alpha\beta}$ 为局部常值函数, 它定义了平凡层 $\mathbb{C}$ 的一个 2 次闭上链, 这个闭上链代表的上同调类即为 $[\omega]$ 在 de Rham 同构下的像.

我们现在把上述论述用于 $c_1(L) = \left[\frac{\sqrt{-1}}{2\pi}\Theta\right]$. 设 L 的联络 1 形式为 $\{\theta_\alpha\}$, 则由曲率形式的定义, 有

$$\frac{\sqrt{-1}}{2\pi}\Theta = \frac{\sqrt{-1}}{2\pi}d\theta_\alpha.$$

因此可取 $\eta_\alpha = \frac{\sqrt{-1}}{2\pi}\theta_\alpha$. 注意到联络形式满足条件

$$\theta_\alpha - \theta_\beta = \partial \ln f_{\beta\alpha} = d \ln f_{\beta\alpha},$$

因此 $\xi_{\beta\alpha}$ 可以取为

$$\xi_{\beta\alpha} = \frac{1}{2\pi\sqrt{-1}} \ln f_{\beta\alpha} = \frac{1}{2\pi\sqrt{-1}} \ln |f_{\beta\alpha}| + \frac{1}{2\pi}\theta_{\beta\alpha}.$$

最后有

$$\begin{aligned}\xi_{\beta\gamma} - \xi_{\alpha\gamma} + \xi_{\alpha\beta} &= \frac{1}{2\pi\sqrt{-1}} \ln |f_{\beta\gamma}| - \frac{1}{2\pi\sqrt{-1}} \ln |f_{\alpha\gamma}| + \frac{1}{2\pi\sqrt{-1}} \ln |f_{\alpha\beta}| \\ &\quad + \frac{1}{2\pi}\theta_{\beta\gamma} - \frac{1}{2\pi}\theta_{\alpha\gamma} + \frac{1}{2\pi}\theta_{\alpha\beta} \\ &= c_{\alpha\beta\gamma}.\end{aligned}$$

这说明, 在 de Rham 同构下, $c_1(L)$ 的像的确为 $\delta^*[L] \in H^2(M;\mathbb{Z})$ 在 $H^2(M;\mathbb{C})$ 中的像. 因此我们可以不再区分它们, 并且我们也不区分它在 $H^2(M;\mathbb{R}) \cong H^2_{dR}(M)$ 中的像.

第一陈类具有如下基本性质:

引理 5.6.1 (i) 设 M 为紧致黎曼曲面, 则第一陈类定义了同态

$$c_1 : \mathcal{L} \to H^2_{dR}(M),$$

并且如果 M 上的实 $(1,1)$ 形式 ω 在 M 上的积分为整数, 那么存在全纯线丛 L, 使得

$$c_1(L) = [\omega];$$

(ii) 设 $\phi: M \to N$ 为紧致黎曼曲面之间的全纯映射, L 为 N 上的全纯线丛, 则

$$c_1(\phi^* L) = \phi^* c_1(L).$$

证明 (i) 根据上面的论述容易看出, 全纯等价的线丛的第一陈类是相同的. 如果 L 为平凡线丛, 则取 Hermite 度量为平凡度量, 其曲率恒为零, 因而 L 的第一陈类为零. 如果 L_1, L_2 为 M 上的两个全纯线丛, 其 Hermite 度量分别有局部表示 $\{h_{1\alpha}\}$ 和 $\{h_{2\alpha}\}$, 且对应的曲率形式分别为 Θ_1, Θ_2, 则 $\{h_{1\alpha}h_{2\alpha}\}$ 定义了 $L_1 + L_2$ 上的一个 Hermite 度量, 其曲率形式

$$\Theta = \bar{\partial}\partial \ln(h_{1\alpha}h_{2\alpha}) = \bar{\partial}\partial \ln h_{1\alpha} + \bar{\partial}\partial \ln h_{2\alpha} = \Theta_1 + \Theta_2,$$

即 $c_1(L_1 + L_2) = c_1(L_1) + c_2(L_2)$. 这说明 c_1 为群同态.

设 ω 为 M 上的实 $(1,1)$ 形式, 且

$$n = \int_M \omega \in \mathbb{Z}.$$

任取 $p \in M$, 则

$$\int_M c_1(\lambda(np)) = d(np) = n = \int_M \omega.$$

因此 $c_1(\lambda(np)) = [\omega]$.

(ii) 设 $\{g_\alpha\}$ 为 L 上的 Hermite 度量的局部表示, 则 $\{g_\alpha \circ \phi\}$ 为 $\phi^* L$ 上的 Hermite 度量的局部表示, 因此

$$\Theta_{\phi^* L} = \bar{\partial}\partial \ln g_\alpha \circ \phi = \phi^* \bar{\partial}\partial \ln g_\alpha = \phi^* \Theta_L,$$

即 $c_1(\phi^* L) = \phi^* c_1(L)$. □

本节涉及的陈类是陈省身先生首先定义的, 它们在复几何中是不可或缺的重要概念.

习 题 5.6

1. 证明: 复线丛 (未必全纯) 的第一陈类在底空间 M 上的积分总是整数.

2. 设 ω 为紧致黎曼曲面 M 上的实 $(1,1)$ 形式, 在 M 上的积分为整数. 证明: 存在 M 上的全纯线丛 L, 使得 $c_1(L)$ 正好以 ω 为代表.

3. 写出群的同构 $H^2(M;\mathbb{C}) \to H^2_{dR}(M;\mathbb{C})$ 的显式表达式.

4. 证明: $\mathbb{D}$, $\mathbb{C}$ 上的全纯线丛都是平凡的.

附录A　三角剖分和 Euler 数

我们考虑紧致黎曼曲面 M. M 上的闭集 T 称为一个**三角形**, 如果它是平面 $\mathbb{C}$ 上某个三角形的拓扑像. 这时, 平面三角形顶点的像称为 T 的**顶点**, 边的像称为 T 的**边**. 如果有限个三角形 $\{T_i\}$ 组成了 M 的一个覆盖, 且其中两个三角形 T_i, T_j 要么不相交, 要么交于某个顶点, 要么交于某条边, 则称 $\{T_i\}$ 为 M 的一个**三角剖分**. 容易看出, 黎曼球面上存在很多三角剖分.

命题　*紧致黎曼曲面总存在三角剖分.*

证明　设 M 为紧致黎曼曲面, 取 M 上的非常值亚纯函数 $f: M \to \mathbb{S}$, 取 $\mathbb{S}$ 的一个三角剖分, 使得 f 的分歧点的像均为该三角剖分的顶点. 于是 $\mathbb{S}$ 的这个三角剖分中的三角形在 f 下的原像仍为三角形, 从而 $\mathbb{S}$ 的这个三角剖分经过 f 拉回后成为 M 的一个三角剖分 (下称拉回剖分). □

给定 M 的一个三角剖分, 记其顶点的个数为 V, 边的个数为 E, 三角形 (面) 的个数为 F, 定义

$$\chi = F - E + V.$$

根据初等的代数拓扑学, 我们知道 χ 是一个拓扑不变量, 它不依赖于 M 的三角剖分的选取. 我们称 χ 为 M 的 **Euler 数**. 下面我们来计算此 Euler 数. 容易算出, 黎曼球面的 Euler 数为 2.

对于一般的紧致黎曼曲面 M, 由于 χ 不依赖于三角剖分的选取, 因此我们采用上面命题中的三角剖分. 设 $\mathbb{S}$ 上的三角剖分有 V' 个顶点, E' 条边和 F' 个面, 再设 f 的重数为 n, 则由于 $\mathbb{S}$ 的三角形内的点在 M 上有 n 个不同的原像, 因此 M 的拉回剖分有 $F = nF'$ 个面; 同理, 拉回剖分有 $E = nE'$ 条边. 设 q 为 $\mathbb{S}$ 的三角剖分的顶点, 则其原像个数为 $n - B_q$, 其中

$$B_q = \sum_{p \in f^{-1}(q)} b_p(f).$$

因此拉回剖分顶点个数为

$$V = nV' - \sum_{q} B_q = nV' - B_f.$$

利用 Riemann-Hurwitz 定理, 有

$$\begin{aligned}\chi = F - E + V &= n(F' - E' + V') - B_f \\ &= 2n - [(2g-2) - n(0-2)] = 2 - 2g,\end{aligned}$$

其中 g 为 M 的亏格.

附录B　Hodge 定理的证明

我们在这个附录中给出第五章中 Hodge 定理的证明. 设 L 是紧致黎曼曲面 M 上的全纯线丛. 我们在前面已经证明过, 调和形式的空间 $\mathcal{H}(L)$ 是有限维的, 因此存在投影 $H: A(L) \to \mathcal{H}(L)$, 使得对任意 $\sigma \in A(L)$, 均有

$$(\sigma - H\sigma, \tau) = 0, \quad \forall\, \tau \in \mathcal{H}(L),$$

即 $\sigma - H\sigma \in \mathcal{H}^{\perp}(L)$, 其中

$$\mathcal{H}^{\perp}(L) = \{\sigma \in A(L) \,|\, (\sigma, \tau) = 0, \quad \forall\, \tau \in \mathcal{H}(L)\}.$$

剩下我们只要证明: 任给 $\sigma \in \mathcal{H}^{\perp}(L)$, 均存在 $\tau \in A(L)$, 使得

$$\Box \tau = \sigma.$$

这里 τ 之所以存在, 是因为 $\Box$ 是一个椭圆算子. 求解 τ 的基本步骤是先找一个 "弱解", 然后逐步提升解的正则性从而最终得到光滑解. 为此我们在比光滑形式的空间 $A(L)$ 更大的一类空间中考虑问题, 即要考虑 L 值微分形式的 Sobolev 空间, 它们是 $A(L)$ 在某种范数下的完备化.

设 $\sigma \in A(L)$, 令

$$|\sigma|_0 = [(\sigma, \sigma)]^{\frac{1}{2}},$$

则 $|\cdot|_0$ 在 $A(L)$ 中定义了一个范数, 且 $A(L)$ 在此范数下的完备化是一个 Hilbert 空间, 记为 $H_0(L)$. 考虑 $A(L)$ 中的算子 $P = \bar{\partial} + \vartheta$. 令

$$|\sigma|_1 = [(\sigma, \sigma) + (P\sigma, P\sigma)]^{\frac{1}{2}}, \quad \forall\, \sigma \in A(L),$$

则 $|\cdot|_1$ 在 $A(L)$ 中也定义了一个范数, 且 $A(L)$ 在此范数下的完备化记为 $H_1(L)$. 对于 $s \geqslant 1$, 我们递归地定义范数 $|\cdot|_{s+1}$ 如下:

$$|\sigma|_{s+1} = [|\sigma|_0^2 + |P\sigma|_s^2]^{\frac{1}{2}}, \quad \forall\, \sigma \in A(L).$$

$A(L)$ 在范数 $|\cdot|_{s+1}$ 下的完备化记为 $H_{s+1}(L)$. 这些空间 $H_s(L)$ 统称为全纯线丛 L 上的 **Sobolev 空间**. 由范数的定义可知

$$\cdots \subset H_{s+1}(L) \subset H_s(L) \subset \cdots \subset H_1(L) \subset H_0(L).$$

对于 $k \geqslant 0$, 记 $C^k(L)$ 为由 C^k 的 L 值微分形式全体组成的线性空间. 设 $\sigma \in H_0(L)$. 如果存在 $\tau \in C^k(L)$, 使得 $|\sigma - \tau|_0 = 0$, 则称 $\sigma \in C^k(L)$ 或 $\sigma = \tau \in C^k(L)$. 设 $n \geqslant 1$, $\sigma \in H_0(L)$, 如果存在 $\sigma' \in H_0(L)$, 使得

$$(\sigma', \tau) = (\sigma, P^n \tau), \quad \forall\, \tau \in A(L),$$

则称在弱的意义下 $P^n\sigma$ 存在, 记为 $P^n\sigma = \sigma'$(弱). 显然, 如果 $\sigma \in C^n(L)(n \geqslant 1)$, 则在弱的意义下的 $P^n\sigma$ 跟通常意义下的微分算子的作用是一致的. 因此, 在不引起混淆时, 我们可把"弱"字省去.

我们有如下几个重要的引理:

引理 1 $H_{s+1}(L) = H'_{s+1}(L) = \{\sigma \in H_s(L) \mid P\sigma \in H_s(L)\}$, $\forall\, s \geqslant 0$, 并且

$$|\sigma|_{s+1}^2 = |\sigma|_0^2 + |P\sigma|_s^2.$$

引理 2 (Rellich 引理) 包含映射 $i: H_1(L) \to H_0(L)$ 为紧算子.

引理 3 (Sobolev 引理) $H_{2+s}(L) \subset C^s(L)$, $\forall\, s \geqslant 0$.

我们先假定上面的三个引理是成立的, 并用它们来推导 Hodge 定理. 首先, 由 Rellich 引理可以重新证明 $\mathcal{H}(L)$ 是有限维的. 事实上, 如果 $\mathcal{H}(L)$ 不是有限维的, 则存在一列在内积 $(\cdot,\cdot)$ 下规范正交的 $\{\sigma_i\} \subset A(L)$, 且 $P\sigma_i = 0$. 此时

$$|\sigma_i|_1^2 = |\sigma_i|^2 + |P\sigma_i|^2 = |\sigma_i|^2 = 1.$$

由 Rellich 引理可知, $\{\sigma_i\}$ 在 $H_0(L)$ 中存在 Cauchy 收敛子列, 但这和 $|\sigma_i - \sigma_j|_0^2 = 2(i \neq j)$ 相矛盾.

下面继续证明 Hodge 定理. 我们有

引理 4 (Weyl 引理) (i) 设 $\sigma \in H_0(L)$, $P\sigma \in A(L)$, 则 $\sigma \in A(L)$;

(ii) 设 $\sigma \in H_1(L)$, $\Box\sigma \in A(L)$, 则 $\sigma \in A(L)$.

证明 (i) 设 $\sigma \in H_0(L)$, $P\sigma \in A(L) \subset H_0(L)$, 由引理 1 可知 $\sigma \in H_1(L)$. 现在仍由 $P\sigma \in A(L) \subset H_1(L)$ 得 $\sigma \in H_2(L)$. 由此类推, 最后得

$$\sigma \in H_s(L), \quad \forall\, s \geqslant 0.$$

由 Sobolev 引理知

$$\sigma \in C^k(L), \quad \forall\, k \geqslant 0,$$

即 $\sigma \in A(L)$.

(ii) 设 $\sigma \in H_1(L)$, $\Box\sigma \in A(L)$, 则 $P\sigma \in H_0(L)$, $P(P\sigma) = \Box\sigma \in A(L)$. 由 (i) 知 $P\sigma \in A(L)$, 再用一次 (i) 知 $\sigma \in A(L)$. □

这个引理也称为算子 P 和 $\Box = P^2$ 的**正则性引理**. 特别地, 如果 $\sigma \in H_0(L)$, $P\sigma = 0$ 或 $\sigma \in H_1(L)$, $\Box\sigma = 0$, 则 $\sigma \in A(L)$.

引理 5 存在正常数 c, 使得

$$(P\sigma, P\sigma) \geqslant c^2(\sigma, \sigma), \quad \forall\, \sigma \in \mathcal{H}^{\perp}(L).$$

证明 用反证法. 如果不然, 则存在一列 $\sigma_i \in \mathcal{H}^{\perp}(L)$, 使得

$$(\sigma_i, \sigma_i) = 1, \quad (P\sigma_i, P\sigma_i) \to 0,\ i \to \infty.$$

这说明 $\{\sigma_i\}$ 在 $H_1(L)$ 中为有界点列. 由 Rellich 引理, 存在 $\{\sigma_i\}$ 的子列 (仍记为 $\{\sigma_i\}$) 在 $H_0(L)$ 中收敛, 记其极限为 σ. 对任意 $\tau \in A(L)$, 有

$$\begin{aligned} |(\sigma, P\tau)| &= \lim_{i\to\infty} |(\sigma_i, P\tau)| \\ &= \lim_{i\to\infty} |(P\sigma_i, \tau)| \\ &\leqslant \lim_{i\to\infty} |P\sigma_i|_0 \cdot |\tau|_0 \\ &= 0. \end{aligned}$$

这说明 $P\sigma = 0$(弱). 由 Weyl 引理可知 $\sigma \in A(L)$, 从而 $\sigma \in \mathcal{H}(L)$. 又由 $\sigma_i \in \mathcal{H}^{\perp}(L)$ 得

$$(\sigma, \sigma) = \lim_{i\to\infty} (\sigma, \sigma_i) = \lim_{i\to\infty} 0 = 0,$$

因此 $\sigma = 0$. 但这跟 $(\sigma_i, \sigma_i) = 1$ 及 σ_i 在 $H_0(L)$ 中收敛于 σ 相矛盾. □

这个引理表明, 在 $\mathcal{H}^{\perp}(L)$ 上, 我们可以定义范数 $|\cdot|_P$,

$$|\sigma|_P = (P\sigma, P\sigma)^{\frac{1}{2}},$$

并且范数 $|\cdot|_P$ 和 $|\cdot|_1$ 等价. 我们将 $\mathcal{H}^{\perp}(L)$ 在范数 $|\cdot|_P$ 下的完备化记为 $H^{\perp}(L) \subset H_1(L)$. 它是一个 Hilbert 空间, 其内积记为 $[\cdot, \cdot]$.

引理 6 $\Box : \mathcal{H}^{\perp}(L) \to \mathcal{H}^{\perp}(L)$ 为线性同构, 且其逆 $\Box^{-1}$ 满足

$$|\Box^{-1}\sigma|_0 \leqslant c^{-1}|\sigma|_0.$$

证明 首先, 如果 $\sigma \in A(L)$, 则

$$(\Box\,\sigma, \tau) = (\sigma, \Box\,\tau) = (\sigma, 0) = 0, \quad \forall\, \tau \in \mathcal{H}(L).$$

因此 $\Box\,\sigma \in \mathcal{H}^{\perp}(L)$. 其次, 如果 $\sigma \in \mathcal{H}^{\perp}(L)$, $\Box\,\sigma = 0$, 则 $\sigma \in \mathcal{H}(L)$, 从而 $\sigma = 0$. 这说明 $\Box$ 为单射.

为了说明 $\Box$ 为满射, 给定 $\tau \in \mathcal{H}^{\perp}(L)$, 我们在 $\mathcal{H}^{\perp}(L)$ 上定义如下线性泛函 φ:

$$\varphi(f) = (f, \tau), \quad \forall\, f \in \mathcal{H}^{\perp}(L).$$

由引理 5 可知

$$|\varphi(f)| = |(f, \tau)| \leqslant |f|_0 \cdot |\tau|_0 \leqslant c^{-1}|\tau|_0|f|_P,$$

因此 φ 为 $\mathcal{H}^{\perp}(L)$ 上的有界线性泛函, 它可以唯一地延拓为 $H^{\perp}(L)$ 上的有界线性泛函, 仍记为 φ. 根据 Riesz 表示定理, 存在 $\sigma \in H^{\perp}(L)$, 使得

$$\varphi(f) = [f, \sigma], \quad \forall\, f \in H^{\perp}(L).$$

特别地, 有

$$(f, \tau) = (\Box\, f, \sigma), \quad \forall\, f \in \mathcal{H}^{\perp}(L).$$

因为 $\tau \in \mathcal{H}^{\perp}(L)$, 故上式对任意 $f \in A(L)$ 也成立. 这意味着

$$\Box\,\sigma = \tau(\text{弱}).$$

由 Weyl 引理可知 $\sigma \in A(L)$. 这说明 $\Box$ 为满射. $\Box$

现在我们定义如下线性算子:

$$G : A(L) \to A(L),$$
$$\sigma \mapsto \Box^{-1}(\sigma - H\sigma),$$

其中 $H : A(L) \to \mathcal{H}(L)$ 为投影. 显然, $\sigma - H\sigma \in \mathcal{H}^{\perp}(L)$, $\operatorname{Ker} G = H(L)$, $G(A^{p,q}(L)) \subset A^{p,q}(L)$. 我们证明 G 为紧算子. 设 $\{\sigma_i\} \subset A(L)$, $|\sigma_i|_0 \leqslant 1$, $\forall\, i$. 由 Rellich 引理, 我们只要证明 $\{G\sigma_i\}$ 在 $H_1(L)$ 中有界即可. 事实上,

$$\begin{aligned}|G\sigma_i|_1^2 &= (G\sigma_i, G\sigma_i) + (PG\sigma_i, PG\sigma_i)\\ &= (\square^{-1}(\sigma_i - H\sigma_i), \square^{-1}(\sigma_i - H\sigma_i))\\ &\quad + (\square\square^{-1}(\sigma_i - H\sigma_i), \square^{-1}(\sigma_i - H\sigma_i))\\ &\leqslant c^{-2}|\sigma_i - H\sigma_i|_0^2 + |\sigma_i - H\sigma_i|_0|\square^{-1}(\sigma_i - H\sigma_i)|_0\\ &\leqslant c^{-2} + c^{-1}.\end{aligned}$$

这说明 G 的确为紧算子. 任给 $\sigma \in A(L)$, 有

$$\square\, G\sigma = \square\square^{-1}(\sigma - H\sigma) = \sigma - H\sigma,$$

即

$$\sigma = H\sigma + \square\, G\sigma.$$

这说明我们有正交分解 $A(L) = \mathcal{H}(L) \oplus \square\, GA(L)$.

最后说明 $G\bar{\partial} = \bar{\partial}G$, $G\vartheta = \vartheta G$, 从而 $\square G = G\square$. 以前者为例, 注意到 $\bar{\partial}\mathcal{H}^{\perp}(L) \subset \mathcal{H}^{\perp}(L)$, $GA(L) \subset \mathcal{H}^{\perp}(L)$, 因此有

$$G\bar{\partial}\sigma = G\bar{\partial}(H\sigma + \square\, G\sigma) = G\bar{\partial}\square\, G\sigma = G\square\bar{\partial}G\sigma = \bar{\partial}G\sigma.$$

下面我们来给出引理 1, 2, 3 的证明. 这些证明依赖于一个光滑化的算子. 我们有

(1) 设 $\sigma \in H_{s+1}(L)$, 则存在 $\{\sigma_i\} \subset A(L)$, 使得

$$|\sigma_i - \sigma|_{s+1} \to 0, \quad i \to \infty.$$

由 $|\cdot|_{s+1}$ 的定义知 $\{P\sigma_i\}$ 在 $H_s(L)$ 中为 Cauchy 列, 其极限即为 $P\sigma$(弱). 这说明

$$H_{s+1}(L) \subset \{\sigma \in H_s(L) \,|\, P\sigma \in H_s(L)\}.$$

(2) 如果 $f \in A^0(M)$ 为 M 上的光滑函数, 则对任意的 $\sigma \in H_s(L)$, 有 $f\sigma \in H_s(L)$, 且

$$|f\sigma|_s \leqslant c(f)|\sigma|_s,$$

其中 $c(f)$ 是由 f 决定的常数.

(3) 取 $\mathbb{C}$ 上的光滑截断函数 $\phi: \mathbb{C} \to \mathbb{R}$, 使得

$$\phi \geqslant 0; \quad \phi(z) = 0, \ \ \forall\, z \in \mathbb{C} - \mathbb{D}; \quad \int_{\mathbb{C}} \phi = 1.$$

任给 $\varepsilon > 0$, 令

$$\phi_\varepsilon(z) = \frac{1}{\varepsilon}\phi\Big(\frac{z}{\varepsilon}\Big).$$

设 U 为 $\mathbb{C}$ 中的有界开集, 令

$$S_\varepsilon : L^2(U) \to L^2(\mathbb{C}),$$
$$S_\varepsilon(f)(z) = \frac{\sqrt{-1}}{2}\int_C \phi_\varepsilon(z-w)f(w)dw \wedge d\overline{w},$$

其中 f 在 U 之外定义为零. 不难看出 $S_\varepsilon(f)$ 总是 $\mathbb{C}$ 上的光滑函数.

现在我们取定 M 的一个有限坐标邻域开覆盖 $\{U_k\}$, 使得 L 在每个开集 U_k 上都有局部平凡化, 因此也有处处非零的全纯截面 s_k. 设 $\{\rho_k\}$ 是 M 上从属于开覆盖 $\{U_k\}$ 的光滑单位分解, $\sigma \in H_0(L)$, 则

$$\sigma = \sum_k \rho_k \sigma = \sum_k \sigma_k \varphi_\sigma s_k,$$

其中 $\varphi_\sigma = 1, dz_k, d\bar{z}_k$ 或 Ω, 而 Ω 为 M 的体积形式. 令

$$S_\varepsilon(\sigma) = \sum_k S_\varepsilon(\sigma_k)\varphi_\sigma s_k,$$

则 $S_\varepsilon(\sigma) \in A(L)$, 且

$$*S_\varepsilon(\sigma) = S_\varepsilon(*\sigma).$$

这样我们就定义了线性算子

$$S_\varepsilon : H_0(L) \to A(L).$$

这个算子称为**光滑化算子**, 它具有如下性质:

命题 7 $S_\varepsilon : H_0(L) \to H_0(L)$ 为紧算子.

证明 根据定义及上面的讨论, 我们只需证明: 如果 U 为 $\mathbb{C}$ 中有界开集, $\sigma_i \in L^2(U)$, $\int_U |\sigma_i|^2 \leqslant c$, 则 $\{S_\varepsilon(\sigma_i)\}$ 为 $\mathbb{C}$ 中一致有界且等度连续的函数. 事实上,

$$|S_\varepsilon(\sigma_i)(z)| \leqslant \int_{\mathbb{C}} \phi_\epsilon(z-w)|\sigma_i| \leqslant c^{\frac{1}{2}}|\phi_\epsilon|_{L^2(\mathbb{C})}.$$

这说明 $\{S_\varepsilon(\sigma_i)\}$ 是一致有界的. 又

$$\begin{aligned}|S_\varepsilon(\sigma_i)(z)-S_\varepsilon(\sigma_i)(z')| &\leqslant \sup|\phi'_\varepsilon||z-z'|\int_U|\sigma_i|\\ &\leqslant \sup|\phi'_\varepsilon||z-z'|c^{\frac{1}{2}}\mathrm{Vol}(U)^{\frac{1}{2}},\end{aligned}$$

等度连续性也得到了证明. 因此, 由 Ascoli-Arzela 定理可知, $\{S_\varepsilon(\sigma_i)\}$ 有一致收敛子列, 特别地在 $L^2(\mathbb{C})$ 中有收敛子列. □

在证明下一条性质之前, 我们先写出算子 P 的局部表达式:

当 $\sigma\in A^0(L)$ 时, 有

$$P\sigma=\bar\partial\sigma+\vartheta\sigma=\bar\partial\sigma=\frac{\partial\sigma_k}{\partial\bar z_k}d\bar z_k s_k;$$

当 $\sigma\in A^{1,0}(L)$ 时, 有

$$P\sigma=\bar\partial\sigma+\vartheta\sigma=\bar\partial\sigma=\frac{\partial\sigma_k}{\partial\bar z_k}d\bar z_k\wedge dz_k s_k;$$

当 $\sigma\in A^{0,1}(L)$ 时, 有

$$\begin{aligned}P\sigma&=\bar\partial(\sigma_k d\bar z_k s_k)-*D'*(\sigma_k d\bar z_k s_k)\\&=-\sqrt{-1}*\Big(\frac{\partial\sigma_k}{\partial z_k}dz_k\wedge d\bar z_k s_k+\sigma_k d\bar z_k\wedge\theta_k s_k\Big)\\&=2h_k^{-1}\Big(\sigma_k-\frac{\partial\sigma_k}{\partial z_k}\Big)s_k;\end{aligned}$$

当 $\sigma\in A^{1,1}(L)$ 时, 有

$$P\sigma=\bar\partial\sigma+\vartheta\sigma=\vartheta\sigma=-\sqrt{-1}\Big(\frac{\partial\sigma_k}{\partial z_k}dz_k+\sigma_k\theta_k\Big)s_k.$$

命题 8 对整数 $s\geqslant 0$, 有

(i) $|S_\varepsilon(\sigma)-\sigma|_s\to 0,\ \ \varepsilon\to 0,\ \ \forall\,\sigma\in H_s(L)$;

(ii) $|PS_\varepsilon(\sigma)-S_\varepsilon(P\sigma)|_s\to 0,\ \ \varepsilon\to 0,\ \ \forall\,\sigma\in H'_{s+1}(L)$.

证明 我们可以假设 σ 的支集包含于某一个局部坐标邻域内, 此时 σ 可以写为

$$\sigma=\sigma_k\varphi_\sigma s_k.$$

当 $s=0$ 时, 利用 Schwarz 不等式有

$$\begin{aligned}|S_\varepsilon(\sigma)|_0^2 &= |(S_\varepsilon(\sigma_k))\varphi_\sigma s_k|_0^2 \leqslant c|S_\varepsilon(\sigma_k)|_{L^2(\mathbb{C})}^2\\ &= c\int_{\mathbb{C}}\Big|\int_{\mathbb{C}}\phi_\varepsilon(z)\sigma_k(z-w)\Big|^2\\ &\leqslant c\int_{\mathbb{C}}\int_{\mathbb{C}}\phi_\varepsilon(w)|\sigma_k(z-w)|^2\int_{\mathbb{C}}\phi_\varepsilon(z)\\ &= c\int_{\mathbb{C}}\phi_\varepsilon(w)\int_{\mathbb{C}}|\sigma_k(z-w)|^2\\ &= c\int_{\mathbb{C}}\phi_\varepsilon(w)|\sigma_k|_{L^2(\mathbb{C})}^2 \leqslant c|\sigma|_0^2.\end{aligned}$$

任给 $\delta>0$, 取 $\sigma'\in A(L)$, 使得

$$|\sigma-\sigma'|_0<\delta,$$

则有

$$\begin{aligned}|S_\varepsilon(\sigma)-\sigma|_0 &\leqslant |S_\varepsilon(\sigma-\sigma')|_0+|S_\varepsilon(\sigma')-\sigma'|_0+|\sigma'-\sigma|_0\\ &\leqslant c|\sigma'-\sigma|_0+\delta+|S_\varepsilon(\sigma')-\sigma'|_0\\ &\leqslant (c+1)\delta+|S_\varepsilon(\sigma')-\sigma'|_0.\end{aligned}$$

当 $\sigma'\in A(L)$ 时, 由定义容易证明, 当 $\varepsilon\to 0$ 时, $S_\varepsilon(\sigma')$ 在 $C^0(L)$ 中一致收敛到 σ', 因此上式说明

$$|S_\varepsilon(\sigma)-\sigma|_0\to 0,\quad \forall\,\sigma\in H_0(L).$$

设 $\sigma\in H_0(L)$, $P\sigma\in H_0(L)$, 利用上面算子 P 的局部表达式及分部积分不难证明, 存在与 σ 有关的 $f_1,f_2\in A^0(M)$ 及 $\tau_1,\tau_2\in H_1'(L)$, 使得

$$\begin{aligned}|PS_\varepsilon(\sigma)-S_\varepsilon(P\sigma)|_0 &\leqslant |f_1S_\varepsilon(\tau_1)-S_\varepsilon(f_1\tau_1)|_0+|f_2S_\varepsilon(P\tau_2)-S_\varepsilon(f_2P\tau_2)|_0\\ &\leqslant |f_1S_\varepsilon(\tau_1)-f_1\tau_1|_0+|f_1\tau_1-S_\varepsilon(f_1\tau_1)|_0\\ &\quad +|f_2S_\varepsilon(P\tau_2)-f_2P\tau_2|_0+|f_2P\tau_2-S_\varepsilon(f_2P\tau_2)|_0\\ &\leqslant c|S_\varepsilon(\tau_1)-\tau_1|_0+|f_1\tau_1-S_\varepsilon(f_1\tau_1)|_0\\ &\quad +c|S_\varepsilon(P\tau_2)-P\tau_2|_0+|f_2\tau_2-S_\varepsilon(f_2\tau_2)|_0\to 0.\end{aligned}$$

这就证明了 $s=0$ 时结论成立.

假设 $s=n$ 时结论成立, 则
当 $\sigma\in H_{n+1}(L)$ 时, 有

$$\begin{aligned}|S_\varepsilon(\sigma)-\sigma|_{n+1}&\leqslant|S_\varepsilon(\sigma)-\sigma|_0+|PS_\varepsilon(\sigma)-P\sigma|_n\\&\leqslant|S_\varepsilon(\sigma)-\sigma|_0+|PS_\varepsilon(\sigma)-S_\varepsilon(P\sigma)|_n\\&\quad+|S_\varepsilon(P\sigma)-P\sigma|_n\to 0.\end{aligned}$$

当 $\sigma\in H'_{n+2}(L)$ 时, 由前一情形的结果有

$$\begin{aligned}&|PS_\varepsilon(\sigma)-S_\varepsilon(P\sigma)|_{n+1}\\&\quad\leqslant|f_1S_\varepsilon(\tau_1)-s_\varepsilon(f_1\tau_1)|_{n+1}+|f_2S_\varepsilon(P\tau_2)-S_\varepsilon(f_2P\tau_2)|_{n+1}\\&\quad\leqslant|f_1S_\varepsilon(\tau_1)-f_1\tau_1|_{n+1}+|f_1\tau_1-S_\varepsilon(f_1\tau_1)|_{n+1}\\&\qquad+|f_2S_\varepsilon(P\tau_2)-f_2P\tau_2|_{n+1}+|f_2P\tau_2-S_\varepsilon(f_2P\tau_2)|_{n+1}\\&\quad\leqslant c|S_\varepsilon(\tau_1)-\tau_1|_{n+1}+|f_1\tau_1-S_\varepsilon(f_1\tau_1)|_{n+1}\\&\qquad+c|S_\varepsilon(P\tau_2)-P\tau_2|_{n+1}+|f_2\tau_2-S_\varepsilon(f_2\tau_2)|_{n+1}\to 0.\end{aligned}$$

综上, 由数学归纳法知引理对任意整数 $s\geqslant 0$ 均成立. □

现在可以给出引理 1 的证明了. 我们只需要证明: 任给 $\sigma\in H_s(L)$, 如果 $P\sigma\in H_s(L)$, 则 $\sigma\in H_{s+1}(L)$. 事实上, 由命题 8 得

$$|PS_\varepsilon(\sigma)-P\sigma|_s\leqslant|PS_\varepsilon(\sigma)-S_\varepsilon(P\sigma)|_s+|S_\varepsilon(P\sigma)-P\sigma|_s\to 0,$$

这说明 $\{S_\varepsilon(\sigma)\}$ 在 $H_{s+1}(L)$ 中为 Cauchy 列, 其极限 $\sigma\in H_{s+1}(L)$, 并且

$$|\sigma|_{s+1}=\left[|\sigma|_0^2+|P\sigma|_s^2\right]^{\frac{1}{2}}.$$

这就证明了引理 1.

为了证明引理 2, 需要将上面的估计做一点改进. 我们要证明: 当 $\sigma\in H_1(L)$ 时, 有

$$|S_\varepsilon(\sigma)-\sigma|_0\leqslant c\varepsilon|\sigma|_1. \tag{B.1}$$

无妨假设 $\sigma\in A(L)$. 我们先考虑 $\mathbb{C}$ 中具有紧支集的光滑函数. 设 f 是这样的函数, 其支集包含于有界开集 U. 固定 $w\in\mathbb{C}$, 令

$$g_w(z)=f(z+w)-f(z),$$

则 g_w 仍为具有紧支集的光滑函数, 且

$$g_w(z) = x\int_0^1 \frac{\partial f}{\partial x}(z+tw)dt + y\int_0^1 \frac{\partial f}{\partial y}(z+tw)dt.$$

利用 Schwarz 不等式得

$$|g_w(z)|^2 \leqslant 2x^2\int_0^1 \left|\frac{\partial f}{\partial x}(z+tw)\right|^2 dt + 2y^2\int_0^1 \left|\frac{\partial f}{\partial y}(z+tw)\right|^2 dt,$$

从而有

$$\begin{aligned}|g_w|^2_{L^2(\mathbb{C})} &\leqslant 2x^2\int_0^1 dt\int_{\mathbb{C}} \left|\frac{\partial f}{\partial x}(z+tw)\right|^2 + 2y^2\int_0^1 dt\int_{\mathbb{C}} \left|\frac{\partial f}{\partial y}(z+tw)\right|^2 \\ &\leqslant 2|w|^2\left|\frac{\partial f}{\partial z}\right|^2_{L^2(\mathbb{C})}.\end{aligned}$$

由光滑化算子的定义有

$$(S_\varepsilon(f)-f)(z) = \int_{\mathbb{D}}[f(z-\varepsilon w)-f(z)]\phi(w) = \int_{\mathbb{D}} g_{-\varepsilon w}(z)\phi(w),$$

再次利用 Schwarz 不等式可得

$$\begin{aligned}|S_\varepsilon(f)-f|^2_{L^2(\mathbb{C})} &= \int_{\mathbb{C}}\left|\int_{\mathbb{D}} g_{-\varepsilon w}(z)\phi(w)\right|^2 \\ &\leqslant \int_{\mathbb{D}}|\phi(w)|^2\int_{\mathbb{C}}\int_{\mathbb{D}}|g_{-\varepsilon w}(z)|^2 \\ &= \int_{\mathbb{D}}|\phi(w)|^2\int_{\mathbb{D}}\int_{\mathbb{C}}|g_{-\varepsilon w}(z)|^2 \\ &\leqslant \int_{\mathbb{D}}|\phi(w)|^2\int_{\mathbb{D}}2\varepsilon^2|w|^2\left|\frac{\partial f}{\partial z}\right|^2_{L^2(\mathbb{C})} \\ &\leqslant c\varepsilon^2\left|\frac{\partial f}{\partial z}\right|^2_{L^2(\mathbb{C})}.\end{aligned}$$

设 $\sigma = \sigma_k\varphi_\sigma s_k \in A(L)$, 则

$$
\begin{aligned}
|S_\varepsilon(\sigma)-\sigma|_0^2 &= |(S_\varepsilon(\sigma_k)-\sigma_k)\varphi_\sigma s_k|_0^2 \\
&\leqslant c|S_\varepsilon(\sigma_k)-\sigma_k|_{L^2(\mathbb{C})}^2 \\
&\leqslant c\varepsilon^2\left|\frac{\partial \sigma_k}{\partial z}\right|_{L^2(\mathbb{C})}^2 \leqslant c\varepsilon^2|\sigma|_1^2.
\end{aligned}
$$

现在我们证明引理 2. 取 $\{\sigma_i\}\subset H_1(L)$, 使得 $|\sigma_i|_1\leqslant 1$. 由命题 7 可知, 对任给 $\varepsilon>0$, $\{S_\varepsilon(\sigma_i)\}$ 在 $H_0(L)$ 中有收敛子列. 另外, 由 (B.1) 式可知

$$
|S_\varepsilon(\sigma_i)-\sigma_i|_0\leqslant c\varepsilon,
$$

即在 $H_0(L)$ 中 $S_\varepsilon(\sigma_i)$ 一致地逼近 σ_i. 通过取 $\varepsilon=2^{-k}(k=1,2,\cdots)$, 利用对角线选取法不难知道, $\{\sigma_i\}$ 在 $H_0(L)$ 中有收敛子列. 这就证明了引理 2.

最后, 我们证明引理 3. 先考虑 $\mathbb{C}$ 上具有紧支集的光滑函数. 设 f 是这样的函数, 其支集包含于有界开集 U. 我们有

$$
f(z)=\int_{-\infty}^{x}\int_{-\infty}^{y}\frac{\partial^2 f}{\partial x\partial y}dsdt,
$$

$$
\begin{aligned}
|f(z)|^2 &\leqslant \left|\int_{\mathbb{R}^n}\frac{\partial^2 f}{\partial x\partial y}dxdy\right|^2=\left|\int_U\frac{\partial^2 f}{\partial x\partial y}dxdy\right|^2 \\
&\leqslant \mathrm{Vol}(U)\int_U\left|\frac{\partial^2 f}{\partial x\partial y}dxdy\right|^2.
\end{aligned}
$$

因为 f 具有紧支集, 利用分部积分, 有

$$
\begin{aligned}
\int_{\mathbb{C}}\frac{\partial^2 f}{\partial x\partial y}\frac{\partial^2 f}{\partial x\partial y}dxdy &= -\int_{\mathbb{C}}\frac{\partial f}{\partial x}\frac{\partial^3 f}{\partial y\partial x\partial y}dxdy \\
&= -\int_{\mathbb{C}}\frac{\partial f}{\partial x}\frac{\partial^3 f}{\partial x\partial y\partial y}dxdy \\
&= \int_{\mathbb{C}}\frac{\partial^2 f}{\partial x\partial x}\frac{\partial^2 f}{\partial y\partial y}dxdy \\
&\leqslant \frac{1}{2}\int_{\mathbb{C}}(\Delta f)^2.
\end{aligned}
$$

最后我们得到如下估计:

$$|f(z)|^2 \leqslant \frac{1}{2}\mathrm{Vol}(U)\int_U |\Delta f|^2, \quad \forall\, z \in U. \tag{B.2}$$

设 $\sigma = \sigma_k\varphi_\sigma s_k \in H_2(L)$. 在 $A(L)$ 中取一列 $\sigma_i = \sigma_{ik}\varphi_\sigma s_k$, 使得 $|\sigma_i - \sigma|_2 \to 0$. 利用 (B.2) 式得

$$\begin{aligned}|\sigma_{ik} - \sigma_{jk}|^2 &\leqslant c\int_{U_k} |\Delta(\sigma_{ik} - \sigma_{jk})|^2 \\ &\leqslant c'|\sigma_i - \sigma_j|_2^2.\end{aligned}$$

这说明 σ_i 在 M 上一致收敛于 $C^0(L)$ 中的元素, 因此 $\sigma \in C^0(L)$. 所以 $H_2(L) \subset C^0(L)$.

一般地, 如果 $\sigma = \sigma_k\varphi_\sigma s_k \in H_2(L)$, 则类似地有

$$\left|\frac{\partial}{\partial z_k}(\sigma_{ik} - \sigma_{jk})\right| \leqslant c|\sigma_i - \sigma_j|_3,$$

这说明 σ_i 在 M 上一致收敛于 $C^1(L)$ 中的元素, 从而 $H_3(L) \subset C^1(L)$. 如果 $\sigma \in H_{2+s}(L)(s \geqslant 2)$, 则 $\sigma \in C^1(L)$, 并且由 $P\sigma \in H_{1+s}(L)$ 知 $P\sigma \in C^{s-1}(L)$. 根据 P 的局部表达式就知道此时 $\sigma \in C^s(L)$. 注意, 这里用到了如下重要事实: P 的局部表达式中含有各个方向的偏导数. 这样我们就证明了引理 3, 从而 Hodge 定理最后也得到了证明.

参 考 文 献

[1] Griffith P. 代数曲线. 北京: 北京大学出版社, 1985.

[2] 李忠. 复分析导引. 北京: 北京大学出版社, 2004.

[3] 吕以辇, 张学莲. 黎曼曲面. 北京: 科学出版社, 1991.

[4] 丘成桐, 孙理察. 微分几何. 北京: 科学出版社, 1991.

[5] 伍鸿熙, 吕以辇, 陈志华. 紧黎曼曲面引论. 北京: 科学出版社, 1981.

[6] 庄圻泰, 张南岳. 复变函数. 北京: 北京大学出版社, 1984.

[7] Ahlfors I V. Complex Analysis. 3rd ed. New York: McGraw-Hill, 1979.

[8] Bott R, Tu L W. Differential Forms in Algebraic Topology. New York: Springer-Verlag, 1999.

[9] Chern S S. Complex Manifolds without Potential Theory. New York: Springer-Verlag, 1979.

[10] Farkas H, Kra I. Riemann Surfaces. New York: Springer-Verlag, 1980.

[11] Griffiths P, Harris J. Principles of Algebraic Geometry. New York: John Wiley & Sons, 1978.

[12] Gunning R C. Lecture on Riemann Surfaces. Princeton: Princeton University Press, 1966.

[13] Jost J. Compact Riemann Surfaces. 3rd ed. Berlin: Springer-Verlag, 2006.

[14] Springer G. Introduction to Riemann Surfaces. Reading, Mass: Addison-Wesley, 1981.

[15] Warner F W. Foundations of Diferentiable Manifolds and Lie Groups. New York: Springer-Verlag, 1983.

[16] Wells R O. Differential Analysis on Complex Manifolds. New York: Springer-Verlag, 1980.

名 词 索 引

B

闭形式 33

C

层 156
层的短正合序列 161
层的截面 158
层同构 160
层同态 160
层投影 156
次调和函数 51, 52
丛投影 146
丛同构 150
丛同态 149

D

代数基本定理 48
单位分解 36, 170
第一陈类 215
典范因子 68
典范映射 109
典则基 135
调和函数 5, 49
调和形式 72, 196
对合同构 123
对偶形式 131

F

非奇异点 99
分歧覆盖 43
复投影空间 98
负线丛 210

G

光滑函数的芽 156
光滑函数的芽层 156

J

间隙数 114
截断函数 10
结构层 157
茎 156
局部平凡化 145

K

亏格 75

L

拉回度量 188
拉回映射 33
黎曼环面 24
黎曼球面 23
黎曼曲面 20
理想层 161
连接函数 145
联络 198

留数 46
留数定理 47

M

迷向子群 121
摩天大厦层 157

P

平凡线丛 146
平均值公式 1
平面曲线 102

Q

奇异积分 78
恰当形式 33
强层 170
嵌入定理 101
切空间 28
切向量 28
切向量场 31
切映射 30
曲率形式 186
全纯等距 188
全纯函数 1
全纯函数的芽层 157
全纯截面 148
全纯截面层 160
全纯浸入 99
全纯嵌入 99
全纯切丛 145
全纯同构 22
全纯线丛 146
全纯映射 (照) 22
全纯余切丛 146
全纯自同构 3
全纯自同构群 121

S

商层 161
双全纯映射 22
双线性关系 134

T

梯度估计 8

W

外微分 32
完备预层 159
微分形式 31

X

线性等价 68
相交数 132
楔积 32

Y

亚纯函数 45
亚纯截面 149
一元代数函数域 88
因子 67
因子类群 68
因子群 67
有效因子 67
余切丛 31
余切空间 31

余切向量 31
预层 159

Z

正线丛 210
主要因子 68
主要因子群 68
子层 160
总分歧数 106
最大模原理 2
最大值原理 7

其他

Abel-Jacobi 映射 137
Bergman 度量 86
Cěch 上链 165
Cěch 上同调 166
Cauchy-Riemann 方程 1
de Rham 定理 173
de Rham 上同调群 34
Dirichlet 边值问题 7
Dolbeault 定理 176, 178
Dolbeault 上同调群 174
Dolbeault 引理 174, 175
Euler 数 180
Gauss 曲率 186
Gauss-Bonnet 公式 187, 199
Green 函数 61
Harnack 不等式 14
Harnack 原理 15, 16
Hermite 度量 185, 196
Hodge 定理 74, 205
Hodge 星算子 49
Hurwitz 定理 126
Jacobi 簇 137
Jacobi 定理 141
Liouville 定理 3, 13
Möbius 变换 3
Mittag-Leffler 问题 169
n 维复流形 97
Perron 方法 52
Perron 族 52
Poincaré 引理 34
Poisson 积分公式 7
q 次全纯微分 116
Riemann 映照定理 17
Riemann-Hurwitz 定理 106
Riemann-Roch 公式 77
Runge 逼近定理 176
Schwarz 定理 124
Schwarz 引理 2
Schwarz-Pick 定理 193
Serre 对偶定理 208
Stokes 积分公式 37
Weierstrass 点 114
Weierstrass 定理 96